JN101348

解説がスバラシク親切な

難関大 文系・理系
数学 I・A, II・B

テーマ別解法で，難問がこんなにワカル！スラスラ解ける！

馬場敬之
<small>けい し</small>

マセマ出版社

◆ はじめに ◆

みなさん，こんにちは。数学の**馬場敬之**(ばばけいし)です。文系・理系を問わず，難関大で出題される問題の多くが，**複数の分野にまたがる融合形式の問題**なんだね。だから，易しい受験問題は解けても，本格的な受験問題になると途端に数学の得点が伸びなくて苦しんでいる人が多いと思う。このような難関大の融合問題を解きこなせるようになるためには，そのための解法のパターンを当然マスターしていなくてはならない。つまり，**ワンランク上の勉強が必要**になるんだね。この受験生の切実な要望に応えるのが，この**「難関大文系・理系数学I・A，II・B」**なんだよ。

これは，東大，京大，一橋大，北大，東北大，名大，阪大，九大，早大，慶大などの難関大が好んで出題してくる融合形式の問題を数学I・A，II・Bの分野にとらわれることなく，**15のテーマに編集し直して，スバラシク親切な解説を加えた演習書(解説が参考書のように詳しい問題集)**なんだ。だから，ある程度の入試基礎力のある人なら誰でも，**一気に本格的な受験問題を解けるレベルにまでもっていくことが出来る**んだよ。楽しみだね！

◆これで難関大の受験テーマもマスターできる◆

本書では，難関大が好んで出題してくる，**"論証問題"**や**"図形問題"**はもちろんのこと，さらに，**"シュワルツの不等式"**, **"二重Σの計算"**, **"極線"**, **"3次関数に引ける接線の本数"**，…などなど，受験で頻出の解法パターンを，ふんだんにグラフや引込み線を使って詳しく解説している。だから，本書を繰り返し練習すれば，自信を持って本番の難関大受験にも臨めるはずだ。

◆問題と解答&解説による構成◆

本書のそれぞれの融合形式の**"問題"**に対して**"解答&解説"**を付けている。ヴィジュアルに，そして体系立ててスバラシク親切に解説しているので，ジックリ学習することにより，難関大が出題してくる様々な頻出問題の解法のパターンを，これで修得することができるんだね。

◆これが本書の利用法だ！◆

　本書は，厳選した **79 題の良問だけ**から構成されている。良問とは，キミ達が反復練習することにより，問題の本質が明確につかめ，本物の実践力を養うことの出来る問題のことなんだよ。

(1) 本書はこの良問の間にさらにストーリー性を設けているから，まだ実力に自信のない人は，まず**物語りを読むように本書の"問題"と"解答 & 解説"を流し読みしてみる**ことを勧める。これで，難関大数学の問題の全貌を短期間でつかむことが出来るからだ。

(2) 次に，"問題"と"解答 & 解説"を何回も精読してくれ。その際，解法のパターンや計算テクニックなど，細かいところまで注意して，完全に理解するように心がけるんだよ。

(3) 自信が付いたら，いよいよ"解答 & 解説"を見ずに，**自力で"問題"を解く訓練**を積んでくれ。問題編の **3** つのチェック欄すべてに"○"が付けられるまで繰り返し解いてくれ。本当にマスターするには，この**反復練習は欠かせない**。何回復習しても構わない。

◆今のキミは十分にスバラシイ！◆

　受験勉強を続けていく上で，不安に駆られていない？ 確かに，受験問題は難しいし，その対策にかけられる時間も限られている。だから，心配になるのはよく分かる。でもね，不安な状態で何かをしてもうまくいく事って非常に少ないんだよ。まず，今の自分をよく見つめてごらん。そう…。**"今のキミのままで十分にスバラシイ！"**と思うよ。

　そして，自分に自信を持つことだ。すると，周りにあるものが**余裕を持って見える**ようになってくるはずだ。

　そして，そこで，もし**数学に強くなりたいと思っている自分**，または**数学に強くなることを必要としている自分**がいるのなら，**さらにスバラシイ自分を目指して**，一歩を踏み出していけばいいんだよ。そのときこそ，大いにこの本がキミの役に立つはずだ。受験勉強でも，自分を鍛え，より大きくしていくことが出来る。その大事なチャンスを，不安と焦りから行うのではなく，むしろ**より強くなっていく自分を思い描きながら，楽しんでいった方がいい**と思う。では，講義を始めよう！

マセマ代表　馬場 敬之

◆ 目 次 ◆

テーマ① 式と証明

● シュワルツの不等式までマスターしよう！

　サァ，これから，本格的な受験数学の講義に入るよ。文系，理系を問わず，受験数学は相当手ゴワイから文系の人も理系の人も，この講義でシッカリ練習しておく必要があるんだね。

　まず，最初のテーマは，"**式と証明**"だ。ここでは様々な形の不等式の証明がメインとなるので，特に苦手意識を持っている人が多いと思う。でも，心配しなくても大丈夫だ。これから分かりやすく親切な講義で，キミ達の実力を難関大合格レベルにまでもっていくからね。融合問題にも強くなるから，楽しみにしてくれ！

　それでは，ここで扱う主な内容を下に列挙しておこう。

(1) 2次方程式の判別式を利用した不等式の証明

(2) 相加・相乗平均の不等式の応用

(3) 相加・相乗平均の不等式と数学的帰納法の融合

(4) シュワルツの不等式の証明とその応用(I), (II)

　"**式と証明**"のところは，さっきも話したように，初めから消極的になっている人が多いんだけれど，だからこそ，良問でシッカリ勉強しておけば，ライバルに差をつけることができるんだね。初めは難しく感じるかも知れないけど，何回か復習していくうちに，解法の流れが見えるようになるので，面白くなってくるはずだ。この講義の問題をシッカリ練習すればいいんだよ。

　それじゃ，具体的な問題の解説に入ろう。みんな準備はいい？

テーマ

1

式と証明

テーマ

2

整数問題

テーマ

3

2次関数・2次方程式の応用

2次関数による不等式の証明

演習問題 1	難易度 ★★★	CHECK1	CHECK2	CHECK3

関数 $f(x) = nx^2 - 2(a_1 + a_2 + \cdots + a_n)x + (a_1^2 + a_2^2 + \cdots + a_n^2)$ を考える。

ただし，n は正の整数で，$a_1, a_2, \cdots, a_n$ は実数である。

(1) $n=1$ および $n=2$ のとき，常に $f(x) \geq 0$ であることを示せ。

(2) すべての n に対し，常に $f(x) \geq 0$ であることを示せ。

(3) $(a_1 + a_2 + \cdots + a_n)^2 \leq n(a_1^2 + a_2^2 + \cdots + a_n^2)$ であることを示せ。(高知大*)

ヒント！ 下に凸の2次関数 $f(x)$ が $f(x) \geq 0$ のとき，2次方程式 $f(x)=0$ の判別式 D は，$D \leq 0$ となるんだね。これから，(3) の不等式の証明ができる。

解答＆解説

$f(x) = nx^2 - 2(a_1 + a_2 + \cdots + a_n)x + (a_1^2 + a_2^2 + \cdots + a_n^2)$ ……① (n:正の整数) について，

(1) ・$n=1$ のとき，$f(x) = x^2 - 2a_1 x + a_1^2 = (x-a_1)^2 \geq 0$ ∴ $f(x) \geq 0$ である。……(終)

・$n=2$ のとき，$f(x) = 2x^2 - 2(a_1+a_2)x + (a_1^2 + a_2^2)$

$= (x^2 - 2a_1 x + a_1^2) + (x^2 - 2a_2 x + a_2^2)$

$= \underbrace{(x-a_1)^2}_{\text{0以上}} + \underbrace{(x-a_2)^2}_{\text{0以上}} \geq 0$ ∴ $f(x) \geq 0$ である。……(終)

(2) すべての n に対して，①より，

$f(x) = \underbrace{nx^2}_{x^2+x^2+\cdots+x^2\,(n項の和)} - 2(a_1+a_2+\cdots+a_n)x + (a_1^2+a_2^2+\cdots+a_n^2)$

$= (x^2 - 2a_1 x + a_1^2) + (x^2 - 2a_2 x + a_2^2) + \cdots + (x^2 - 2a_n x + a_n^2)$

$= \underbrace{(x-a_1)^2}_{\text{0以上}} + \underbrace{(x-a_2)^2}_{\text{0以上}} + \cdots + \underbrace{(x-a_n)^2}_{\text{0以上}} \geq 0$ ∴ $f(x) \geq 0$ である。……(終)

(3) $f(x)$ の x^2 の係数 $n>0$ から，$y=f(x)$ は下に凸の放物線で，(2)より，

$f(x) \geq 0$ であるから，右図に示すように2次方程式:

$f(x) = \underset{a}{nx^2} - \underset{2b'}{2(a_1+a_2+\cdots+a_n)}x + \underset{c}{(a_1^2+a_2^2+\cdots+a_n^2)} = 0$

の判別式を D とおくと，　　　　　　　$\dfrac{D}{4} = b'^2 - ac$

$\dfrac{D}{4} = (a_1+a_2+\cdots+a_n)^2 - n(a_1^2+a_2^2+\cdots+a_n^2) \leq 0$

となる。よって，

$(a_1+a_2+\cdots+a_n)^2 \leq n(a_1^2+a_2^2+\cdots+a_n^2)$ が成り立つ。……(終)

$y=f(x)\ (D<0)$
$y=f(x)\ (D=0)$

(1) 2つの正の数 x_1 と x_2 について，次の相加・相乗平均の不等式

$\dfrac{1}{2}(x_1+x_2) \geqq \sqrt{x_1 x_2}$ …(*) が成り立つことを示せ。

(2) 4つの正の数 x_1，x_2，x_3，x_4 について，次の相加・相乗平均の不等式

$\dfrac{1}{4}(x_1+x_2+x_3+x_4) \geqq \sqrt[4]{x_1 x_2 x_3 x_4}$ …(**) が成り立つことを示せ。

(3) (**) において，$x_4 = \sqrt[3]{x_1 x_2 x_3}$ とおくことにより，次の相加・相乗平均

の不等式 $\dfrac{1}{3}(x_1+x_2+x_3) \geqq \sqrt[3]{x_1 x_2 x_3}$ …(***) が成り立つことを示せ。

(中央大 *)

Baba のレクチャー

正の実数 x_1，x_2，x_3，x_4 に対して，相加・相乗平均の不等式：

(i) $x_1+x_2 \geqq 2\sqrt{x_1 x_2}$　　　　　　（等号成立条件：$x_1 = x_2$）

(ii) $x_1+x_2+x_3 \geqq 3\sqrt[3]{x_1 x_2 x_3}$　　　（等号成立条件：$x_1 = x_2 = x_3$）

(iii) $x_1+x_2+x_3+x_4 \geqq 4\sqrt[4]{x_1 x_2 x_3 x_4}$　（等号成立条件：$x_1 = x_2 = x_3 = x_4$）

が成り立つことは覚えておいていいよ。今回は，これらの公式の証明

問題なので，この証明法もシッカリマスターしておこう。

解答＆解説

(1) まず，(*) の両辺に 2 をかけた $x_1+x_2 \geqq 2\sqrt{x_1 x_2}$ …(*)′ が成り立つ

ことを示す。

$((*)′ の左辺) - ((*)′ の右辺) = x_1 - 2\sqrt{x_1 x_2} + x_2 = (\sqrt{x_1} - \sqrt{x_2})^2 \geqq 0$

（等号は，$\sqrt{x_1} = \sqrt{x_2}$，すなわち $x_1 = x_2$ のとき成り立つ。）

∴ (*)′，すなわち $\dfrac{1}{2}(x_1+x_2) \geqq \sqrt{x_1 x_2}$ …(*) は成り立つ。　………(終)

(2) まず，(**) の両辺に 4 をかけた $x_1+x_2+x_3+x_4 \geqq 4\sqrt[4]{x_1 x_2 x_3 x_4}$ …(**)′

が成り立つことを示す。x_1，x_2，x_3，x_4 は正の実数だから，(*) より，

$x_1+x_2 \geqq 2\sqrt{x_1 x_2}$ ……①　　　$x_3+x_4 \geqq 2\sqrt{x_3 x_4}$ ……②　が成り立つ。

①，②を辺々たし合わせると，

テーマ

1

式と証明

テーマ

2

整数問題

テーマ

3

2次関数・2次方程式の応用

$x_1 + x_2 + x_3 + x_4 \geqq 2(\sqrt{x_1 x_2} + \sqrt{x_3 x_4})$ ……③

ここで，$\sqrt{x_1 x_2}$ と $\sqrt{x_3 x_4}$ は共に正だから，$(*)$ より，

$\underleftrightarrow{\sqrt{x_1 x_2} + \sqrt{x_3 x_4}} \geqq 2\sqrt{\sqrt{x_1 x_2}\sqrt{x_3 x_4}} = 2\sqrt[4]{x_1 x_2 x_3 x_4}$ ……④ となる。

$$\{(x_1 x_2)^{\frac{1}{2}}(x_3 x_4)^{\frac{1}{2}}\}^{\frac{1}{2}} = (x_1 x_2 x_3 x_4)^{\frac{1}{4}} = \sqrt[4]{x_1 x_2 x_3 x_4}$$

以上③，④より，

$x_1 + x_2 + x_3 + x_4 \geqq 2(\sqrt{x_1 x_2} + \sqrt{x_3 x_4}) \geqq 2 \cdot 2\sqrt[4]{x_1 x_2 x_3 x_4} = 4\sqrt[4]{x_1 x_2 x_3 x_4}$

（等号成立条件は，$x_1 = x_2$ かつ $x_3 = x_4$，かつ $\underbracket{x_1 x_2 = x_3 x_4}$ より，

$x_1 = x_2 = x_3 = x_4$ である。 $\boxed{x_2{}^2 = x_3{}^2 \text{ より，} x_2 = x_3}$ ）

$\therefore (**)'$，すなわち $\dfrac{1}{4}(x_1 + x_2 + x_3 + x_4) \geqq \sqrt[4]{x_1 x_2 x_3 x_4}$ $\cdots(**)$ は成り立つ。

…………………(終)

(3) $(**)'$ において，$x_4 = \sqrt[3]{x_1 x_2 x_3} = (x_1 x_2 x_3)^{\frac{1}{3}}$ (> 0) とおくと

$x_1 + x_2 + x_3 + \sqrt[3]{x_1 x_2 x_3} \geqq 4\sqrt[4]{x_1 x_2 x_3 \cdot (x_1 x_2 x_3)^{\frac{1}{3}}}$ より，

$$\{(x_1 x_2 x_3) \cdot (x_1 x_2 x_3)^{\frac{1}{3}}\}^{\frac{1}{4}} = \{(x_1 x_2 x_3)^{\frac{4}{3}}\}^{\frac{1}{4}} = (x_1 x_2 x_3)^{\frac{1}{3}}$$

$x_1 + x_2 + x_3 \geqq 4\sqrt[3]{x_1 x_2 x_3} - \sqrt[3]{x_1 x_2 x_3} = 3\sqrt[3]{x_1 x_2 x_3}$ となる。

（等号成立条件は，$x_1 = x_2 = x_3 = \sqrt[3]{x_1 x_2 x_3}$ より，$x_1 = x_2 = x_3$ である。）

$\therefore \dfrac{1}{3}(x_1 + x_2 + x_3) \geqq \sqrt[3]{x_1 x_2 x_3}$ $\cdots(***)$ は成り立つ。…………………(終)

(3) の別解

3 つの正の数 a，b，c について， 因数分解公式

$a^3 + b^3 + c^3 - 3abc = (a + b + c)\underbracket{(a^2 + b^2 + c^3 - ab - bc - ca)}$

$$\frac{1}{2}(2a^2 + 2b^2 + 2c^2 - 2ab - 2bc - 2ca)$$
$$= \frac{1}{2}\{(a^2 - 2ab + b^2) + (b^2 - 2bc + c^2) + (c^2 - 2ca + a^2)\}$$

$= \dfrac{1}{2}\underbracket{(a + b + c)}\{\underbracket{(a - b)^2} + \underbracket{(b - c)^2} + \underbracket{(c - a)^2}\} \geqq 0$

　　　　⊕　　　　0 以上　　　0 以上　　　0 以上

$\therefore a^3 + b^3 + c^3 \geqq 3abc$ …………(a) となる。

ここで $a = \sqrt[3]{x_1}$，$b = \sqrt[3]{x_2}$，$c = \sqrt[3]{x_3}$ （x_1，x_2，x_3 は正の実数）とおくと

$x_1 + x_2 + x_3 \geqq 3\sqrt[3]{x_1 x_2 x_3}$，すなわち $(***)$ が導ける。……………(終)

演習問題 3	難易度 ★★★★	CHECK1	CHECK2	CHECK3

(1) 正の実数 x, y に対して，$\dfrac{y}{x}+\dfrac{x}{y}\geqq 2$ …(*) が成り立つことを示し，等号が成立するための条件を求めよ。

(2) n を自然数とする。n 個の正の実数 a_1, a_2, $\cdots$, a_n に対して

$$(a_1+a_2+\cdots+a_n)\left(\dfrac{1}{a_1}+\dfrac{1}{a_2}+\cdots+\dfrac{1}{a_n}\right)\geqq n^2 \quad\cdots\cdots(**)$$

が成り立つことを示し，等号が成立するための条件を求めよ。

(神戸大*)

ヒント! (1) は，相加・相乗平均の不等式を使えば，スグに証明できるね。
(2) は，等号成立条件まで含めて，数学的帰納法で証明すればいいんだね。

解答 & 解説

(1) x, y は正の実数より，相加・相乗平均の不等式を用いると，

$$\dfrac{y}{x}+\dfrac{x}{y}\geqq 2\sqrt{\dfrac{y}{x}\cdot\dfrac{x}{y}}=2$$

等号成立条件：$\dfrac{y}{x}=\dfrac{x}{y}$　　$x^2=y^2$

$$\therefore x=y \quad (\because x>0, y>0)$$

以上より，$\dfrac{y}{x}+\dfrac{x}{y}\geqq 2$ …(*) は成り立つ。(等号成立条件：$x=y$) …(終)

> 相加・相乗平均の不等式：
> $a>0$, $b>0$ のとき，
> $a+b\geqq 2\sqrt{ab}$ が成り立つ。
> (等号成立条件：$a=b$)

(2) $n=2$ のとき，(**) が成り立つことを調べると，$a_1>0$, $a_2>0$ より，

$$(a_1+a_2)\left(\dfrac{1}{a_1}+\dfrac{1}{a_2}\right)=1+\dfrac{a_1}{a_2}+\dfrac{a_2}{a_1}+1=2+\left(\dfrac{a_2}{a_1}+\dfrac{a_1}{a_2}\right)\geqq 2+2 \quad ((*)より)$$

$\therefore (a_1+a_2)\left(\dfrac{1}{a_1}+\dfrac{1}{a_2}\right)\geqq 2^2$ は成り立ち，等号成立条件も，(1) の結果より $a_1=a_2$ であることが分かる。

よって，$(a_1+a_2+\cdots+a_n)\left(\dfrac{1}{a_1}+\dfrac{1}{a_2}+\cdots+\dfrac{1}{a_n}\right)\geqq n^2$ …(**)

（等号成立条件：$a_1=a_2=\cdots=a_n$）

として，等号成立条件まで含めて，これが成り立つことを数学的帰納法で証明してみよう！

（2）すべての自然数 n について，

$$(a_1+a_2+\cdots+a_n)\left(\frac{1}{a_1}+\frac{1}{a_2}+\cdots+\frac{1}{a_n}\right) \geqq n^2 \quad \cdots\cdots(**)$$

(等号成立条件：$a_1=a_2=\cdots=a_n$) が成り立つことを，数学的帰納法

により示す。

> 等号成立条件まで含めているので，$n=2$ まで最初に調べた。

（ⅰ）$n=1$，2 のとき，

$\cdot\ a_1\cdot\dfrac{1}{a_1}\geqq 1^2 \quad \therefore (**)$ は成り立つ。

$\cdot\ (a_1+a_2)\left(\dfrac{1}{a_1}+\dfrac{1}{a_2}\right)=2+\left(\dfrac{a_2}{a_1}+\dfrac{a_1}{a_2}\right)\geqq 2+2=2^2$

（等号成立条件：$\underline{a_1=a_2}$）（$(*)$ より）

$\therefore (**)$ は成り立つ。

（ⅱ）$n=k$ $(k=2, 3, 4, \cdots)$ のとき

$$(a_1+a_2+\cdots+a_k)\cdot\left(\frac{1}{a_1}+\frac{1}{a_2}+\cdots+\frac{1}{a_k}\right)\geqq k^2\cdots\cdots①$$

（等号成立条件：$a_1=a_2=\cdots=a_k$）

が成り立つと仮定して，$n=k+1$ のときについて調べると，

$$\underbrace{(a_1+a_2+\cdots+a_k}_{㋐}+\underbrace{a_{k+1})}_{㋑}\cdot\left(\underbrace{\frac{1}{a_1}+\frac{1}{a_2}+\cdots+\frac{1}{a_k}}_{㋒}+\underbrace{\frac{1}{a_{k+1}}}_{㋓}\right)$$

$$=\underbrace{(a_1+a_2+\cdots+a_k)\left(\frac{1}{a_1}+\frac{1}{a_2}+\cdots+\frac{1}{a_k}\right)}_{㋐}$$

$$\boxed{k^2 \text{以上}（①より）}$$

$$+\underbrace{\frac{1}{a_{k+1}}(a_1+a_2+\cdots+a_k)}_{㋑}$$

$$+\underbrace{a_{k+1}\left(\frac{1}{a_1}+\frac{1}{a_2}+\cdots+\frac{1}{a_k}\right)}_{㋒}+\underbrace{a_{k+1}\cdot\frac{1}{a_{k+1}}}_{㋓\ ①}$$

11

よって，①より，

$$\left(a_1 + a_2 + \cdots + a_k + a_{k+1}\right)\left(\frac{1}{a_1} + \frac{1}{a_2} + \cdots + \frac{1}{a_{k+1}}\right)$$

$$\geqq \underset{\text{㋐}}{k^2} + \underset{\text{㋓}}{1} + \underset{\text{㋑}}{\frac{a_1}{a_{k+1}} + \frac{a_2}{a_{k+1}} + \cdots + \frac{a_k}{a_{k+1}}} + \underset{\text{㋒}}{\frac{a_{k+1}}{a_1} + \frac{a_{k+1}}{a_2} + \cdots + \frac{a_{k+1}}{a_k}}$$

$$= k^2 + 1 + \left(\frac{a_1}{a_{k+1}} + \frac{a_{k+1}}{a_1}\right) + \left(\frac{a_2}{a_{k+1}} + \frac{a_{k+1}}{a_2}\right) + \cdots + \left(\frac{a_k}{a_{k+1}} + \frac{a_{k+1}}{a_k}\right)$$

2 以上	2 以上	2 以上（(∗)より）
等号成立条件：$a_1 = a_{k+1}$	同じく：$a_2 = a_{k+1}$	同じく：$a_k = a_{k+1}$

$$\geqq k^2 + 1 + \underbrace{2 + 2 + \cdots + 2}_{\text{（k 個の 2 の和）} = 2k} \quad \text{（(∗)より）} \qquad \boxed{\dfrac{y}{x} + \dfrac{x}{y} \geqq 2 \ \cdots(∗)}$$

$$= k^2 + 2k + 1 = (k+1)^2$$

（等号成立条件：$a_1 = a_2 \cdots = a_k = a_{k+1}$）

∴ $n = k + 1$ のときも，(∗∗)と，その等号成立条件は成り立つ。

以上（ⅰ）（ⅱ）より，すべての自然数 n に対して

$$\left(a_1 + a_2 + \cdots + a_n\right)\left(\frac{1}{a_1} + \frac{1}{a_2} + \cdots + \frac{1}{a_n}\right) \geqq n^2 \quad \cdots\cdots(∗∗)$$

（等号成立条件：$a_1 = a_2 = \cdots = a_n$）

は成り立つ。……………………………………………………(終)

どう？ 解法の流れを正確につかめた？ 相加・相乗平均の不等式と数学的帰納法が組み合わされた応用問題だったんだね。繰り返し練習して，自力でスムーズに解けるようになるまで練習しよう！

テーマ

1

式と証明

テーマ

2

整数問題

テーマ

3

2次関数・2次方程式の開用

シュワルツの不等式とその応用(Ⅰ)

| 演習問題 4 | 難易度 ★ ★ ★ | CHECK1 | CHECK2 | CHECK3 |

(1) a, b, c, d が実数のとき, $(a^2+b^2)(c^2+d^2) \geqq (ac+bd)^2$ が成り立つことを示せ。

(奈良大*)

(2) すべての正の数 x, y に対して, $k\sqrt{x+y} \geqq \sqrt{x}+\sqrt{y}$ がつねに成り立つような k の最小値を求めよ。

(鳴門教育大*)

ヒント! (1) はベクトルで考えて, $\vec{p}=(a, b)$, $\vec{q}=(c, d)$ とおくと, 与不等式が, $|\vec{p}|^2|\vec{q}|^2 \geqq (\vec{p} \cdot \vec{q})^2$ の形になっていることに気付くはずだ。これは, シュワルツの不等式と呼ばれる。(2) も同様に考えるといいよ。

解答&解説

(1) $\vec{p}=(a, b)$, $\vec{q}=(c, d)$ $(a, b, c, d : 実数)$ とおくと,

$|\vec{p}|^2 = \underline{a^2+b^2} \cdots ①$, $|\vec{q}|^2 = \underline{c^2+d^2} \cdots ②$, $\vec{p} \cdot \vec{q} = \underline{ac+bd} \cdots ③$

ここで, $\vec{p} \neq \vec{0}$, $\vec{q} \neq \vec{0}$ として, $\vec{p}$ と $\vec{q}$ のなす角を θ とおくと,

（−1 以上 1 以下）　　　　　　　　　（1 以下）

$|\vec{p}||\vec{q}| \geqq |\vec{p}||\vec{q}|\underbrace{|\cos\theta|}$ より, $|\vec{p}|^2|\vec{q}|^2 \geqq |\vec{p}|^2|\vec{q}|^2\underbrace{\cos^2\theta}$

　　　$\underbrace{\vec{p} \cdot \vec{q}}$　　　　　　　　　　　　$\underbrace{これは (\vec{p} \cdot \vec{q})^2 のこと}$

$\underline{|\vec{p}|^2|\vec{q}|^2} \geqq \underline{(\vec{p} \cdot \vec{q})^2}$ ………④ ← シュワルツの不等式だ！

(④は, $\vec{p}=\vec{0}$, $\vec{q}=\vec{0}$ のときも成り立つ。)

①, ②, ③を④に代入して,

$\underline{(a^2+b^2)} \cdot \underline{(c^2+d^2)} \geqq \underline{(ac+bd)^2}$ は成り立つ。……………………(終)

(1) の別解

与式の (左辺) − (右辺) $\geqq 0$ を示す。

(左辺) − (右辺) $= (a^2+b^2)(c^2+d^2) - (ac+bd)^2$

$= a^2c^2 + a^2d^2 + b^2c^2 + b^2d^2 - (a^2c^2 + 2abcd + b^2d^2)$

$= (ad-bc)^2 \geqq 0$

∴ 与不等式は成り立つ。……………………………………(終)

(2) すべての正の数 x, y に対して，次の式がつねに成り立つような k の最小値を求める。

$$k\sqrt{x+y} \geqq \sqrt{x}+\sqrt{y} \quad \cdots\cdots ⑤$$

⑤の両辺を $\sqrt{x+y}$ (>0) で割って

$$k \geqq \frac{\sqrt{x}+\sqrt{y}}{\sqrt{x+y}} \quad \cdots\cdots ⑥$$

> ⑥の右辺は，x, y の値により変化する。よって，左辺の定数 k は，右辺の最大値以上でないといけないね。つまり，右辺の最大値が k の最小値になるんだね。

よって，⑥の右辺の最大値が，k の最小値となる。

■ Baba のレクチャー

⑤，⑥の $\sqrt{x+y}=\sqrt{(\sqrt{x})^2+(\sqrt{y})^2}$ と考えて，$\vec{u}=(\sqrt{x}, \ \sqrt{y})$ とおく。また，$\sqrt{x}+\sqrt{y}=1\cdot\sqrt{x}+1\cdot\sqrt{y}$ と見て，$\vec{v}=(1, \ 1)$ とおくと，$\vec{u}\cdot\vec{v}=1\cdot\sqrt{x}+1\cdot\sqrt{y}=\sqrt{x}+\sqrt{y}$ となるんだね。

ここで，$\vec{u}=(\sqrt{x}, \ \sqrt{y})$, $\vec{v}=(1, \ 1)$ とおくと，

$$|\vec{u}|=\sqrt{x+y}, \ |\vec{v}|=\sqrt{1^2+1^2}=\sqrt{2}, \ \vec{u}\cdot\vec{v}=\underline{\sqrt{x}+\sqrt{y}}$$

これらを $|\vec{u}||\vec{v}| \geqq \vec{u}\cdot\vec{v}$ に代入して，

$$\sqrt{x+y}\cdot\sqrt{2} \geqq \sqrt{x}+\sqrt{y}$$

この両辺を $\sqrt{x+y}$ (>0) で割って，

$$\sqrt{2} \geqq \frac{\sqrt{x}+\sqrt{y}}{\sqrt{x+y}} \quad (\text{等号成立は，} \vec{u}/\!/\vec{v}, \text{ すなわち } x=y \text{ のとき})$$

よって，$\dfrac{\sqrt{x}+\sqrt{y}}{\sqrt{x+y}}$ の最大値は $\sqrt{2}$

∴求める k の最小値は $\sqrt{2}$ である。$\cdots\cdots\cdots\cdots\cdots\cdots\cdots\cdots\cdots\cdots\cdots$(答)

この問題は，$\vec{u}=(\sqrt{x}, \ \sqrt{y})$, $\vec{v}=(1, \ 1)$ とおくことに気付くことがポイントだったんだね。最近，この種の問題もよく出題されるようになってきたので，シッカリ練習しておくといいよ。

シュワルツの不等式とその応用（Ⅱ）

演習問題 5	難易度 ★★★★	CHECK1	CHECK2	CHECK3

a, b, c, x, y, z はすべて正の実数である。

(1) 不等式 $(a^2+b^2+c^2)(x^2+y^2+z^2) \geqq (ax+by+cz)^2$ が成り立つことを証明せよ。

(2) (1) において等号が成り立つのはどのようなときかを示せ。

(3) $a^2+b^2+c^2=25$, $x^2+y^2+z^2=36$, $ax+by+cz=30$ のとき，$\dfrac{a+b+c}{x+y+z}$ の値を求めよ。

(秋田大)

ヒント！ (1)$\vec{p}=(a, b, c)$, $\vec{q}=(x, y, z)$ とおくと，与えられた不等式が $|\vec{p}|^2|\vec{q}|^2 \geqq (\vec{p}\cdot\vec{q})^2$ の形になっていることに気付くはずだ。これは，演習問題 4 で解説した平面ベクトルによるシュワルツの不等式の空間ベクトルヴァージョンで，これも同じくシュワルツの不等式と呼ばれている。もちろん，これは，オーソドックスに（左辺）－（右辺）$\geqq 0$ の形でも証明できる。これについては別解で示そう。(2)ベクトルで考えると，この不等式の等号成立条件は，$\vec{q}=k\vec{p}$ となることがすぐに分かるはずだ。(3)は，(1)の不等式の等号が成立している場合に相当することに着目しよう！

解答＆解説

(1) $\vec{p}=(a, b, c)$, $\vec{q}=(x, y, z)$　　(a, b, c, x, y, z：正の実数）とおくと

$|\vec{p}|^2=a^2+b^2+c^2$ …①, $|\vec{q}|^2=x^2+y^2+z^2$ …②, $\vec{p}\cdot\vec{q}=ax+by+cz$ …③

ここで，$\vec{p} \neq \vec{0}$, $\vec{q} \neq \vec{0}$ として，$\vec{p}$ と $\vec{q}$ のなす角を θ とおくと，

$$|\vec{p}||\vec{q}| \geqq |\vec{p}||\vec{q}|\underbrace{\cos\theta}_{\text{－1 以上 1 以下}}$$

$\underbrace{\phantom{|\vec{p}||\vec{q}|\cos\theta}}_{\vec{p}\cdot\vec{q}}$ より，この両辺を 2 乗しても大小関係は変わらない。

よって，$|\vec{p}|^2|\vec{q}|^2 \geqq (\vec{p}\cdot\vec{q})^2$ ……④

> これは，平面ベクトル，空間ベクトルいずれでも成り立つ不等式で，シュワルツの不等式と呼ばれる。

(④は，$\vec{p}=\vec{0}$, $\vec{q}=\vec{0}$ のときも成り立つ。）

①，②，③を④に代入して，

$(a^2+b^2+c^2)(x^2+y^2+z^2) \geqq (ax+by+cz)^2$ …⑤ が成り立つ。……(終)

(左辺) − (右辺) $= (a^2+b^2+c^2)(x^2+y^2+z^2) - (ax+by+cz)^2$

$= a^2x^2 + a^2y^2 + a^2z^2 + b^2x^2 + b^2y^2 + b^2z^2 + c^2x^2 + c^2y^2 + c^2z^2$

$\quad - (a^2x^2 + b^2y^2 + c^2z^2 + 2abxy + 2bcyz + 2cazx)$

$= (a^2y^2 - 2abxy + b^2x^2) + (b^2z^2 - 2bcyz + c^2y^2) + (c^2x^2 - 2cazx + a^2z^2)$

$= (ay-bx)^2 + (bz-cy)^2 + (cx-az)^2 \geqq 0$ と示してもいい。 ………(終)

　　 0以上　　　　 0以上　　　　 0以上

(2) の別解にもなるが, この等号成立条件も示しておこう。

　　等号成立条件は, $ay-bx=0$ かつ $bz-cy=0$ かつ $cx-az=0$ より

$$ay=bx \qquad bz=cy \qquad cx=az$$
$$\therefore \frac{x}{a}=\frac{y}{b} \qquad \therefore \frac{y}{b}=\frac{z}{c} \qquad \therefore \frac{x}{a}=\frac{z}{c}$$

　　$\dfrac{x}{a}=\dfrac{y}{b}=\dfrac{z}{c}$ となる。

(2) $|\vec{p}|^2|\vec{q}|^2 \geqq (\vec{p}\cdot\vec{q})^2$ …④より, この等号が成り立つのは,

　　　$|\vec{p}|^2 \cdot |\vec{q}|^2 \cos^2\theta$

　　$\cos\theta = \pm 1$, つまり $\theta = 0$ または π である。 ◀

　　よって, $\vec{p} /\!/ \vec{q}$(平行)のとき, ④, すなわち

　　与えられた不等式⑤の等号が成立する。

　　よって, $\vec{q} = k\vec{p}$ (k：正の実数) より

　　　(x, y, z)　(a, b, c)

$(x, y, z) = k(a, b, c) = (ka, kb, kc)$

$\therefore x=ka,\ y=kb,\ z=kc$ より, 求める等号成立条件は

$\dfrac{x}{a}=\dfrac{y}{b}=\dfrac{z}{c}\ (=k)$　である。 ……………………………(答)

(3) $a^2+b^2+c^2=25$………⑥,　　$x^2+y^2+z^2=36$ ……⑦

　　$ax+by+cz=30$ ……⑧　　　のとき,

　　$(a^2+b^2+c^2)(x^2+y^2+z^2) = (ax+by+cz)^2$ となって, ⑤の等号が成

　　　$25 \times 36 = 5^2 \cdot 6^2 = (5 \times 6)^2$　　　30^2

テーマ

1

式と証明

テーマ

2

整式問題

テーマ

3

2次関数と2次不等式の用

立する。よって，等号成立条件より，$\dfrac{x}{a}=\dfrac{y}{b}=\dfrac{z}{c}=k$（正の実数）が成り立つので，$x=ak,\ y=bk,\ z=ck$ より，これらを⑧に代入して，

$$30=\underset{\boxed{ak}}{ax}+\underset{\boxed{bk}}{by}+\underset{\boxed{ck}}{cz}=k(\underset{\boxed{25(\text{⑥より})}}{a^2+b^2+c^2})=25k \qquad \therefore\ k=\dfrac{30}{25}=\dfrac{6}{5}$$

以上より，求める $\dfrac{a+b+c}{x+y+z}$ の値は，

$$\dfrac{a+b+c}{x+y+z}=\dfrac{a+b+c}{ak+bk+ck}=\dfrac{a+b+c}{k(a+b+c)}=\dfrac{1}{k}=\dfrac{5}{6} \quad\cdots\cdots\cdots\cdots\cdots(\text{答})$$

　これで，空間ベクトルによるシュワルツの不等式の意味と利用法も理解できたと思う。したがって，演習問題 **4(2)** のさらに応用として，たとえば，
「すべての正の数 $x,\ y,\ z$ に対して，
　$k\sqrt{x+y+z}\geqq\sqrt{x}+\sqrt{y}+\sqrt{z}$ が成り立つような k の最小値を求めよ」
と問われたら，

$\vec{p}=(\sqrt{x},\ \sqrt{y},\ \sqrt{z}),\ \vec{q}=(1,\ 1,\ 1)$　とおいて，

$$|\vec{p}|=\sqrt{(\sqrt{x})^2+(\sqrt{y})^2+(\sqrt{z})^2}=\sqrt{x+y+z}\ ,\quad |\vec{q}|=\sqrt{1^2+1^2+1^2}=\sqrt{3}$$

$\vec{p}\cdot\vec{q}=\sqrt{x}\cdot1+\sqrt{y}\cdot1+\sqrt{z}\cdot1=\sqrt{x}+\sqrt{y}+\sqrt{z}$　より，これを不等式

$|\vec{p}||\vec{q}|\geqq\vec{p}\cdot\vec{q}$　に代入して，

$$\sqrt{x+y+z}\cdot\sqrt{3}\geqq\sqrt{x}+\sqrt{y}+\sqrt{z} \qquad \therefore\ \sqrt{3}\geqq\dfrac{\sqrt{x}+\sqrt{y}+\sqrt{z}}{\sqrt{x+y+z}}$$

よって，$k\geqq\underbrace{\dfrac{\sqrt{x}+\sqrt{y}+\sqrt{z}}{\sqrt{x+y+z}}}$ …㋐をみたす k の最小値は $k=\sqrt{3}$ となるん

> この最大値は $\sqrt{3}$ より，㋐の不等式をみたす k は最小でも $\sqrt{3}$ 以上でないといけない。

だね。納得いった？

テーマ② 整数問題

● 様々なタイプの整数問題を解こう！

今回は，"整数問題"にチャレンジしよう。この整数問題も苦手としている人がたくさんいると思う。それは，方程式の数より未知数の数の方が多くても，整数の性質から解が求まる特殊な問題が多いからなんだね。さらに，その解法のヴァリエーションも豊富で，解法の糸口が見えづらいということもあると思う。しかし，整数問題は論理能力を試すには最適なので難解大が好んで出題してくる分野でもあるんだね。だから，典型的な良問をシッカリ解いて，得点力をアップさせることにしよう。

では，ここで扱う主要テーマを下に示しておこう。

(1) 合同式と素数の融合問題
(2) $A \cdot B = n$ 型の整数問題の応用
(3) 不等式の証明と整数問題の融合問題
(4) 有理数と無理数の問題
(5) 2次関数と整数問題の融合問題

(1) は京都大の問題で，合同式をうまく利用して，与えられた式が素数となるための条件を導いていこう。ここでは，別解についても解説しよう。
(2) も京都大の問題で，$A \cdot B = n$ 型 (A，B：整数の式，n：整数) の整数問題なんだね。2次方程式の判別式を利用したり，応用度の高い問題だけれど，実力が身に付く良問だよ。
(3) は一橋大の問題で，不等式を利用して，範囲を押さえるタイプの整数問題だ。$AB = n$ 型の整数問題よりレベルは高いけれど，このような良問でシッカリ練習しておこう。
(4) は大阪大の問題で，有理数と無理数についての典型的な問題だ。背理法をうまく利用することがポイントになる。
(5) は高知大の問題で，2次関数と整数問題を融合させた良問だよ。2次関数のグラフを利用しながら，2次関数の係数の値を決定していくことになる。この問題で思考力や応用力がさらに鍛えられると思う。

テーマ

1

式と証明

テーマ

2

整数問題

テーマ

3

2次関数と方程式の応用

合同式と素数の融合問題

| 演習問題 6 | 難易度 ★★★ | CHECK*1* | CHECK*2* | CHECK*3* |

$n^3 - 7n + 9$ が素数となるような整数 n をすべて求めよ。 （京都大）

ヒント！ 問題がシンプル過ぎて，逆に解きづらいかも知れないね。こういう場合はまず，$f(n) = n^3 - 7n + 9$ とおいて，…，$f(-2)$, $f(-1)$, $f(0)$, $f(1)$, $f(2)$, …と具体的に値を求めてみることだ。その結果，これらの値が 3 の倍数になることが分かるはずだ。ということは，すべての整数 n に対して $f(n)$ が 3 の倍数であることを示せば，これが素数となるのは $f(n) = 3$（素数）のみであることが分かるんだね。合同式もうまく利用しよう。

解答&解説

与えられた整数 n の式を

$f(n) = n^3 - 7n + 9$ ……① （n：整数）とおく。

ここでまず，すべての整数 n に対して $f(n)$ が 3 の倍数であることを示す。

n を 3 を法とする合同式により，

（ⅰ）$n \equiv 0 \pmod 3$, （ⅱ）$n \equiv 1 \pmod 3$,

（ⅲ）$n \equiv 2 \pmod 3$ の 3 通りに分類して調べる。

（ⅰ）$n \equiv 0 \pmod 3$ のとき， ← $n = \cdots, -3, 0, 3, 6, 9, 12, \cdots$ のとき

$\qquad f(n) \equiv 0^3 - 7 \times 0 + 9$

$\qquad\qquad \equiv 9 \equiv 0 \pmod 3$ となって，

$\qquad f(n)$ は 3 の倍数である。

（ⅱ）$n \equiv 1 \pmod 3$ のとき， ← $n = \cdots, -2, 1, 4, 7, 10, 13, \cdots$ のとき

$\qquad f(n) \equiv 1^3 - 7 \times 1 + 9$

$\qquad\qquad \equiv 3 \equiv 0 \pmod 3$ となって，

$\qquad f(n)$ は 3 の倍数になる。

（ⅲ）$n \equiv 2 \pmod 3$ のとき， ← $n = \cdots, -1, 2, 5, 8, 11, 14, \cdots$ のとき

$\qquad f(n) \equiv 2^3 - 7 \times 2 + 9$

$\qquad\qquad \equiv 8 - 14 + 9 \equiv 3 \equiv 0 \pmod 3$ となって，$f(n)$ は 3 の倍数である。

以上（ⅰ）（ⅱ）（ⅲ）より，すべての整数 n について，$f(n)$ は 3 の倍数である。

> $n = -2, -1, 0, 1, 2, 3, 4$ のときの $f(n)$ の値を求めると，
> $f(-2) = -8 + 14 + 9 = 15$
> $f(-1) = -1 + 7 + 9 = 15$
> $f(0) = 9$
> $f(1) = 1 - 7 + 9 = 3$（素数）
> $f(2) = 8 - 14 + 9 = 3$（素数）
> $f(3) = 27 - 21 + 9 = 15$
> $f(4) = 64 - 28 + 9 = 45$
> となって，すべて 3 の倍数であることが分かる。よって，すべての整数 n について $f(n)$ が 3 の倍数であることを示すために n を 3 で割った余りで分類して，
> （ⅰ）$n \equiv 0 \pmod 3$
> （ⅱ）$n \equiv 1 \pmod 3$
> （ⅲ）$n \equiv 2 \pmod 3$ として，
> すべての n に対して，
> $f(n) \equiv 0 \pmod 3$ を示せばよい。

19

よって、$f(n)$ が素数となるのは、

$f(n)=3$ のときのみである。

$$f(n)=n^3-7n+9 \ \cdots\cdots ①$$
$$(n:整数)$$

これ以外の $f(n)$ は，3 の倍数の合成数（$3\times(-2)$，3×2，3×3，$\cdots$ など）となって，素数となることはない。

よって，① より，

$$n^3-7n+9=3 \qquad n^3-7n+6=0$$
$$(n-1)(n^2+n-6)=0$$
$$(n-1)(n-2)(n+3)=0$$

組立て除法

```
      1,   0,  -7,   6
  1)↓    1    1   -6
      1    1   -6  (0)
```

∴ $f(n)$ が素数となる整数 n の値は全部で

$n=1$，2，-3 の 3 個のみである。$\cdots\cdots\cdots\cdots\cdots\cdots\cdots\cdots\cdots\cdots\cdots\cdots\cdots\cdots$（答）

別解

すべての整数 n について，$f(n)$ が 3 の倍数であることの証明のやり方として，合同式以外のものについても，別解を 2 通り示しておこう。

（別解 1）「連続する 3 整数の積は 3 の倍数」の利用

$f(n)=n^3-7n+9 \ \cdots\cdots ①$ を次のように変形すると，

$f(n)=\underline{n^3-n}\ \underline{-6n+9}$

$n(n^2-1)$
$=n(n-1)(n+1)$　$-3(2n-3)$

$\quad = \underline{(n-1)n(n+1)}-3(2n-3)$

連続する 3 整数の積は 3 の倍数

$\quad = 3M-3(2n-3)$

$\left(\begin{array}{l}∵連続する 3 整数の積は 3 の倍数より，\\(n-1)n(n+1)=3M\ (M:整数)\ とおける。\end{array}\right)$

$\quad = 3\underline{(M-2n+3)}$

整数

$\quad = 3\times(整数)$　となる。

∴ すべての整数 n に対して，$f(n)$ は 3 の倍数である。$\cdots\cdots\cdots\cdots\cdots\cdots$（終）

（別解 2）数学的帰納法の利用

　一般に n が自然数であれば，$n=1, 2, 3, \cdots$ に対して，数学的帰納法が利用できる。しかし，今回は，n が整数であるので，$n=\cdots, -1, -2, 0, 1, 2, \cdots$ について証明しないといけないので，数学的帰納法を利用するには，工夫が必要となる。次のように 2 通りに場合分けすれば，うまくいくので紹介しておこう。

テーマ

1
式と証明

テーマ

2
整数問題

テーマ

3
2次関数と2次方程式の応用

すべての整数 n について，$f(n) = n^3 - 7n + 9$ が 3 の倍数であることを数学的帰納法により，次の 2 通りに場合分けして証明する。

(I) $n = 0, 1, 2, 3, \cdots$ のときについて，

　(i) $n = 0$ のとき，
　　　$f(0) = 0^3 - 7 \times 0 + 9 \equiv 0 \pmod 3$ より，
　　　$f(0)$ は 3 の倍数である。

　(ii) $n = k$ $(k = 0, 1, 2, \cdots)$ のとき，
　　　$f(k)$ を 3 の倍数，すなわち，
　　　$f(k) = k^3 - 7k + 9 \equiv 0 \pmod 3$ と仮定して，　　　> $f(k)$ を 3 の倍数と仮定して $f(k+1)$ を調べる。

　　　$n = k+1$ のときについて調べると，
　　　$f(k+1) = \underbrace{(k+1)^3}_{k^3 + 3k^2 + 3k + 1} - 7(k+1) + 9 = k^3 - 7k + 9 + 3k^2 + 3k + 1 - 7$

　　　　　　　$= \underbrace{k^3 - 7k + 9}_{0\,(仮定より)} + \underbrace{3(k^2 + k - 2)}_{0\,(\bmod 3)} \equiv 0 + 0 \equiv 0 \pmod 3$

　　となって，$f(k+1)$ も 3 の倍数である。
　以上 (i)(ii) より，$n = 0, 1, 2, \cdots$ のとき，$f(n)$ は 3 の倍数である。

(II) $n = 0, -1, -2, \cdots$ のときについて，

　(i) $n = 0$ のとき，$f(0) \equiv 0 \pmod 3$ より，$f(0)$ は 3 の倍数である。

　(ii) $n = k$ $(k = 0, -1, -2, \cdots)$ のとき，
　　　$f(k)$ を 3 の倍数，すなわち，
　　　$f(k) = k^3 - 7k + 9 \equiv 0 \pmod 3$ と仮定して，　　　> $f(k)$ を 3 の倍数と仮定して $f(k-1)$ を調べる。

　　　$n = k-1$ のときについて調べると，
　　　$f(k-1) = \underbrace{(k-1)^3}_{k^3 - 3k^2 + 3k - 1} - 7(k-1) + 9 = k^3 - 7k + 9 - 3k^2 + 3k - 1 + 7$

　　　　　　　$= \underbrace{k^3 - 7k + 9}_{0\,(仮定より)} - \underbrace{3(k^2 - k - 2)}_{0\,(\bmod 3)} \equiv 0 + 0 \equiv 0 \pmod 3$

　　となって，$f(k-1)$ も 3 の倍数である。
　以上 (i)(ii) より，$n = 0, -1, -2, \cdots$ のとき，$f(n)$ は 3 の倍数である。

以上 (I)(II) より，すべての整数 n に対して，$f(n)$ は 3 の倍数である。 …………(終)

　これは，ボクのオリジナルな手法だけれど，これで整数についても数学的帰納法が利用できるんだね。

演習問題 7	難易度 ★★★	CHECK*1*	CHECK*2*	CHECK*3*

$a^3 - b^3 = 217$ を満たす整数の組 (a, b) をすべて求めよ。

（京都大）

Baba のレクチャー

整数問題でまず最初に押さえておかなければならないものが，

$A \cdot B = n$ 型 （A, B：整数の式，n：整数）

の整数問題なんだね。

今回の問題で与えられた式 $a^3 - b^3 = 217$ $(a, b$：整数$)$ も

左辺 $= (a - b)(a^2 + ab + b^2)$ となり，また右辺を素因数分解すると，

右辺 $= 7 \times 31$ となるので

$$(a - b)(a^2 + ab + b^2) = \overbrace{217}^{7 \times 31} \quad \cdots\cdots \text{⑦} \ \text{となって，}$$

$A \times B = n$ 型の整数問題になる。だから 2 つの未知数 a, b に対して

方程式は⑦の 1 つだけだけど，解くことができるんだね。

ここで，$a^2 + ab + b^2 = \underset{\boxed{0 \text{以上}}}{\left(a + \dfrac{b}{2}\right)^2} + \underset{\boxed{0 \text{以上}}}{\dfrac{3}{4} b^2} \geqq 0$ であることにも注意。

すると $a - b$ と $a^2 + ab + b^2$ は共に正の整数より，これらの値の組は

$(a - b, \ a^2 + ab + b^2) = (1, 217), (7, 31), (31, 7), (217, 1)$

の 4 通りだけになる。

> $a^2 + ab + b^2 \geqq 0$ より，今回，$(a - b, \ \underline{a^2 + ab + b^2}) = (-1, \ \underline{-217}), \ (-7, \ \underline{-31}),$
> $(-31, \ \underline{-7}), \ (-217, \ \underline{-1})$ の 4 つの負の整数の組については考える必要はない！

後は，a と b の連立方程式を解いて，整数の組 (a, b) をすべて求め

ればいいんだね。これで，解法の糸口がつかめたと思う。

テーマ

1

式と証明

テーマ

2

整数問題

テーマ

3

2次関数と2次方程式の応用

$a^3 - b^3 = 217$ ……①

をみたす整数の組 (a, b) をすべて求める。

①を変形して，

$(a - b)(a^2 + ab + b^2) = 7 \times 31$ ……①′ となる。

$\left[\quad \mathbf{A} \quad \times \qquad \mathbf{B} \qquad = \quad n \quad (\mathbf{A}, \mathbf{B}:整数の式, \ n:整数)\right]$

ここで，$a - b$ と $a^2 + ab + b^2$ は共に整数で，かつ

$a^2 + ab + b^2 = \left(a + \dfrac{b}{2}\right)^2 + \dfrac{3}{4} b^2 \geqq 0$ であるので，

整数の組 $(a - b, \ a^2 + ab + b^2)$ は①′ より，次の **4** 通りのみである。

$(a - b, \ a^2 + ab + b^2) = (1, \ 217), \ (7, \ 31), \ (31, \ 7), \ (217, \ 1)$

ここで，$\begin{cases} a - b = m & ……② \\ a^2 + ab + b^2 = n & ……③ \end{cases}$ $(m, \ n:正の整数)$ とおいて，

$\boxed{(m, \ n) \text{ は具体的には，} (1, \ 217), \ (7, \ 31), \ (31, \ 7), \ (217, \ 1) \text{ のことだ！}}$

a の **2** 次方程式を導いてみよう。

②より，$b = a - m$ ……②′

②′を③に代入して，

$\quad a^2 + a(a - m) + (a - m)^2 = n$

$\quad 3a^2 - 3ma + m^2 - n = 0$ ……④ ← $\boxed{a \text{ の } \mathbf{2} \text{ 次方程式}}$

④の判別式を D とおくと

$\quad D = 9m^2 - 12(m^2 - n) = 12n - 3m^2$ $\boxed{\begin{array}{l} \text{よって，} m = \mathbf{31} \text{ や } \mathbf{217} \text{ のように} \\ m \text{ が大きいと } D \text{ は負となって，} \\ \text{④は実数解 } a \text{ をもたないね。} \end{array}}$

ここで，$(m, \ n) = (31, \ 7)$ のとき，

$\quad D = 12 \times 7 - 3 \times 31^2 < 0$

また，$(m, \ n) = (217, \ 1)$ のとき，

$\quad D = 12 \times 1 - 3 \times 217^2 < 0$ となるので，いずれの場合も④の a の **2** 次方程式は実数解をもたない。

よって，$(a - b, \ a^2 + ab + b^2) = (1, \ 217), \ (7, \ 31)$ の **2** 通りのみを調べればよい。

（Ⅰ）$(a-b,\ a^2+ab+b^2)=(m,\ n)=(1,\ 217)$ のとき，

　　$m=1,\ n=217$ より，これを④に代入して，

　　　　$3a^2-3a+1-217=0,\qquad 3a^2-3a-216=0$

　　　　$a^2-a-72=0,\qquad (a-9)(a+8)=0$

　　$\therefore\ a=9$ または -8

　　（ⅰ）$a=9$ のとき②′より，$b=\boxed{9}^{\,a}-\boxed{1}^{\,m}=8$

　　（ⅱ）$a=-8$ のとき②′より，$b=\boxed{-8}^{\,a}-\boxed{1}^{\,m}=-9$

　　よって，（ⅰ）（ⅱ）より，$(a,\ b)=\underline{(9,\ 8)},\ \underline{(-8,\ -9)}$ となる。

（Ⅱ）$(a-b,\ a^2+ab+b^2)=(m,\ n)=(7,\ 31)$ のとき，

　　$m=7,\ n=31$ より，これを④に代入して，

　　　　$3a^2-21a+49-31=0,\qquad 3a^2-21a+18=0$

　　　　$a^2-7a+6=0,\qquad (a-1)(a-6)=0$

　　$\therefore\ a=1$ または 6

　　（ⅰ）$a=1$ のとき②′より，$b=\boxed{1}^{\,a}-\boxed{7}^{\,m}=-6$

　　（ⅱ）$a=6$ のとき②′より，$b=\boxed{6}^{\,a}-\boxed{7}^{\,m}=-1$

　　よって，（ⅰ）（ⅱ）より，$(a,\ b)=\underline{(1,\ -6)},\ \underline{(6,\ -1)}$ となる。

以上（Ⅰ）（Ⅱ）より，$a^3-b^3=217$ ……①をみたすすべての整数の組 $(a,\ b)$ は，$(a,\ b)=(9,\ 8),\ (-8,\ -9),\ (1,\ -6),\ (6,\ -1)$ の **4** 通りである。 ………………………………………………………………………………………(答)

どう？ 京都大の問題だったけれど，それ程難しくはなかっただろう？

テーマ

1

式と証明

テーマ

2

整数問題

テーマ

3

2次方程式・2次関数・2次不等式の応用

不等式の証明と整数問題の融合

演習問題 8	難易度 ★★★★	CHECK1	CHECK2	CHECK3

(1) 正の実数 x, y, z が $x^2 = y^2 + z$ を満たすとき，$y < x < y + \dfrac{z}{2y}$ が成り立つことを示せ。

(2) $x^2 = y^2 + 8\sqrt{2y - 1}$ を満たす正の整数 x, y の値の組をすべて求めよ。

（一橋大）

ヒント！ **(1)** は，不等式の証明問題で，$x^2 = y^2 + z$ を $(x+y)(x-y) = z$ と変形すれば，$x > y$ であることが示せることが分かると思う。**(2)** は **(1)** の不等式を利用して，範囲を押さえるタイプの整数問題なんだね。$x = y+1$，$y+2$，$y+3$ の 3 通りに絞ることができたら成功だ。よく考えながら解いていこう！

解答＆解説

(1) 正の 3 つの実数 x, y, z が，$x^2 = y^2 + z$ ……① をみたすとき，

$\underline{y < x < y + \dfrac{z}{2y}}$ ……② が成り立つことを示す。

（ⅰ）① を変形して，$x^2 - y^2 = z$　　$\underbrace{(x+y)}_{\boxed{+}}\underbrace{(x-y)}_{} = \underbrace{z}_{\boxed{+}}$

ここで，$x + y > 0$ かつ $z > 0$ より，$x - y > 0$ となる。

$\therefore \underline{y < x}$

（ⅱ）次に $\underline{x < y + \dfrac{z}{2y}}$ を示す。

$$y + \frac{z}{2y} - x = \frac{2y^2 + \boxed{z} - 2xy}{2y} = \frac{\overbrace{2y^2 + x^2 - y^2 - 2xy}^{x^2 - y^2(①より)}}{2y}$$

$\boxed{x^2 - 2xy + y^2 = (x-y)^2}$

$$= \frac{(x-y)^2}{2y} > 0$$

$\therefore \underline{x < y + \dfrac{z}{2y}}$

以上（ⅰ）（ⅱ）より，$\underline{y < x < y + \dfrac{z}{2y}}$ ……② は成り立つ。…………（終）

(2) $x^2 = y^2 + 8\sqrt{2y-1}$ ……③をみたす正の整数 x, y の組をすべて求める。

$\boxed{+}\ (\because y \geqq 1)$

ここで，$y \geqq 1$ より，$8\sqrt{2y-1} > 0$

よって，(1) の結果より，①の z の代わり
に $8\sqrt{2y-1}$ を代入すると，

$\boxed{\begin{array}{l} x > 0,\ y > 0,\ z > 0 \\ x^2 = y^2 + z \ \cdots① のとき， \\ y < x < y + \dfrac{z}{2y} \ \cdots② \\ が成り立つ。 \end{array}}$

$y < x < y + \dfrac{8\sqrt{2y-1}}{2y}$ ……④が成り立つ。

ここで，$\dfrac{8\sqrt{2y-1}}{2y} = 4\sqrt{\dfrac{2y-1}{y^2}} = 4\sqrt{\dfrac{2}{y} - \dfrac{1}{y^2}}$

$\boxed{-\left(\dfrac{1}{y^2} - 2 \cdot \dfrac{1}{y} + 1\right) + 1}$

$= 4\sqrt{1 - \left(\dfrac{1}{y} - 1\right)^2} \leqq 4\sqrt{1} = 4$ となるので，④より

$\boxed{0\text{ 以上 }1\text{ 未満}}$

$y < x < y + \dfrac{4\sqrt{2y-1}}{y} \leqq y + 4$

$\therefore\ y < x < y + 4$ ……⑤ $\leftarrow$ $\boxed{これで，正の整数 x の範囲が絞れた！}$

よって，正の整数 x は，$x = y+1$, $y+2$, $y+3$ の 3 通りのみを調べ
ればよい。

(ⅰ)$x = y+1$ のとき，これを③に代入して，y の値を求めると，

$\underbrace{(y+1)^2}_{\boxed{y^2 + 2y + 1}} = y^2 + 8\sqrt{2y-1}$ 　　$2y + 1 = 8\sqrt{2y-1}$

両辺を 2 乗して，$4y^2 + 4y + 1 = 64(2y-1)$

$4y^2 - 124y + 65 = 0$ 　　$\boxed{\sqrt{896} = \sqrt{2^6 \times 14}}$

$y = \dfrac{62 \pm \sqrt{62^2 - 4 \cdot 65}}{4} = \dfrac{31 \pm \boxed{\sqrt{31^2 - 65}}}{2} = \dfrac{31 \pm 8\sqrt{14}}{2}$

となって，y が整数の条件に反する。よって，不適。

（ⅱ）$x = y + 2$ のとき，これを③に代入して，y の値を求めると，

$$\underset{\underset{\boxed{y^2 + 4y + 4}}{\smile}}{(y+2)^2} = y^2 + 8\sqrt{2y-1} \qquad y + 1 = 2\sqrt{2y-1}$$

両辺を 2 乗して，　　$y^2 + 2y + 1 = 4(2y - 1)$

$y^2 - 6y + 5 = 0$　　　$(y - 1)(y - 5) = 0$　　$\therefore\ y = 1,\ 5$

・$y = 1$ のとき，　　$x = 1 + 2 = 3$

・$y = 5$ のとき，　　$x = 5 + 2 = 7$

　$\therefore\ (x,\ y) = \underline{\underline{(3,\ 1)}},\ \underline{\underline{(7,\ 5)}}$

（ⅲ）$x = y + 3$ のとき，これを③に代入して，y の値を求めると，

$$\underset{\underset{\boxed{y^2 + 6y + 9}}{\smile}}{(y+3)^2} = y^2 + 8\sqrt{2y-1} \qquad 6y + 9 = 8\sqrt{2y-1}$$

両辺を 2 乗して，　　$36y^2 + 108y + 81 = 64(2y - 1)$

$36y^2 - 20y + 145 = 0$　　　この判別式を D とおくと，

$\dfrac{D}{4} = 10^2 - 36 \times 145 < 0$　となって，実数解をもたない。

よって，不適。

以上（ⅰ）（ⅱ）（ⅲ）より，求める正の整数の組 $(x,\ y)$ は，

$(x,\ y) = (3,\ 1)$ と $(7,\ 5)$ である。　　$\cdots\cdots\cdots\cdots\cdots\cdots\cdots\cdots\cdots$（答）

　$A \cdot B = n$ 型の整数問題に比べて，今回のような範囲を絞るタイプの整数問題の方が難度は高いけれど，このような良問でシッカリ練習しておけば，この種の問題でも解きこなせるようになっていくはずだ。繰り返し解いて練習しよう！

有理数と無理数

以下の問いに答えよ。

(1) $\sqrt{2}$ と $\sqrt[3]{3}$ が無理数であることを示せ。

(2) p, q, $\sqrt{2}\,p + \sqrt[3]{3}\,q$ がすべて有理数であるとする。そのとき，

　　$p = 0$, $q = 0$ であることを示せ。　　　　　　　　　　　　　(大阪大)

ヒント! (1)は，$\sqrt{2}$，$\sqrt[3]{3}$ 共に有理数であると仮定して矛盾を導けばいい。背理法の基本問題だね。(2)は，$\sqrt{2}\,p + \sqrt[3]{3}\,q = r$ とおいて，p と q と r が有理数であるとき，$p = 0$，$q = 0$ を導くんだね。その際，$\sqrt{2}$ と $\sqrt[3]{3}$ が無理数であることを利用しよう。

解答 & 解説

(1)(i) $\sqrt{2}$ が有理数であると仮定すると，

> 互いに素とは「公約数を 1 以外にもたない。」ということ。

$$\sqrt{2} = \frac{n}{m} \ \cdots\cdots ① \ (m, n：\underline{互いに素な正の整数}) \text{とおける。}$$

①より，$\sqrt{2}\,m = n$ 　両辺を 2 乗して，

$2m^2 = n^2 \ \cdots\cdots ②$ より，n は 2 の倍数である。

> 命題：
> 「n^2 が 2 の倍数 $\Rightarrow$ n が 2 の倍数」が真であることは，対偶：
> 「n が奇数 $\Rightarrow$ n^2 は奇数」から示せる。

$\therefore n = 2k \ \cdots\cdots ③ \ (k：正の整数) \text{とおける。}$

③を②に代入すると，$2m^2 = (2k)^2$

$m^2 = 2k^2$ となって，m も 2 の倍数になる。つまり，m, n は公約数 2 をもつ。

これは，m と n が互いに素の条件に反する。よって矛盾。 ← 背理法の完成！

$\therefore \sqrt{2}$ は，無理数である。 $\cdots\cdots\cdots\cdots\cdots\cdots\cdots\cdots\cdots\cdots\cdots\cdots\cdots$(終)

(ii) $\sqrt[3]{3}$ が有理数であると仮定すると，

$$\sqrt[3]{3} = \frac{b}{a} \ \cdots\cdots ④ \ (a, b：\underline{互いに素な正の整数}) \text{とおける。}$$

④より，$\sqrt[3]{3}\,a = b$ 　両辺を 3 乗すると，

$3a^3 = b^3 \ \cdots\cdots ⑤$ より，b は 3 の倍数である。

> 命題：
> 「b^3 が 3 の倍数 $\Rightarrow$ b が 3 の倍数」が真であることは，対偶：
> 「b は 3 の倍 $\Rightarrow$ b^3 は 3 の倍
> 数でない　　数でない」
> から示せる。
> $(b \equiv \pm 1 \pmod 3 \Rightarrow b^3 \equiv \pm 1 \pmod 3)$

$\therefore b = 3c \ \cdots\cdots ⑥ \ (c：正の整数) \text{とおける。}$

⑥を⑤に代入して，$3a^3 = (3c)^3$

$a^3 = 3 \cdot 3c^3$ となって，a も 3 の倍数になる。つまり，a, b は公約数 3 をもつ。

これは，a と b が互いに素の条件に反する。よって矛盾。 ← 背理法の完成！

∴ $\sqrt[3]{3}$ は，無理数である。 ……………………………………………（終）

(2) $\sqrt{2}\, p + \sqrt[3]{3}\, q = r$ ……⑦ とおく。ここで，

「p, q, r がすべて有理数であるとき，$p = 0$ かつ $q = 0$ である。」ことを示す。

⑦より，

$\sqrt[3]{3}\, q = r - \sqrt{2}\, p$ ……⑦′　⑦′の両辺を 3 乗して，まとめると，

$3q^3 = (r - \sqrt{2}\, p)^3$

$\underline{r^3 - 3 \cdot r^2 \cdot \sqrt{2}\, p + 3 \cdot r \cdot (\sqrt{2}\, p)^2 - (\sqrt{2}\, p)^3}$

$3q^3 = r^3 - 3\underline{\underline{\sqrt{2}}}\, r^2 p + 6rp^2 - 2\underline{\underline{\sqrt{2}}}\, p^3$

$(3r^2 p + 2p^3)\underline{\underline{\sqrt{2}}} = r^3 + 6rp^2 - 3q^3$

$\underset{\sim}{p}(3r^2 + 2p^2)\underline{\underline{\sqrt{2}}} = r^3 + 6rp^2 - 3q^3$ ……⑧

> このように変形すると p, q, r は有理数で，$\sqrt{2}$ のみが無理数なので，$\sqrt{2}$ でまとめて，背理法を利用すれば，話が見えてくるはずだ。

(ⅰ) ここで，$\underset{\sim}{p} \neq 0$ と仮定すると，$3r^2 + 2p^2 > 0$ から，⑧の両辺を

（0以上）（＋）

$p(3r^2 + 2p^2)$ で割って，

$\sqrt{2} = \dfrac{r^3 + 6rp^2 - 3q^3}{p(3r^2 + 2p^2)} = （有理数）$　$(\because p, q, r：有理数)$ より，

$\sqrt{2}$ は有理数となって，$\sqrt{2}$ が無理数の条件に反する。よって矛盾。

∴ $p = 0$ ……⑨ である。 背理法の完成！

⑨を⑦′に代入して，

$\sqrt[3]{3} \cdot q = r$ ……⑦″ となる。

(ⅱ) ここで，$q \neq 0$ と仮定すると，⑦″の両辺を q で割って，

$\sqrt[3]{3} = \dfrac{r}{q} = （有理数）$ より， 背理法の完成！

$\sqrt[3]{3}$ は有理数となって，$\sqrt[3]{3}$ が無理数の条件に反する。よって矛盾。

∴ $q = 0$ である。

以上 (ⅰ), (ⅱ) より，p, q, r がすべて有理数であるとき，

$p = 0$ かつ $q = 0$ である。 ……………………………………………（終）

2次関数と整数問題の融合

p, q を素数とし，2次関数 $f(x) = x^2 + px + q$ が次の2つの条件を満たすとする。このとき，$f(x)$ を求めよ。

(A) ある実数 a に対して $f(a) < 0$

(B) 任意の整数 n に対して $f(n) \geqq 0$　　　　（高知大）

Baba のレクチャー

2次関数 $y = f(x) = x^2 + px + q$

$$= \left(x + \frac{p}{2}\right)^2 + q - \frac{p^2}{4}$$

頂点 $\left(-\dfrac{p}{2},\ q - \dfrac{p^2}{4}\right)$

$(p,\ q：素数)$

$y = f(x)$

$p：素数$

$f\left(-\dfrac{p}{2} + \dfrac{1}{2}\right) \geqq 0$

$-\dfrac{p}{2}$

$-\dfrac{p}{2} - \dfrac{1}{2}$ 　整数　　$-\dfrac{p}{2} + \dfrac{1}{2}$ 　整数

$\left(-\dfrac{p}{2},\ q - \dfrac{p^2}{4}\right)$ ⊖

条件 **(A)** より，ある a に対して

$f(a) < 0$ ということから，当然頂点の y 座標 $f\left(-\dfrac{p}{2}\right) < 0$ でないといけないね。

p は素数（1と自分自身以外に約数をもたない正の整数。1を除く。）だから，具体的に $p = \boxed{2}$, $\underline{3,\ 5,\ 7,\ 11,\ 13,\ \cdots}$ となるんだね。

　　　　　これのみ偶数　　2以外の素数はすべて奇数

ここで，$p = 2$ とすると，$-\dfrac{p}{2}$ は整数 -1 となって，

$f\left(-\dfrac{p}{2}\right) = f(-1) < 0$ となるけど，これは条件 **(B)** に反する。

よって，p は奇数であり，条件 **(B)** から，頂点の x 座標 $-\dfrac{p}{2}$ に最も近い整数 $x = -\dfrac{p}{2} \pm \dfrac{1}{2}$ の y 座標 $f\left(-\dfrac{p}{2} \pm \dfrac{1}{2}\right)$ は，0以上となるんだね。

解答＆解説

2次関数 $f(x) = x^2 + px + q = \left(x + \dfrac{p}{2}\right)^2 + q - \dfrac{p^2}{4}$　$(p,\ q：素数)$

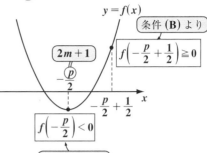

条件 (A) 「ある実数 a に対して $f(a) < 0$」より，

$$f\left(-\frac{p}{2}\right) = q - \frac{p^2}{4} < 0 \qquad \therefore \ 4q < p^2 \ \cdots\cdots ①$$

ここで，素数 p が 2 であると仮定
すると，$-\dfrac{p}{2}$ が整数となって，

条件 (B) 「任意の整数 n に対して
$\qquad f(n) \geqq 0$」に反する。

よって，p は奇数である。

$\therefore \ -\dfrac{p}{2} \pm \dfrac{1}{2}$ は整数より，条件 (B) から

$$f\left(-\frac{p}{2} + \frac{1}{2}\right) = \boxed{\left(-\frac{p}{2} + \frac{1}{2}\right)^2 + p\left(-\frac{p}{2} + \frac{1}{2}\right) + q \geqq 0}$$

$$\frac{1}{4}p^2 - \frac{1}{2}p + \frac{1}{4} - \frac{1}{2}p^2 + \frac{1}{2}p + q \geqq 0, \quad q \geqq \frac{1}{4}p^2 - \frac{1}{4}$$

$$\therefore \ p^2 - 1 \leqq 4q \ \cdots\cdots ②$$

以上①，②より，$\quad p^2 - 1 \leqq \underset{\text{整数}}{\underline{4q}} < p^2$

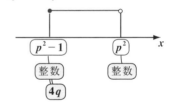

$$\therefore \ 4q = p^2 - 1 = (p+1)(p-1) \ \cdots\cdots ③$$

ここで，p は 3 以上の奇数 (素数) より，$p = \underset{\sim\sim\sim\sim}{2m+1} \ \cdots\cdots ④ \ (m : \text{正の整数})$

とおける。これを③に代入すると，

> $A \cdot B = q$ (素数) 型の整数問題だ。
> ここで，A, B が正の整数の式のとき
> $(A, \ B) = (1, \ q)$，または $(q, \ 1)$
> の 2 通りに決まってしまうんだ。

$$4q = (2m+1+1)(2m+1-1)$$

$$m(m+1) = q$$

ここで，$(m, \ \underline{m+1}) = (q, \ \underline{1})$ とおくと，$\underset{\sim\sim}{m=0}$ となって，矛盾。

よって，$(m, \ m+1) = (1, \ q) \qquad \therefore \ m=1, \ q = m+1 = 2$

また，④より，$p = 2 \times 1 + 1 = 3$

以上より，$p = 3$, $q = 2$

よって，求める 2 次関数 $f(x)$ は，$f(x) = x^2 + 3x + 2$ $\cdots\cdots\cdots\cdots\cdots$ (答)

テーマ③ 2次関数・2次方程式の応用

● **整数問題などとの融合問題にもチャレンジしよう！**

　今回は，"**2次関数・2次方程式の応用**"について解説しよう。この2次関数・2次方程式には，もちろん，2次不等式も含まれる。

　ここでは，キミ達が苦手とする他分野と2次関数・2次方程式の融合問題を中心に教えるつもりだ。また，整数問題も出てくるので，大変と思うかも知れないね。でも，骨のある問題にチャレンジすることにより，本物の実践力が身につくんだよ。頑張ろうな！

　それでは，今回扱うメインテーマを下に示そう。

(1) 解と係数の関係と分数不等式の融合問題
(2) 2次方程式と整数問題の融合
(3) 2次関数と領域の融合
(4) 2次関数の最小値の発展問題
(5) 合成関数の不等式の問題

(1) は慶応大の問題で，解と係数の関係を逆に用いて，2次方程式を作り，その解の実数条件を利用する問題だ。分数不等式の解法も，この問題を解くポイントになる。

(2) の問題では，2次方程式の係数が，偶数か奇数かの判定が重要な鍵となる。

(3) は京都大の問題だけれど，典型的な"**解の範囲**"の問題でもあるんだよ。

(4) は相加・相乗平均の不等式や，変数の置換，それに場合分けなど，様々な要素の入った発展問題だよ。結構骨があると思うよ。

(5) は，京都大の問題で，合成関数の不等式 $f(f(x)) > 0$ の問題になっている。合成関数は，数学 **III** の範囲だけれど，難関大を狙う人は，文系でも当然知識としてもっておいた方がいいと思う。

テーマ
式と証明
1

テーマ
整数問題
2

テーマ
2次関数・2次方程式の応用
3

解と係数の関係と分数不等式

| 演習問題 11 | 難易度 ★★★ | CHECK*1* | CHECK*2* | CHECK*3* |

実数 x, y が $x^3 + y^3 + xy - 3 = 0$ を満たすものとする。$s = x + y$, $t = xy$ と

おくとき，次の各問いに答えよ。

(1) t を s の式で表せ。

(2) s の取り得る値の範囲を求めよ。 (慶応大)

ヒント！ (1) $x^3 + y^3 + xy - 3 = 0$ の左辺は対称式より，基本対称式 $(x + y, xy)$
で表される。これから，$t = (s \text{ の式})$ の形で表せる。(2) $s = x + y$, $t = xy$ より，x
と y を解にもつ u の 2 次方程式 $u^2 - su + t = 0$ は実数解をもつので，この判別式
$D \geqq 0$ となる。これから，s の値の範囲を求めよう。その際に，分数不等式の解
法パターンも利用する。

解答&解説

(1) $\underbrace{x^3 + y^3 + xy - 3 = 0}_{(x+y)^3 - 3xy(x+y)} \cdots\cdots$ ① $(x, y : \text{実数})$ とおく。 ┌ ①の x と y の対称式は，基本
対称式 $(x+y, xy)$ で表せる。

ここで，$s = x + y \cdots\cdots$②，$t = xy \cdots\cdots$③ とおく。

①を変形して，

$\underbrace{(x+y)^3}_{s^3} - \underbrace{3xy(x+y)}_{3t \cdot s} + \underbrace{xy}_{t} - 3 = 0 \cdots\cdots$①´

①´に②，③を代入して，

$s^3 - 3st + t - 3 = 0 \qquad (3s-1)t = s^3 - 3 \cdots\cdots$④ となる。

ここで，$3s - 1 = 0$，すなわち $s = \dfrac{1}{3}$ と仮定すると，(④の左辺) $= 0$，

(④の右辺) $= \left(\dfrac{1}{3}\right)^3 - 3 = -\dfrac{80}{27}$

となって，矛盾する。$\therefore 3s - 1 \neq 0$ ◀ 背理法

よって，④の両辺を $3s - 1 (\neq 0)$ で割って，

$t = \dfrac{s^3 - 3}{3s - 1} \cdots\cdots$⑤ $\left(s \neq \dfrac{1}{3}\right)$ となる。 ··(答)

(2) $s = x + y \cdots\cdots$②，$t = xy \cdots\cdots$③ より，実数 x, y を解にもつ u の 2 次方

程式は，

$u^2 - su + t = 0 \cdots\cdots$⑥ となる。 ◀ $u^2 - (x+y)u + xy = (u-x)(u-y) = 0$

33

よって，⑥は実数解 x, y をもつので，この判別式を D とおくと，

$D = \boxed{s^2 - 4t \geqq 0}$ ……⑦

⑦に⑤を代入して，

$$s^2 - \frac{4(s^3 - 3)}{3s - 1} \geqq 0$$

$$\frac{s^2(3s - 1) - 4s^3 + 12}{3s - 1} \geqq 0$$

$$\frac{-s^3 - s^2 + 12}{3s - 1} \geqq 0 \quad \text{両辺に} -1 \text{をかけて，}$$

$$\frac{s^3 + s^2 - 12}{3s - 1} \leqq 0 \quad \text{より，}$$

$$(3s - 1)\underbrace{(s^3 + s^2 - 12)}_{(s-2)(s^2+3s+6)} \leqq 0 \quad \text{かつ} \quad s \neq \frac{1}{3}$$

> **分数不等式**
> $\dfrac{B}{A} \leqq 0$ のとき，この両辺に
> $A^2 (>0)$ をかけて，
> $\underline{AB \leqq 0}$ かつ $\underline{A \neq 0}$
> A は元々分母の数なので
> 0 ではない。∴$A \neq 0$ を付ける。

> **組立て除法**
> $$\begin{array}{r|rrrr} & 1, & 1, & 0, & -12 \\ 2) & \downarrow & 2 & 6 & 12 \\ \hline & 1 & 3 & 6 & (0) \end{array}$$

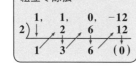

$$(3s - 1)(s - 2)\underbrace{(s^2 + 3s + 6)}_{\oplus} \leqq 0 \quad \text{……⑧ かつ} \quad s \neq \frac{1}{3}$$

ここで，$s^2 + 3s + 6 = \left(s + \dfrac{3}{2}\right)^2 + \dfrac{15}{4} > 0$ より，⑧の両辺を $s^2 + 3s + 6 \ (>0)$ で割って，

$$(3s - 1)(s - 2) \leqq 0 \quad \text{かつ} \quad s \neq \frac{1}{3}$$

以上より，求める s の取り得る値の範囲は，

$\dfrac{1}{3} \leqq s \leqq 2$ かつ $s \neq \dfrac{1}{3}$ より，

$\dfrac{1}{3} < s \leqq 2$ である。……………………………………………………（答）

テーマ

1

式と証明

テーマ

2

整数問題

テーマ

3

2次関数・2次方程式の応用

2次方程式と整数問題の融合

| 演習問題 12 | 難易度 ★★★ | CHECK*1* | CHECK*2* | CHECK*3* |

p, q を整数とし，$f(x) = x^2 + px + q$ とおく。$f(1)$ も $f(2)$ も 2 で割り切れないとき，方程式 $f(x) = 0$ は整数の解をもたないことを示せ。

(愛媛大*)

ヒント！ 題意から，$f(1)$, $f(2)$ は奇数だね。これから，p, q は共に奇数と言えるんだよ。後は背理法でケリをつけるといい！

解答&解説

$f(x) = x^2 + px + q$　　p, q は整数より，

$f(1) = 1 + p + q$, $f(2) = 4 + 2p + q$ は共に整数である。

よって，$f(1)$, $f(2)$ は共に 2 で割り切れないという条件から $f(1)$, $f(2)$ は共に奇数である。　← 2で割り切れない整数は奇数だ！

$f(1) = \underbrace{1}_{奇数} + \underbrace{(p+q)}_{偶数} = 奇数$，$f(2) = \underbrace{(4+2p)}_{偶数} + \underbrace{q}_{奇数} = 奇数$

よって，$p + q = 偶数$，$q = 奇数$ より，p, q はともに奇数である。

ここで，**2次方程式 $f(x) = 0$ が，整数解 m をもつと仮定する**と，

(i) m が偶数のとき，　これから矛盾を導く！ 背理法だね。

$f(m) = \underbrace{\overbrace{m^2}^{(偶数)^2}}_{偶数} + \underbrace{\overbrace{pm}^{奇数×偶数}}_{} + \underline{q} = 偶数 + 偶数 + 奇数 = 奇数 \quad \therefore \underbrace{f(m) \neq 0}_{偶数}$

(ii) m が奇数のとき，

$f(m) = \underbrace{\overbrace{m^2}^{(奇数)^2}}_{奇数} + \overbrace{pm}^{奇数×奇数} + \underline{q} = 奇数 + 奇数 + 奇数 = 奇数 \quad \therefore \underbrace{f(m) \neq 0}_{偶数}$

以上 (i)(ii) より，m が偶数，奇数に関わらず $f(m) \neq 0$ となって，矛盾。

$\therefore f(1)$, $f(2)$ が奇数のとき，$f(x) = 0$ は整数解をもたない。…………(終)

xy 平面上の原点と点 $(1, 2)$ を結ぶ線分 (両端を含む) を L とする。曲線 $y = x^2 + ax + b$ が L と共有点をもつような実数の組 (a, b) の集合を ab 平面上に図示せよ。　　　　　　　　　　　　　　　　　　　(京都大)

> **ヒント!** 　線分 $y = 2x$ $(0 \leqq x \leqq 1)$ と放物線 $y = x^2 + ax + b$ から y を消去して，x の 2 次方程式にもち込み，これが $0 \leqq x \leqq 1$ の範囲に少なくとも 1 つの実数解をもつように，a と b の条件を定める頻出問題だよ。頑張ろう!

解答 & 解説

右図に示すように，

$$\begin{cases} 線分 L : y = 2x \ \cdots\cdots ① \ (0 \leqq x \leqq 1) \ と \\ 放物線 : y = x^2 + ax + b \ \cdots\cdots ② \end{cases}$$

とが，共有点をもつような実数 a，b の条件を求め，それを ab 座標平面上に示す。そのためには，①，②より y を消去して，x の 2 次方程式にし，それが $0 \leqq x \leqq 1$ の範囲に少なくとも 1 つの実数解をもつための条件を求めればよい。 これは，L と放物線との共有点の x 座標のこと

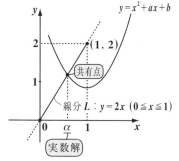

ここで，①，②より y を消去してまとめると，

$$2x = x^2 + ax + b$$

$$x^2 + (a - 2)x + b = 0 \ \cdots\cdots ③ \ となる。$$

③を分解して，

$$\begin{cases} y = f(x) = x^2 + (a - 2)x + b \ と \\ y = 0 \ [x \ 軸] \end{cases}$$

とおく。$y = f(x)$ が，x 軸と $0 \leqq x \leqq 1$ の範囲に少なくとも 1 つの共有点をもつための条件を調べればよい。そのためには，次の 2 つの場合が考えられる。

テーマ
1
式と証明

テーマ
2
整数問題

テーマ
2次関数・2次方程式の応用
3

（Ⅰ）$f(0) \times f(1) \leqq 0$ のとき，

$\underbrace{b}$　$\underbrace{1^2 + (a-2) \cdot 1 + b}$

図（Ⅰ）のように，③の方程式
は，$0 \leqq x \leqq 1$ の範囲に少なく
とも **1** つの実数解をもつ。
よって，

$\underline{b(b + a - 1) \leqq 0}$ ……④

ab 座標平面上で④の表す
領域を考える。まず境界線

$\begin{cases} b = 0 \\ b = -a + 1 \end{cases}$ を描き，

境界線上にない点，たとえば，
$(\underline{-1},\ \underline{1})$ を④に代入すると，

$\underline{\underline{1(1 - 1 - 1)}} = \underline{-1 \leqq 0}$ と

　　　　　水深 **1m**

なって成り立つ。よって，④の
表す領域は右図の網目部となる。

> ④に，ある点 (a, b) の座標
> を代入して **0** 以下，すなわ
> ち海の部分を求める。境界
> 線（海岸線）を境に海・陸・
> 海・陸と塗り分ける要領だ！

図（Ⅰ）

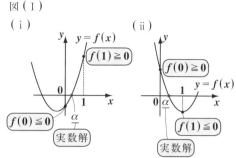

（ⅰ）　　　　　　　　（ⅱ）

> $\begin{cases} （ⅰ）f(0) \leqq 0,\ f(1) \geqq 0 \text{ のときのイメージ} \\ （ⅱ）f(0) \geqq 0,\ f(1) \leqq 0 \text{ のときのイメージ} \end{cases}$
> いずれにせよ，$f(0) \times f(1) \leqq 0$ のとき
> **少なくとも 1** つの実数解をもつ。

> 右図のように
> $f(0) = 0,\ f(1) = 0$
> のときは，$0 \leqq x \leqq 1$
> の範囲に **2** つの実数
> 解をもつ。
> $y = f(x)$

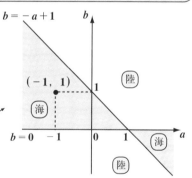

（Ⅱ）図（Ⅱ）のように③の方程式が $0 \leqq x \leqq 1$
の範囲に **2** つの実数解をもつための条
件は，次の **4** つである。

（ⅰ）判別式 $D \geqq 0$

（ⅱ）$0 \leqq -\dfrac{a-2}{2} \leqq 1$

（ⅲ）$f(0) \geqq 0$，（ⅳ）$f(1) \geqq 0$

図（Ⅱ）

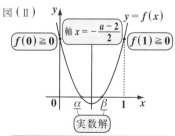

> **2** つの実数解をもつイメージだ。
> 条件は **4** つある。

37

（ ⅰ ）判別式 $D = (a-2)^2 - 4b \geqq 0$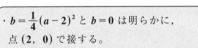

よって，$b \leqq \dfrac{1}{4}(a-2)^2$

（ ⅱ ）$y = f(x)$ の軸 $x = -\dfrac{a-2}{2}$ より，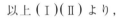

$0 \leqq -\dfrac{a-2}{2} \leqq 1 \qquad -2 \leqq a-2 \leqq 0$

$\therefore \ \underline{\underline{0 \leqq a \leqq 2}}$

（ ⅲ ）$f(0) = b \geqq 0$

$\therefore \ \underline{\underline{b \geqq 0}}$

（ ⅳ ）$f(1) = 1 + a - 2 + b \geqq 0$

$\therefore \ \underline{\underline{b \geqq -a+1}}$

以上（ ⅰ ）〜（ ⅳ ）を同時にみたす点 $(a, \ b)$
の存在領域を右図の網目部で示す。

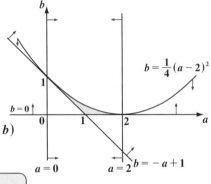

> ・$b = \dfrac{1}{4}(a-2)^2$ と $b = 0$ は明らかに，
> 点 $(2, \ 0)$ で接する。
> ・$b = \dfrac{1}{4}(a-2)^2$ と $b = -a+1$ も，b を消去すると，
> $\dfrac{1}{4}(a-2)^2 = -a+1$，$a^2 = 0$ となって，点 $(0, \ 1)$
> で接する。

以上（Ⅰ）（Ⅱ）より，

線分 L と放物線 $y = x^2 + ax + b$ とが

共有点をもつような点 $(a, \ b)$ の集合

は，右図の網目部で示す領域となる。

（ただし，境界線はすべて含む）

$\cdots\cdots\cdots\cdots\cdots\cdots$（答）

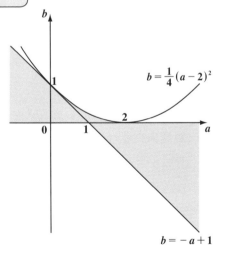

テーマ

1

式と証明

テーマ

2

整数問題

テーマ

3

2次関数・2次方程式の応用

文字の置換と **2** 次関数の最小問題

正の実数 x，y が $x+y=2$ をみたすとき，xy のとり得る値の範囲を求めよ。次に，$\dfrac{1}{x^2y^2}+a\left(\dfrac{1}{x^2}+\dfrac{1}{y^2}\right)$ の最小値を求めよ。　　(山梨学院大)

ヒント！ xy のとり得る値の範囲は，相加・相乗平均の不等式からスグ分かるはずだ。問題は，後半の与式の最小値だね。ここでは，$\dfrac{1}{xy}=t$ とおいて，与式 $=f(t)$ とすると，t の 2 次関数の最小値の問題に帰着するんだよ。

解答&解説

$x+y=2$ ……①

$x>0$，$y>0$ より，①に相加・相乗平均の不等式を用いて，

$\underline{2=x+y\geqq2\sqrt{xy}}$　　　よって，$2\geqq2\sqrt{xy}$

（相加・相乗の式だね。）

$1\geqq\sqrt{xy}$　　この両辺は **0** 以上より，両辺を **2** 乗して，

$1\geqq xy$（等号成立条件：$x=y=1$）

∴求める xy のとり得る値の範囲は，

$0<xy\leqq1$ ……………………………………………………(答)

ここで，与式 $=\mathbf{P}$ とおくと，

$\mathbf{P}=\dfrac{1}{x^2y^2}+a\left(\dfrac{1}{x^2}+\dfrac{1}{y^2}\right)$

$=\dfrac{1}{x^2y^2}+a\cdot\dfrac{\overbrace{x^2+y^2}}{x^2y^2}$　　$\boxed{(\overset{2}{\overbrace{(x+y)}})^2-2xy=2^2-2xy=4-2xy}$

$=\left(\dfrac{1}{xy}\right)^2+a\cdot\dfrac{4-2xy}{x^2y^2}$

$$\therefore P = (1+4a) \cdot \left(\frac{1}{xy}\right)^2 - 2a \cdot \frac{1}{xy}$$

ここで，$\dfrac{1}{xy} = t$ とおき，$P = f(t)$ とおくと，

> $xy > 0$ より，
> $xy \leqq 1$ の両辺を
> xy で割って，
> $1 \leqq \dfrac{1}{xy}$
> $\therefore 1 \leqq t$ だ。

$$P = f(t) = (1+4a)t^2 - 2at \quad (t \geqq 1)$$

> ここで，t^2 の係数 $1+4a$ を，$\oplus, \textcircled{0}, \ominus$ の 3 通りに場合分けして，それぞれの条件を調べないといけないんだね。

(i) $1+4a < 0$ のとき，$P = f(t)$ は，上に凸の放物線となるので，その最小値は存在しない。

(ii) $1+4a = 0$，すなわち $a = -\dfrac{1}{4}$

のとき，

$$P = f(t) = \frac{1}{2}t \quad \boxed{\text{直線の式}}$$

$\therefore t = 1$ のとき，

最小値 $P = f(1) = \dfrac{1}{2}$

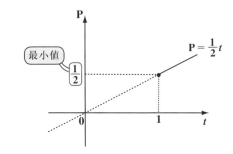

(iii) $1+4a > 0$，すなわち $a > -\dfrac{1}{4}$ のとき，

$$P = f(t) = (1+4a)\left\{ t^2 - \frac{2a}{1+4a}t + \left(\frac{a}{1+4a}\right)^2 \right\} - \frac{a^2}{1+4a}$$

> $\boxed{\text{2 で割って 2 乗}}$

$$= (1+4a)\left(t - \frac{a}{1+4a}\right)^2 - \frac{a^2}{1+4a} \quad (t \geqq 1)$$

■ Baba のレクチャー

この放物線の軸は，$t = \dfrac{a}{1+4a}$ だね。また，$P = f(t)$ は $t \geqq 1$ でしか定義されないので，$\dfrac{a}{1+4a}$ と 1 の大小関係を調べる必要が出てきたんだよ。

ここで，

$$1 - \frac{a}{1+4a} = \frac{\boxed{1+3a}}{\boxed{1+4a}} > 0 \qquad \therefore \frac{a}{1+4a} < 1$$

$$\left(\begin{array}{l} \because a > -\dfrac{1}{4} \text{ より，} 3a > -\dfrac{3}{4} \quad \text{この両辺に } 1 \text{ をたして，} \\[2mm] 1+3a > \dfrac{1}{4} \text{ となって，} 1+3a > 0 \end{array}\right)$$

$\therefore t = 1$ のとき，

最小値 $P = f(1)$

$\qquad\qquad = 1 + 4a - 2a$

$\qquad\qquad = 1 + 2a$ ………(答)

$$\left(\begin{array}{l} \text{これは，} a = -\dfrac{1}{4} \text{ のとき} \\[2mm] \text{最小値 } P = \dfrac{1}{2} \text{ となって，} \\[2mm] (\,\text{ii}\,) \text{ の結果を含む。} \end{array}\right)$$

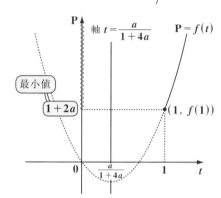

以上（ i ）（ ii ）（ iii ）より，$P = \dfrac{1}{x^2 y^2} + a\left(\dfrac{1}{x^2} + \dfrac{1}{y^2}\right)$ の最小値は，

$a \geqq -\dfrac{1}{4}$ のときにのみ存在し，$1+2a$ である。……………………………(答)

合成関数の不等式の問題

a を 2 以上の実数とし，$f(x) = (x+a)(x+2)$ とする。このとき，$f(f(x)) > 0$ がすべての実数 x に対して成り立つような a の範囲を求めよ。

(京都大)

▌ Baba のレクチャー

一般に 2 つの関数 $f(x)$ と $g(x)$ の合成関数として，

$\begin{cases} \cdot f(g(x)) \text{ は，} f(x) \text{ の } x \text{ に } g(x) \text{ を代入したものであり，} \\ \cdot g(f(x)) \text{ は，} g(x) \text{ の } x \text{ に } f(x) \text{ を代入したものなんだね。} \end{cases}$

$(ex) f(x) = x+1$, $g(x) = \sin x$ のとき，

$\begin{cases} \cdot f(g(x)) = g(x) + 1 = \sin x + 1 \quad \text{であり，} \\ \cdot g(f(x)) = \sin f(x) = \sin(x+1) \quad \text{となるんだね。} \end{cases}$

今回の問題では，$f(x) = (x+a)(x+2)$ より，

$f(f(x)) = \{f(x) + a\} \cdot \{f(x) + 2\}$ となる。これを基に考えていこう！

▌ 解答 & 解説

x の 2 次関数 $f(x) = (x+a)(x+2)$ ……① $(a \geq 2)$ とおく。

$\boxed{x \text{ 軸と 2 点 } (-a, 0), (-2, 0) \text{ で交わる下に凸の放物線}}$

すべての実数 x に対して，不等式

$f(f(x)) > 0$ ………② が成り立つような実数 a の値の範囲を求める。

① より，② は

$f(f(x)) = \underset{\oplus}{\{f(x) + a\}} \cdot \underset{\oplus}{\{f(x) + 2\}} > 0$ ………②′ $(a \geq 2)$

ここで，2 つの放物線

$y = f(x) + a$ と $y = f(x) + 2$ は共に共通の
軸をもつ下に凸の放物線であるため，す
べての実数 x に対して，②′ が成り立つ
ための条件は，すべての実数 x に対して，
$f(x) + a > 0$ かつ $f(x) + 2 > 0$ となることである。

$y = f(x) + a$ と $y = f(x) + 2$ は，共通の軸
をもつ下に凸の放物線より，すべての
実数 x に対して②′ が成り立つための条
件は，$\oplus \times \oplus > 0$ のみだね。つまり，
$\ominus \times \ominus > 0$ となることはないんだね。

42

テーマ
1
式と証明

テーマ
2
整数問題

テーマ
3
2次関数・2次方程式の応用

ここで，さらに $a \geqq 2$ より，$f(x) + a \geqq f(x) + 2$ となる。

したがって，すべての実数 x に対して②(すなわち②′)が成り立つ条件は，

$f(x) + a \geqq f(x) + 2 > 0$ となる。

よって，すべての実数 x に対して

$f(x) + 2 = (x + a)(x + 2) + 2$

$\qquad = x^2 + (a + 2)x + 2a + 2 > 0$

となる a の値の範囲を求めればよい。

したがって，ここで 2 次方程式：

$f(x) + 2 = x^2 + (a + 2)x + 2a + 2 = 0$

の判別式を D とおくと，

$D = \boxed{(a + 2)^2 - 4 \cdot 1 (2a + 2) < 0}$ となる。

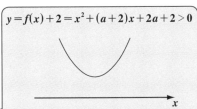

$y = f(x) + 2 = x^2 + (a + 2)x + 2a + 2 > 0$

このようになるためには，2 次方程式
$f(x) + 2 = 0$ の判別式 $D < 0$ となること
だね。

これを解いて，

$a^2 - 4a - 4 < 0$

$\therefore\ \underset{\underset{\boxed{1.4}}{}}{2 - 2\sqrt{2}} < a < \underset{\underset{\boxed{1.4}}{}}{2 + 2\sqrt{2}}$

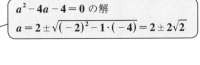

$a^2 - 4a - 4 = 0$ の解
$a = 2 \pm \sqrt{(-2)^2 - 1 \cdot (-4)} = 2 \pm 2\sqrt{2}$

ここで，$2 \leqq a$ より，求める a の値の

範囲は，

$2 \leqq a < 2 + 2\sqrt{2}$ である。 $\cdots\cdots\cdots$(答)

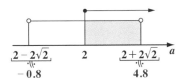

$\underset{-0.8}{2 - 2\sqrt{2}} \qquad 2 \qquad \underset{4.8}{2 + 2\sqrt{2}} \qquad a$

テーマ④ 高次方程式の応用

● 高次方程式は，解の特徴まで見極めよう！

さァ，これから，"**高次方程式の応用**" について解説しよう。高次方程式は，解いて答えを出すことも重要なんだけど，解を求めるだけじゃなく，出てきた解が実数なのか，虚数なのか，その個数はいくつあるのかなどなど，解の特徴をシッカリとらえていく必要があるんだね。今回も，難関大が好んで出題してくるパターンの良問を選んでおいたから，コツをつかめば大きくステップ・アップできるはずだ。頑張ろう！

それでは，今回扱うメインテーマを下にまとめておこう。

(1) 3 次方程式の解と係数の関係と，三角方程式の融合問題

(2) ガウス記号の入った方程式の解法

(3) 3 次方程式と整数問題の融合

(4) 4 次方程式と整数問題の融合

(5) 絶対値が付いた方程式の実数解の個数の問題

(1) は一橋大の問題で，3 次方程式の解と係数の関係を利用する問題で，三角方程式との融合形式の問題になっている。和→積，積→和の公式を利用して解いていこう。

(2) は，ガウス記号の入った方程式の問題で，誘導形式になっているので，流れに従って解いていくことがポイントになるんだね。

(3) の一橋大の問題は，最終的には整数問題になる。ここでは，3 次方程式の解と係数の関係を用いる頻出の解法パターンを使う。

(4) の京都大の問題では，4 次方程式が整数解と虚数解をもつための条件を求める。ここでは，"**因数定理の応用**" についても解説しよう。

(5) の横浜国立大の問題は，不等式の表す領域との融合問題だ。条件をシッカリ見極めて，場合分けをキッチリ押さえていけばいいんだね。

テーマ

高次方程式の応用

4

テーマ

いろいろな数列

5

テーマ

漸化式の応用

6

解と係数の関係と三角方程式の融合

m を実数とし，$0 \leqq \theta \leqq \pi$ とする。3 次方程式 $x^3 + mx + \sqrt{2} = 0$ は異なる 3 つの実数解 $2\sin\theta$, $-2\cos\theta$, $2\sin3\theta$ をもつ。m と θ の値を求めよ。

（一橋大）

ヒント！ 3 次方程式の解と係数の関係から，m と θ についての 3 つの三角方程式が導ける。和→積の公式などを利用して，θ と m の値を求めていこう。

解答＆解説

3 次方程式：$x^3 + mx + \sqrt{2} = 0$ ……①

（m：実数，$0 \leqq \theta \leqq \pi$）が 3 つの実数解

$2\sin\theta$, $-2\cos\theta$, $2\sin3\theta$ をもつので，

3 次方程式の解と係数の関係より，

> 3 次方程式：
> $ax^3 + bx^2 + cx + d = 0$ $(a \neq 0)$ が
> 3 つの解 α, β, γ をもつとき，
> 解と係数の関係より，
> $$\begin{cases} \alpha + \beta + \gamma = -\dfrac{b}{a} \\ \alpha\beta + \beta\gamma + \gamma\alpha = \dfrac{c}{a} \\ \alpha\beta\gamma = -\dfrac{d}{a} \end{cases}$$ となる。

$$\begin{cases} 2\sin\theta - 2\cos\theta + 2\sin3\theta = 0 & \cdots\cdots② \\ -4\sin\theta\cos\theta - 4\sin3\theta\cos\theta + 4\sin3\theta\sin\theta = m & \cdots\cdots③ \\ -8\sin\theta\cos\theta\sin3\theta = -\sqrt{2} & \cdots\cdots④ \end{cases}$$

が導かれる。

②を変形して，

$2\underbrace{(\sin3\theta + \sin\theta)}_{2\sin2\theta \cdot \cos\theta} - 2\cos\theta = 0$

> 和→積の公式
> $\sin A + \sin B = 2\sin\dfrac{A+B}{2} \cdot \cos\dfrac{A-B}{2}$

$4\sin2\theta \cdot \cos\theta - 2\cos\theta = 0$　両辺を 2 で割って，

$\cos\theta \cdot (2\sin2\theta - 1) = 0$ より，（Ⅰ）$\cos\theta = 0$ または（Ⅱ）$\sin2\theta = \dfrac{1}{2}$ である。

（Ⅰ）$\cos\theta = 0$ のとき，④は $0 = -\sqrt{2}$ となって，矛盾する。

$\quad\therefore \cos\theta \neq 0$ である。

（Ⅱ）$\sin2\theta = \dfrac{1}{2}$ のとき，

$\quad 0 \leqq \theta \leqq \pi$ より，$0 \leqq 2\theta \leqq 2\pi$

$\quad$ よって，$2\theta = \dfrac{\pi}{6}$ または $\dfrac{5}{6}\pi$ である。

$\quad\therefore \theta = \dfrac{\pi}{12}$ または $\dfrac{5}{12}\pi$ である。

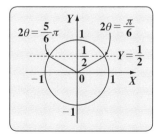

（ⅰ）$\theta = \dfrac{\pi}{12}$ のとき，

$$（④の左辺）= -\underbrace{8\sin\theta \cdot \cos\theta}_{\boxed{4\sin 2\theta}} \cdot \sin 3\theta$$

$$\boxed{\begin{aligned} m &= -4\sin\theta\cos\theta - 4\sin 3\theta\cos\theta \\ &\quad +4\sin 3\theta\sin\theta \quad\cdots\cdots\text{③} \\ &-8\sin\theta\cos\theta\sin 3\theta = -\sqrt{2} \cdots\cdots\text{④} \end{aligned}}$$

$$= -4\sin 2\theta \cdot \sin 3\theta = -4 \cdot \sin\dfrac{\pi}{6} \cdot \sin\dfrac{\pi}{4} = -4 \cdot \dfrac{1}{2} \cdot \dfrac{\sqrt{2}}{2} = -\sqrt{2} = （④の右辺）$$

となって，④をみたす。

よって，③より m の値を求めると，

$$m = -\underbrace{4\sin\theta \cdot \cos\theta}_{\boxed{-2\sin 2\theta}} - \underbrace{4\sin 3\theta \cdot \cos\theta}_{\boxed{-2(\sin 4\theta + \sin 2\theta)}} + \underbrace{4\sin 3\theta \cdot \sin\theta}_{\boxed{-2(\cos 4\theta - \cos 2\theta)}}$$

$$\boxed{公式（ⅰ）\sin\alpha\cos\alpha = \dfrac{1}{2}\sin 2\alpha \quad （ⅱ）\sin\alpha\cos\beta = \dfrac{1}{2}\{\sin(\alpha+\beta)+\sin(\alpha-\beta)\} \\ （ⅲ）\sin\alpha\sin\beta = -\dfrac{1}{2}\{\cos(\alpha+\beta)-\cos(\alpha-\beta)\}}$$

$$= -2 \cdot \sin\dfrac{\pi}{6} - 2\left(\sin\dfrac{\pi}{3} + \sin\dfrac{\pi}{6}\right) - 2\left(\cos\dfrac{\pi}{3} - \cos\dfrac{\pi}{6}\right)$$

$$= -2 \times \dfrac{1}{2} - 2\left(\dfrac{\sqrt{3}}{2} + \dfrac{1}{2}\right) - 2\left(\dfrac{1}{2} - \dfrac{\sqrt{3}}{2}\right) = -1 - \sqrt{3} - 1 - 1 + \sqrt{3} = -3$$

となる。

（ⅱ）$\theta = \dfrac{5}{12}\pi$ のとき，

$$（④の左辺）= -4\sin 2\theta \cdot \sin 3\theta = -4 \cdot \sin\dfrac{5}{6}\pi \cdot \sin\dfrac{5}{4}\pi$$

$$= -4 \times \dfrac{1}{2} \times \left(-\dfrac{\sqrt{2}}{2}\right) = \sqrt{2} \neq （④の右辺）\text{ となって，④をみたさない。}$$

よって，不適。

以上（ⅰ）（ⅱ）より，求める m と θ の値は，

$$m = -3, \quad \theta = \dfrac{\pi}{12} \text{ である。} \quad\cdots\cdots\cdots\cdots（答）$$

ガウス記号の入った方程式

演習問題 17　　難易度 ★★★　　CHECK1　CHECK2　CHECK3

実数 a を越えない最大の整数を $[a]$ と表記する。

(1) 等式 $[x+1]=[x]+1$ が成り立つことを証明せよ。

(2) 等式 $[(x+1)^2]=1$ が成り立ち, かつ $x>0$ である x の値の範囲を求めよ。

(3) 等式 $\left[x+\dfrac{4}{3}\right]^3-\left[x+\dfrac{1}{3}\right]^3-3\left[x+\dfrac{1}{3}\right]^2-13=0$ が成り立つような x の値の範囲を求めよ。　　　　　　　　　　　　　　　（明治薬科大）

Baba のレクチャー

実数 x について, x を越えない最大の整数を $[x]$ と表す。

これを "ガウスの記号" と呼ぶ

一般に, $x=\underset{\text{整数部}}{n}+\underset{\text{小数部}}{\alpha}$ （n:整数, $0\leqq\alpha<1$）とおくと,

$[x]=n$ ……⑦　となるのはいいね。また, この場合

$n\leqq x<n+1$ ……④　が成り立つので, これに⑦を代入すると

$\underset{(i)}{[x]}\leqq x<\underset{(ii)}{[x]+1}$ となる。これから,

$$\begin{cases}(i)\ [x]\leqq x\\(ii)\ x<[x]+1\ \text{より}\\\quad x-1<[x]\end{cases}$$

不等式 $x-1<[x]\leqq x$ も導ける。

今回の問題ではこの不等式は使わないけれど, 重要公式なので是非覚えておこう。

解答＆解説

(1) 実数 x の整数部を n, 小数部を α とおくと,

　$x=n+\alpha$　（n:整数, $0\leqq\alpha<1$）となる。ここで,

　$[x]=[\underset{n.\cdots}{n+\alpha}]=n$,　$[x+1]=[\underset{n+1.\cdots}{n+1+\alpha}]=n+1$ となるので,

　任意の実数 x に対して,

　$\underset{n+1}{[x+1]}=\underset{n}{[x]}+1$ ……(*)　は常に成り立つ。 ……………………（終）

(2) $x > 0$ の実数 x について，

$[(x+1)^2] = 1$ より，$\underset{(\text{i})}{\underline{1 \leqq (x+1)^2}} \underset{(\text{ii})}{\underline{< 2}}$ ← [α] = 1 ⇔ 1 ≦ α < 2 だからね。

(i) $\underset{\phantom{(\text{i})}}{1 \leqq (x+1)^2}$ より，$x^2 + 2x \geqq 0$

    $x(x+2) \geqq 0$ ∴ $x \leqq -2$ または $0 \leqq x$

(ii) $\underline{(x+1)^2 < 2}$ より，$x^2 + 2x - 1 < 0$ ← $x^2 + 2x - 1 = 0$ の解は $x = -1 \pm \sqrt{2}$ だからね。

    ∴ $-1 - \sqrt{2} < x < -1 + \sqrt{2}$

以上 (i)(ii) と条件 $x > 0$ より，

  $0 < x < -1 + \sqrt{2}$ となる。

        ………(答)

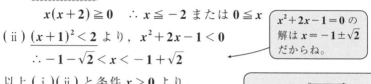

(3) $\underline{\left[x + \dfrac{4}{3}\right]^3} - \left[x + \dfrac{1}{3}\right]^3 - 3\left[x + \dfrac{1}{3}\right]^2 - 13 = 0$ ……①

  が成り立つような x の値の範囲を求める。

▌ **Baba のレクチャー**

(1) の結果より，任意の実数 α に対して $[\alpha + 1] = [\alpha] + 1$ ……(∗)
が成り立つので，$\overset{\alpha}{\frown}$　　　　$\overset{\text{α で考える！}}{\frown}$

$$\left[x + \frac{4}{3}\right] = \left[\left[x + \frac{1}{3}\right] + 1\right] = \left[\left[x + \frac{1}{3}\right]\right] + 1 \text{ が成り立つ。}$$

よって，①の第 1 項は

$$\left[x + \frac{4}{3}\right]^3 = \left(\left[x + \frac{1}{3}\right] + 1\right)^3$$

$$= \left[x + \frac{1}{3}\right]^3 + 3\left[x + \frac{1}{3}\right]^2 + 3\left[x + \frac{1}{3}\right] + 1 \text{ と変形できる！}$$

---

(1) の (∗) の式より，①を変形すると

$$\cancel{\left[x + \frac{1}{3}\right]^3} + 3\cancel{\left[x + \frac{1}{3}\right]^2} + 3\left[x + \frac{1}{3}\right] + 1 - \cancel{\left[x + \frac{1}{3}\right]^3} - 3\cancel{\left[x + \frac{1}{3}\right]^2} - 13 = 0$$

$$\left[x + \frac{1}{3}\right] = 4 \quad \text{よって，} 4 \leqq x + \frac{1}{3} < 5 \text{ より，} \leftarrow \boxed{[\alpha] = 4 \Leftrightarrow 4 \leqq \alpha < 5}$$

求める x の値の範囲は，$\dfrac{11}{3} \leqq x < \dfrac{14}{3}$ となる。 ………………………(答)

48

テーマ

4

高次方程式の応用

テーマ

5

いろいろな数列

テーマ

6

漸化式の応用

3次方程式と整数問題の融合

| 演習問題 18 | 難易度 ★★★★ | CHECK1 | CHECK2 | CHECK3 |

m を整数とし，$f(x) = x^3 + 8x^2 + mx + 60$ とする。

(1) 整数 a と，0 ではない整数 b で，$f(a+bi) = 0$ をみたすものが存在するような m をすべて求めよ。ただし，i は虚数単位である。

(2)(1) で求めたすべての m に対して，方程式 $f(x) = 0$ を解け。(一橋大)

ヒント！ 一般に，3次方程式 $ax^3 + bx^2 + cx + d = 0(a \neq 0)$ の解が α，β，γ であるとき，解と係数の関係より，$\alpha + \beta + \gamma = -\dfrac{b}{a}$，$\alpha\beta + \beta\gamma + \gamma\alpha = \dfrac{c}{a}$，$\alpha\beta\gamma = -\dfrac{d}{a}$ が成り立つ。今回の問題は，実数 (整数) 係数の3次方程式の解が，$a+bi$ と与えられているので，これとこの共役複素数 $a-bi$ と実数 c を3つの解として，解と係数の関係を利用すれば，整数問題に帰着するんだね。頑張ろう！

解答＆解説

(1) 3次方程式 $f(x) = x^3 + 8x^2 + mx + 60 = 0$ ……① (m：整数) の虚数解が $a+bi$ (a：整数，b：0 でない整数，i：虚数単位) と与えられている。ここで，①は実数係数の3次方程式より，$a+bi$ 以外の解を $\underline{a-bi}$ と c とおくことができる。よって，

$\boxed{a+bi \text{の共役複素数も解になる。}}$

解と係数の関係より，

$$\begin{cases} a + \cancel{bi} + a - \cancel{bi} + c = -8 & \cdots\cdots② \\ (a+bi)(a-bi) + (a-\cancel{bi})c + c(a+\cancel{bi}) = m & \cdots③ \\ (a+bi)(a-bi)c = -60 & \cdots\cdots④ \end{cases}$$

$\boxed{\begin{array}{l} ax^3 + bx^2 + cx + d = 0 \text{ の} \\ \text{解が } \alpha, \ \beta, \ \gamma \text{ のとき,} \\ \alpha + \beta + \gamma = -\dfrac{b}{a} \\ \alpha\beta + \beta\gamma + \gamma\alpha = \dfrac{c}{a} \\ \alpha\beta\gamma = -\dfrac{d}{a} \end{array}}$

これらをまとめて，

$c = -2(a+4)$ ………②′　$a^2 + b^2 + 2ac = m$ …③′

$c(a^2 + b^2) = -60$ …④′

②′ を ④′ に代入して，$-2(a+4)(a^2+b^2) = -60$

$\underset{\oplus}{\underline{(a+4)}}\underset{\boxed{1 \text{以上}}}{\underline{(a^2+b^2)}} = 30$ ………⑤ ← $\boxed{\text{これから，} a \text{ の値の範囲を押さえよう！}}$

$\oplus$ ← $\boxed{b \neq 0 \text{ だからね}}$

a は整数，b は 0 でない整数より，$a^2 + b^2 \geq 1$ だから，$\underline{a+4 \geq 1}$

$\boxed{a^2 + b^2 > 0 \text{ で，} 30 > 0 \text{ より，} a+4 > 0 \text{ だね。ここで，} a \text{ は整数より } a+4 \geq 1 \text{ となる。}}$

よって，$a^2 + \underline{\underset{\boxed{1 \text{以上}}}{b^2}} \leq 30$ より，　$a^2 < a^2 + b^2 \leq 30$

49

$a^2 < 30$ より，

$-\sqrt{30} < a < \sqrt{30}$

$\boxed{-5\cdots}$ $\boxed{5\cdots}$

$\therefore -5 \leqq a \leqq 5$ より，

$-1 \leqq a+4 \leqq 9$

さらに，$a+4 \geqq 1$ より，

$1 \leqq a+4 \leqq 9$ となる。

よって，$(a+4)(a^2+b^2)=30$ ……⑤と，

$\boxed{1 以上 9 以下の整数}$ $\boxed{1 以上の整数}$

$a+4$ が 1 以上 9 以下の整数，

a^2+b^2 は 1 以上の整数より，

右の表から，

$(a+4,\ a^2+b^2)=(1,\ 30)$

$(2,\ 15),\ (3,\ 10),\ (5,\ 6),\ (6,\ 5)$

$\therefore (a,\ b^2)=(-3,\ 21),\ (-2,\ 11),\ (-1,\ 9),\ (1,\ 5),\ (2,\ 1)$

$\boxed{\begin{array}{l} a+4=1 より a=-3, \\ よって，(-3)^2+b^2=30 より b^2=21, 他も同様 \end{array}}$

ここで b^2 は平方数より，$(a,\ b^2)=(-1,\ 9),\ (2,\ 1)$

$\therefore (a,\ b)=(-1,\ \pm 3),\ (2,\ \pm 1)$ となる。

（ⅰ）$(a,\ b)=(-1,\ \pm 3)$ のとき，

　　②′より，$c=-2\cdot(-1+4)=-6$

　　③′より，$m=(-1)^2+(\pm 3)^2+2\cdot(-1)\cdot(-6)=1+9+12=22$

（ⅱ）$(a,\ b)=(2,\ \pm 1)$ のとき，

　　②′より，$c=-2\cdot(2+4)=-12$

　　③′より，$m=2^2+(\pm 1)^2+2\cdot 2\cdot(-12)=4+1-48=-43$

以上（ⅰ）（ⅱ）より，求める m の値は，

$m=22,\ -43$ である。 ……………………………………(答)

$\boxed{\begin{array}{l} f(x)=x^3+8x^2+mx+60=0 \ \cdots\cdots ① \\ c=-2(a+4) \ \cdots\cdots\cdots\cdots\cdots ②' \\ a^2+b^2+2ac=m \ \cdots\cdots\cdots\cdots ③' \\ c(a^2+b^2)=-60 \ \cdots\cdots\cdots\cdots ④' \\ \underline{(a+4)(a^2+b^2)}=30 \ \cdots\cdots\cdots\cdots ⑤ \\ \boxed{1 以上}\ \boxed{1 以上} \end{array}}$

$\boxed{\begin{array}{l} A\cdot B=n \text{ の形の整数問題だね。} \\ (A,\ B:\text{整数の式},\ n:\text{整数}) \end{array}}$

表

$a+4$	1	2	3	5	6
a^2+b^2	30	15	10	6	5

テーマ

4

高次方程式の応用

テーマ

5

いろいろな数列

テーマ

6

漸化式の応用

(2) (i)$m = 22$ のとき，①の x の **3** 次方程式：

$x^3 + 8x^2 + 22x + 60 = 0$ の解は，

$x = \underline{-1 \pm 3i}, \quad \underline{-6}$ である。 ……………………………(答)

　　$\boxed{a \pm bi}$　$\boxed{c}$

(ii)$m = -43$ のとき，①の x の **3** 次方程式：

$x^3 + 8x^2 - 43x + 60 = 0$ の解は，

$x = \underline{2 \pm i}, \quad \underline{-12}$ である。 ……………………………(答)

　　$\boxed{a \pm bi}$　$\boxed{c}$

---

4 つの未知数 a, b, c, m に対して，方程式は②´，③´，④´の **3** つしかなかったんだけれど，a と $b(\neq 0)$ が整数という条件から，a の取り得る値の範囲を求め，$A \cdot B = n$ 型の整数問題にもち込んだんだね。この問題は応用問題だけれど，頻出典型の整数問題でもあるので，スラスラと解けるようになるまで，よく練習しよう。大きく実力アップが図れるはずだ。

$f(x) = x^4 + ax^3 + bx^2 + cx + 1$ は整数を係数とする x の 4 次式とする。4 次方程式 $f(x) = 0$ の重複も含めた 4 つの解のうち，2 つは整数で残りの 2 つは虚数であるという。このとき a，b，c の値を求めよ。（京都大）

ヒント！　4 次方程式 $x^4 + ax^3 + bx^2 + cx + 1 = 0$ が整数解をもつと言っているので，その整数解を m とおくと，$m(m^3 + am^2 + bm + c) = -1$ と $A \cdot B = n$ 型の整数問題にもち込めるから，m は 1 または -1 であることがわかるはずだ。

■ Baba のレクチャー

因数定理の応用について，

これは厳密には，理系の範囲になるんだけど，文系の人でも最難関大を狙う人は，次の因数定理の応用を当然知っておいた方がいいよ。

> 3 次以上の x の整式 $f(x)$ が，$(x-a)^2$ で割り切れるとき，
>
> $\underline{f(a) = 0}$ かつ $\underline{f'(a) = 0}$ が成り立つ。
>
> ［これは普通の因数定理］　［$(x-a)^2$ で割り切れるとき，微分係数 $f'(a)$ も 0 になる。］

この証明は次の通りだ。

$f(x)$ が $(x-a)^2$ で割り切れるとき，その商を $g(x)$ とおくと，

$f(x) = (x-a)^2 \cdot g(x)$ ……⑦ となる。

・これは x の恒等式より，この両辺に $x = a$ を代入して，

　$\underline{f(a) = 0}$ が成り立つ。

・次に，⑦ の両辺を x で微分すると，　　　　　［これは厳密には数学 III の範囲！］

$$f'(x) = \underline{\{(x-a)^2\}'} \cdot g(x) + (x-a)^2 \cdot g'(x)$$
$$\qquad\quad \underbrace{\quad}_{2(x-a)}$$

［公式：$(f \cdot g)' = f' \cdot g + f \cdot g'$ を使った！］

$f'(x) = (x-a) \cdot \{2g(x) + (x-a)g'(x)\}$ となる。

これは x の恒等式より，この両辺に $x = a$ を代入して，

$\underline{\underline{f'(a) = 0}}$ も成り立つ。

テーマ

4

高次方程式の応用

テーマ

5

いろいろな数列

テーマ

6

漸化式の応用

解答＆解説

$f(x) = x^4 + ax^3 + bx^2 + cx + 1$ ……① $(a, b, c：整数)$ について，

4 次方程式 $f(x) = 0$ ……②は，重解も含めて **2** つは整数解，**2** つは虚数解となるように整数 a, b, c の値を求める。

ここで，②の方程式の整数解の **1** つを m とおくと，

$m^4 + am^3 + bm^2 + cm + 1 = 0$ より，

$$\underline{m}(\underline{m^3 + am^2 + bm + c}) = -1$$

整数　　　　整数

> $A \cdot B = n$ 型の整数問題。
> これをみたす整数の組 (A, B) は，
> $(A, B) = (1, -1)$ または $(-1, 1)$ のみだね。

ここで，m, a, b, c は整数より，$m = 1$ または -1 となる。

よって，②の整数解は，（ⅰ）**1** と -1 となるか，（ⅱ）重解 **1** となるか，または（ⅲ）重解 -1 となるかのいずれかである。

（ⅰ）②が **1** と -1 の整数解をもつとき，

$f(x)$ は $(x-1)(x+1)$ で割り切れるので，因数定理より，

$$\begin{cases} f(1) = \boxed{1 + a + b + c + 1 = 0} \text{ かつ} \\ f(-1) = \boxed{1 - a + b - c + 1 = 0} \text{ となる。} \end{cases}$$

これから，$b = -2$，$c = -a$ が導ける。

> $\begin{cases} a + b + c = -2 \\ a - b + c = 2 \end{cases}$ より，
> $2b = -4 \quad \therefore b = -2$
> $2a + 2c = 0 \quad \therefore c = -a$

よって，②の方程式は，

$x^4 + ax^3 - 2x^2 - ax + 1 = 0$

$(x-1)(x+1)(\underset{\sim\sim\sim\sim\sim\sim\sim\sim}{x^2 + ax - 1}) = 0$

となる。ここで，**2** 次方程式

> 組立て除法
>
> ```
>      1,   a,  -2,  -a,   1
>   1)      1  a+1  a-1  -1
>      1  a+1  a-1   -1  (0)
>  -1)     -1   -a    1
>      1    a   -1  (0)
> ```

$\underset{\sim\sim\sim\sim\sim\sim\sim\sim}{x^2 + ax - 1} = 0$ の判別式を D_1 とおくと，$D_1 = a^2 + 4 > 0$ となって，

$x^2 + ax - 1 = 0$ は虚数解をもたない。よって，不適。

（ⅱ）②が重解 **1** をもつとき，

$f(x)$ は $(x-1)^2$ で割り切れる。ここで，$f(x)$ を x で微分すると，

$f'(x) = 4x^3 + 3ax^2 + 2bx + c$ となるので，

$$\begin{cases} f(1) = \boxed{1 + a + b + c + 1 = 0} \text{ かつ} \\ f'(1) = \boxed{4 + 3a + 2b + c = 0} \text{ となる。} \end{cases}$$

因数定理の応用！

> $\begin{cases} a + b + c = -2 \\ 3a + 2b + c = -4 \end{cases}$ より，
> $2a + b = -2 \quad \therefore b = -2a - 2$
> $a - 2a \cancel{-2} + c = \cancel{2} \quad \therefore c = a$

これから，$b = -2a - 2$，$c = a$ が導ける。

よって，②の方程式は，

$x^4+ax^3-(2a+2)x^2+ax+1=0$

$(x-1)^2\{x^2+(a+2)x+1\}=0$

となる。ここで，2次方程式

$x^2+(a+2)x+1=0$ は，2つの

虚数解をもつので，この判別式を D_2 とおくと，

$D_2=(a+2)^2-4=a(a+4)<0$　となる。　　∴ $-4<a<0$

これをみたす整数 a は，$a=-3$，-2，-1 である。

・ $a=-3$ のとき，$b=4$，$c=-3$

・ $a=-2$ のとき，$b=2$，$c=-2$

・ $a=-1$ のとき，$b=0$，$c=-1$　となる。

組立て除法

$$
\begin{array}{c|rrrrr}
 & 1, & a\ , & -2a-2, & a\ , & 1 \\
1) & & 1 & a+1 & -a-1 & -1 \\
\hline
 & 1 & a+1 & -a-1 & -1 & (0) \\
1) & & 1 & a+2 & 1 \\
\hline
 & 1 & a+2 & 1 & (0)
\end{array}
$$

$\begin{cases} b=-2a-2 \\ c=a \end{cases}$

(iii) ②が重解 -1 をもつとき，

　　$f(x)$ は $(x+1)^2$ で割り切れる。よって，

$\begin{cases} f(-1)= \boxed{1-a+b-c+1=0} \\ f'(-1)= \boxed{-4+3a-2b+c=0} \end{cases}$ かつ　となる。

因数定理の応用！

$\begin{cases} a-b+c=2 \\ 3a-2b+c=4 \end{cases}$ より，
$2a-b=2$ ∴ $b=2a-2$
$a-(2a-2)+c=2$ ∴ $c=a$

　　これから，$b=2a-2$，$c=a$ が導ける。

　　よって，②の方程式は，

$x^4+ax^3+(2a-2)x^2+ax+1=0$

$(x+1)^2\{x^2+(a-2)x+1\}=0$

となる。ここで，2次方程式

$x^2+(a-2)x+1=0$ は2つの

虚数解をもつので，この判別式を D_3 とおくと，

$D_3=(a-2)^2-4=\boxed{a(a-4)<0}$　となる。　∴ $0<a<4$

これをみたす整数 a は，$a=1$，2，3 である。

・ $a=1$ のとき，$b=0$，$c=1$

・ $a=2$ のとき，$b=2$，$c=2$

・ $a=3$ のとき，$b=4$，$c=3$　となる。

組立て除法

$$
\begin{array}{c|rrrrr}
 & 1, & a\ , & 2a-2, & a\ , & 1 \\
-1) & & -1 & -a+1 & -a+1 & -1 \\
\hline
 & 1 & a-1 & a-1 & 1 & (0) \\
-1) & & -1 & -a+2 & -1 \\
\hline
 & 1 & a-2 & 1 & (0)
\end{array}
$$

$\begin{cases} b=2a-2 \\ c=a \end{cases}$

以上 (i)(ii)(iii) より，求める整数の組 (a, b, c) は，

$(a, b, c)=(-3, 4, -3), (-2, 2, -2), (-1, 0, -1), (1, 0, 1), (2, 2, 2),$

$(3, 4, 3)$ である。……………………………………(答)

方程式が有限個の実数解をもつ条件

| 演習問題 20 | 難易度 ★★★★ | CHECK1 | CHECK2 | CHECK3 |

a, b は実数とする。x の方程式 $|x^2+ax+b|=|x^2+bx+a|$ の異なる実数解の個数を n とする。次の問いに答えよ。

(1) $n=1$ となる点 (a, b) の範囲を図示せよ。

(2) $n=2$ であるとき, この方程式の実数解を求めよ。　　（横浜国立大）

Baba のレクチャー

（I）$|A|=|B| \Longleftrightarrow A=\pm B$　　（II）$A^2=B^2 \Longleftrightarrow A=\pm B$

だから, $|A|=|B|$ と $A^2=B^2$ は同値なんだね。よって, 与えられた方程式の両辺を 2 乗して, まとめると,

$(x^2+ax+b)^2=(x^2+bx+a)^2$

$(x^2+ax+b)^2-(x^2+bx+a)^2=0$

> 公式:
> $A^2-B^2=(A-B)(A+B)$
> を使った!

$\{(x^2+ax+b)-(x^2+bx+a)\}\{(x^2+ax+b)+(x^2+bx+a)\}=0$

$(a-b)(x-1)\{2x^2+(a+b)x+a+b\}=0$ ……㋐

（ⅰ）$a=b$ のとき, 解 x は不定となる。 ← x がどんな値でも成り立つ。

（ⅱ）$a \neq b$ のとき, ㋐ の両辺を $a-b$ $(\neq 0)$ で割ると,

$(x-1)\{2x^2+(a+b)x+a+b\}=0$

となって, x の 3 次方程式が出来上がるんだね。

当然, この（ⅱ）のときのみ, 実数解の個数 n が, $n=1$ や 2 となる可能性があるんだね。

解答&解説

$|x^2+ax+b|=|x^2+bx+a|$ ……①

①の両辺を 2 乗して,

$(x^2+ax+b)^2=(x^2+bx+a)^2$ ← ①の絶対値をはずした!

これをまとめると,

$(a-b)(x-1)\{2x^2+(a+b)x+a+b\}=0$ ……②

$a-b=0$, すなわち $a=b$ のとき, 解 x は不定となるので, (1), (2) の実数解の個数 $n=1$, 2 の条件をみたさない。　　∴ $\boxed{a \neq b}$ ……③

②の両辺を $a - b \ (\neq 0)$ で割って,

$$(x-1)\{2x^2 + (a+b)x + a + b\} = 0 \quad \cdots\cdots ④$$

以上より, $\begin{cases} x = 1 \quad \text{または} \\ 2x^2 + (a+b)x + a + b = 0 \quad \cdots\cdots ⑤ \end{cases}$

ここで, x の 2 次方程式⑤の判別式を D とおくと,

$$D = (a+b)^2 - 8(a+b) = (a+b)(a+b-8) \quad \cdots\cdots ⑥$$

■ Baba のレクチャー

④は, $x = 1$ を 1 つの実数解としてもつので,

(1) 実数解の個数 $n = 1$ となるための条件は,

　　(i) ⑤が, 実数解をもたない, または

　　(ii) ⑤が, $x = 1$ を重解としてもつ, の 2 つだね。

(2) 実数解の個数 $n = 2$ となるための条件は,

　　(i) ⑤が, $x = 1$ 以外の重解をもつ, または

　　(ii) ⑤が, $x = 1$ を含んで, 相異なる 2 実数解をもつ, の 2 つだ。

(1) $n = 1$ となるための条件は, 次の(i)または(ii)が成り立つことである。

　　(i) ⑤が, 実数解をもたない。

　　　　　⑥より, $D = (a+b)(a+b-8) < 0$

　　　　　$\therefore \boxed{(a+b)(a+b-8) < 0} \quad \cdots\cdots ⑦$

　　(ii) ⑤が, $x = 1$ を重解としてもつ。

　　　　　⑥より, $D = (a+b)(a+b-8) = 0$

　　　　　$\therefore a + b = 0$, または, $8 \quad \cdots\cdots ⑧$

　　　　　$x = 1$ を⑤に代入して, $\quad 2 + (a+b) + a + b = 0$

　　　　　$\therefore a + b = -1 \quad \cdots\cdots ⑨$

　　　　　⑧, ⑨を同時にみたす $(a, \ b)$ は存在しない。　$\therefore$ 不適

　　以上(i)(ii)より, $n = 1$ となる $(a, \ b)$ の条件は,

$$\begin{cases} a \neq b \quad \cdots\cdots\cdots\cdots\cdots\cdots\cdots ③ \\ (a+b)(a+b-8) < 0 \quad \cdots\cdots ⑦ \end{cases}$$

よって, 求める点 (a, b) の存在領域を図 **1** 網目部で示す。
(ただし, 破線部は除く)

$\cdots\cdots\cdots\cdots$(答)

図 **1** $n=1$ のときの点 (a, b) の範囲

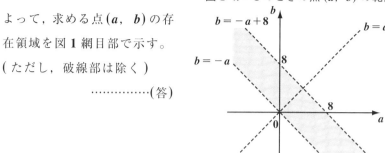

(2) $n=2$ となるための条件は, 次の (i) または (ii) が成り立つことである。

(i) ⑤が, $x=1$ 以外の重解をもつ。

⑥より, $D=(a+b)(a+b-8)=0$

∴ $a+b=0$, または, **8**

(ア) $\boxed{a+b=0}$ のとき, ⑤は

$2x^2=0$, $x^2=0$ ∴ $x=0$ ← $\boxed{\text{1 以外の重解}}$

よって, ①の解は, $\boxed{x=0,\ 1}$

(イ) $\boxed{a+b=8}$ のとき, ⑤は

$2x^2+8x+8=0$, $(x+2)^2=0$ ∴ $x=-2$ ← $\boxed{\text{1 以外の重解}}$

よって, ①の解は, $\boxed{x=-2,\ 1}$

(ii) ⑤が, 異なる **2** 実数解をもつが, そのうちの **1** つは **1** と一致する。

$x=1$ が⑤の解より, これを⑤に代入して,

$2+(a+b)+a+b=0$ ∴ $\boxed{a+b=-1}$

このとき, ⑤は

$2x^2-x-1=0$ $(2x+1)(x-1)=0$

よって, ①の解は, $\boxed{x=-\dfrac{1}{2},\ 1}$ ← $\boxed{\begin{array}{l}x=1 \text{ も含めて, 異なる}\\ \text{2 実数解をもつ!}\end{array}}$

以上 (i)(ii) より, $n=2$ のとき, 求める①の実数解は

$\begin{cases} a \neq b & \text{かつ} & a+b=0 & \text{のとき,} & x=0,\ 1 \\ a \neq b & \text{かつ} & a+b=8 & \text{のとき,} & x=-2,\ 1 \\ a \neq b & \text{かつ} & a+b=-1 & \text{のとき,} & x=-\dfrac{1}{2},\ 1 \end{cases}$ $\cdots\cdots\cdots\cdots$(答)

57

テーマ⑤ いろいろな数列

● Σ計算を駆使して，応用問題を攻略しよう！

さァ，これから，"いろいろな数列"のテーマに入ろう。"数列"は文系・理系を問わず，最難関大が好んで出題してくる分野なんだけれど，その中でも特に，"**いろいろな数列**"と"**漸化式**"が狙われるので，これからシッカリ練習しておこう。

解きづらい問題も結構あるんだけれど，今回も分かりやすく親切に解説していくから，これで，数列の応用問題にも慣れるはずだよ。楽しみだね。

それでは，ここで扱うメインテーマを列挙しておこう。

(1) 定積分と数列の融合

(2) いろいろな数列の和

(3) 格子点数の応用

(4) 群数列の応用

(5) 数列と論証問題の融合

(1)は東北大の問題で，定積分で数列を定義する面白い問題だ。

(2)では，明治大や筑波大などで出題されたΣ計算の応用問題を解いてみよう。この位練習すれば，Σ計算にもかなりの自信がもてるようになるはずだ。

(3)の上智大の問題では格子点数を求めるんだけれど，ここでも計算の技がいくつもあるから，計算のテクニックを是非つかみとってくれ。

(4)は，群数列の応用問題で，数字を碁盤目状に配置していく問題だ。これも，いつもの群数列の形にもち込めるから，シッカリ練習しておこう。

(5)は東京大の問題で，解法の糸口がなかなか見つけづらい難問だけれど，思考力を鍛え，またそれをうまく記述する力を鍛えるのに良い問題だから，是非チャレンジしてみよう。

定積分で定義された数列

| 演習問題 21 | 難易度 ★★★ | CHECK1 | CHECK2 | CHECK3 |

$c = \dfrac{20 - \sqrt{526}}{6}$ とし，数列 a_1, a_2, a_3, … を

$$a_k = \int_c^k (12x - 40)\,dx \quad \cdots\cdots ①$$

で定め，$n = 1$, 2, 3, … に対し，

$$S_n = \sum_{k=1}^{n} a_k \quad \cdots\cdots ② \quad とおく。$$

(1) S_n を n を用いて表せ。

(2) S_n の最小値を求めよ。　　　　　　　　　　　　　　　（東北大）

ヒント！ (1) ①は簡単な定積分だけれど，定数 c をうまく扱って $\{a_n\}$ の第 k 項 a_k を求めて，$S_n = \sum\limits_{k=1}^{n} a_k$ を求めればよい。(2)は，a_k が負である限り，その総和をとれば，S_n を最小にできるんだね。

解答＆解説

(1) $c = \dfrac{20 - \sqrt{526}}{6}$ $\cdots\cdots ⓪$ であり，数列 $\{a_k\}$ は，①により定義されているので，

$$a_k = \int_c^k (12x - 40)\,dx = \left[6x^2 - 40x \right]_c^k$$

$$= 6k^2 - 40k - \underbrace{(6c^2 - 40c)}_{⓪より，この値を求める。} \quad \cdots\cdots ①' \quad (k = 1,\ 2,\ 3,\ \cdots) \ となる。$$

⓪より，$6c - 20 = -\sqrt{526}$　この両辺を 2 乗して，

$(6c - 20)^2 = 526$　　$36c^2 - 240c + 400 = 526$

$36c^2 - 240c = 126$　よって，この両辺を 6 で割って，

$6c^2 - 40c = 21$ $\cdots\cdots ⓪'$ となる。

⓪′を①′に代入して，

$a_k = 6k^2 - 40k - 21$ $\cdots\cdots ①''$ $(k = 1,\ 2,\ 3,\ \cdots)$ となる。

よって，②より，数列の和を求めると，

$$S_n = \sum_{k=1}^{n} a_k = \sum_{k=1}^{n} (6k^2 - 40k - 21)$$

$$= 6 \times \frac{1}{6} n(n+1)(2n+1) - 40 \times \frac{1}{2} n(n+1) - 21n$$

公式：
- $\sum\limits_{k=1}^{n} k^2 = \dfrac{1}{6} n(n+1)(2n+1)$
- $\sum\limits_{k=1}^{n} k = \dfrac{1}{2} n(n+1)$
- $\sum\limits_{k=1}^{n} c = nc$

$\therefore S_n = n(n+1)(2n+1) - 20n(n+1) - 21n$ $\boxed{a_k = 6k^2 - 40k - 21 \cdots\cdots ①''}$

$\qquad = n(2n^2 + 3n + 1 - 20n - 20 - 21)$

$\qquad = n(2n^2 - 17n - 40) \cdots\cdots ③ \ (n = 1, \ 2, \ 3, \ \cdots)$ となる。$\cdots\cdots\cdots\cdots$(答)

(2) ここで，①'' より，

$a_k = 6k^2 - 40k - 21$

$\qquad = 6\left(k^2 - \dfrac{20}{3}k + \dfrac{100}{9}\right) - 21 - \dfrac{200}{3}$

$\qquad = 6\left(k - \dfrac{10}{3}\right)^2 - \dfrac{263}{3}$

ここで，

$y = f(x) = 6\left(x - \dfrac{10}{3}\right)^2 - \dfrac{263}{3}$

のグラフ上に a_1, a_2, a_3, $\cdots$

の値を取ると，グラフより，

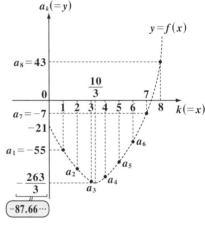

$\begin{cases} a_k < 0 \quad (k = 1, \ 2, \ \cdots, \ 7) \\ a_k > 0 \quad (k = 8, \ 9, \ 10, \ \cdots) \end{cases}$ となる。

よって，a_1, a_2, $\cdots$, a_7 までが負で，それ以降 $a_k > 0 \ (k \geqq 8)$ となるので，

a_1 から a_7 までの和，すなわち S_7 が S_n の最小値となる。

$\therefore$③より，$n = 7$ のとき，

最小値 $S_7 = 7(\underline{2 \times 49 - 17 \times 7 - 40}) = 7 \times (-61) = -427$ である。$\cdots\cdots$(答)

$\boxed{98 - 119 - 40 = -61}$

テーマ
4
高次方程式の応用

テーマ
5
いろいろな数列

テーマ
6
漸化式の応用

いろいろな数列の和（Ⅰ）

演習問題 22	難易度 ★★★	CHECK1	CHECK2	CHECK3

次の和を求めよ。

(1) $\dfrac{1^2}{1\cdot 3} + \dfrac{2^2}{3\cdot 5} + \dfrac{3^2}{5\cdot 7} + \cdots\cdots + \dfrac{n^2}{(2n-1)(2n+1)}$ （小樽商科大）

(2) $\displaystyle\sum_{j=1}^{n}\left\{\sum_{k=j}^{n}(j+k)\right\}$ （明治大）

(3) $1 + (a+b) + (a^2+ab+b^2) + (a^3+a^2b+ab^2+b^3) + \cdots\cdots$

$\cdots\cdots + (a^n + a^{n-1}b + a^{n-2}b^2 + \cdots\cdots + ab^{n-1} + b^n)$

（ただし，$a \neq b$，$a \neq 1$，$b \neq 1$ とする。） （関西大）

ヒント！ (1) は，部分分数分解型にもち込むといいよ。(2) は，二重 Σ の問題で，$k=j$，$j+1$，$\cdots$，n と動くとき，j は定数扱いであることに注意しよう。(3) は，$x_n = a^n + a^{n-1}b + a^{n-2}b^2 + \cdots + ab^{n-1} + b^n$ とおいて，まず一般項 x_n を求めてから Σ 計算に入るといいよ。

解答＆解説

(1) 一般項を $\dfrac{n^2}{(2n-1)(2n+1)}$ とおくと，

> n^2 は，まだ，$4n^2-1$ で割れる！

$$a_n = \dfrac{\frac{1}{4}(4n^2-1)+\frac{1}{4}}{4n^2-1} = \dfrac{1}{4} + \dfrac{1}{4}\cdot \dfrac{1}{4n^2-1}$$

> $\dfrac{1}{(2n-1)(2n+1)} = \dfrac{1}{2}\left(\dfrac{1}{2n-1}-\dfrac{1}{2n+1}\right)$

> "分子の n の次数＜分母の n の次数" の形にすることで，式は扱い易くなることが多い。

$$= \dfrac{1}{4} + \dfrac{1}{8}\left(\underset{\overset{\|}{I_n}}{\dfrac{1}{2n-1}} - \underset{\overset{\|}{I_{n+1}}}{\dfrac{1}{2n+1}}\right)$$

> 部分分数分解型の登場だ！

以上より，求める数列の和は，

> $I_k = \dfrac{1}{2k-1}$ とおくと，
> $I_{k+1} = \dfrac{1}{2(k+1)-1} = \dfrac{1}{2k+1}$ だね。

$$\sum_{k=1}^{n}a_k = \sum_{k=1}^{n}\left\{\dfrac{1}{4} + \dfrac{1}{8}\left(\underset{\overset{\|}{I_k}}{\dfrac{1}{2k-1}} - \underset{\overset{\|}{I_{k+1}}}{\dfrac{1}{2k+1}}\right)\right\}$$

$$= \sum_{k=1}^{n}\dfrac{1}{4} + \dfrac{1}{8}\sum_{k=1}^{n}\left(\dfrac{1}{2k-1} - \dfrac{1}{2k+1}\right)$$

> 途中がバサバサ…と消えるね！

$$= \dfrac{1}{4}\cdot n + \dfrac{1}{8}\left\{\left(\dfrac{1}{1} - \dfrac{1}{3}\right) + \left(\dfrac{1}{3} - \dfrac{1}{5}\right) + \left(\dfrac{1}{5} - \dfrac{1}{7}\right) + \cdots + \left(\dfrac{1}{2n-1} - \dfrac{1}{2n+1}\right)\right\}$$

61

$$\sum_{k=1}^{n} a_k = \frac{n}{4} + \frac{1}{8}\left(1 - \frac{1}{2n+1}\right) = \frac{n}{4} + \frac{2n}{8(2n+1)}$$

$$= \frac{n(2n+1)+n}{4(2n+1)} = \frac{n(n+1)}{2(2n+1)} \quad\cdots\cdots\cdots\cdots\cdots\cdots\cdots\cdots\cdots\cdots\text{(答)}$$

(2) $\displaystyle\sum_{j=1}^{n}\left\{\underline{\sum_{k=j}^{n}(j+k)}\right\}$ ……① の $\{\ \ \}$ の計算から始める。

$$\underline{\sum_{k=j}^{n}(j+k)} = (j+\underline{j}) + (j+\underline{j+1}) + (j+\underline{j+2}) + \cdots + (j+\underline{n})$$

> このとき，k のみが，$k = j,\ j+1,\ j+2,\ \cdots,\ n$ と動き，j は定数扱いだ。
> よって，このような和の形になるんだね。

$$= \underbrace{(2j)}_{\text{初項}} + (2j+1) + (2j+2) + \cdots + \underbrace{(j+n)}_{\text{末項}}$$

> これは，初項 $2j$，末項 $j+n$，公差 1 の等差数列の和で，
> その項数は，$k = \underbrace{j}_{\text{最初の数}},\ j+1,\ \cdots,\ \underbrace{n}_{\text{最後の数}}$ より，$\underbrace{n}_{\text{最後の数}} - \underbrace{j}_{\text{最初の数}} + 1$ 項だ。

$$= \frac{\overbrace{(n-j+1)}^{\text{項数}}\overbrace{(\overbrace{2j}^{\text{初項}} + \overbrace{j+n}^{\text{末項}})}{}}{2} = \frac{1}{2}(-j+n+1)(3j+n)$$

$$= -\frac{3}{2}j^2 + \frac{2n+3}{2}j + \frac{n(n+1)}{2} \quad\cdots\cdots②$$

②を①に代入して，

$$\sum_{j=1}^{n}\left\{\underbrace{\left(-\frac{3}{2}\right)}_{\text{定数}}j^2 + \underbrace{\frac{2n+3}{2}}_{\text{定数}}j + \underbrace{\frac{n(n+1)}{2}}_{\text{定数}}\right\}$$

> 今度は，$j = 1,\ 2,\ \cdots,\ n$ と j が変数として動き，n は定数扱いだ。

$$= -\frac{3}{2}\underbrace{\sum_{j=1}^{n}j^2}_{\frac{1}{6}n(n+1)(2n+1)} + \frac{2n+3}{2}\underbrace{\sum_{j=1}^{n}j}_{\frac{1}{2}n(n+1)} + \underbrace{\sum_{j=1}^{n}\overbrace{\frac{n(n+1)}{2}}^{c}}_{nc}$$

$$= -\frac{1}{4}n(n+1)(2n+1) + \frac{1}{4}n(n+1)(2n+3) + \frac{1}{2}n^2(n+1)$$

$$= \frac{1}{4}n(n+1)\{-(2n+1) + (2n+3) + 2n\} = \frac{1}{2}n(n+1)^2 \quad\cdots\cdots\text{(答)}$$

(3) 一般項を $x_n = a^n + a^{n-1}b + a^{n-2}b^2 + \cdots\cdots + ab^{n-1} + b^n$ $(n = 1, 2, 3, \cdots)$ $(a \neq b, \quad a \neq 1, \quad b \neq 1)$ とおくと、

$$x_n = a^n \left\{ 1 + \frac{b}{a} + \left(\frac{b}{a}\right)^2 + \cdots\cdots + \left(\frac{b}{a}\right)^{n-1} + \left(\frac{b}{a}\right)^n \right\}$$

> a^n（または、b^n）でくくり出すのがコツ。

> これは、初項 1、公比 $\frac{b}{a}$、項数 $n+1$ の等比数列の和だね。

ここで、$a \neq b$ より、公比 $\frac{b}{a} \neq 1$ となる。よって、

$$x_n = a^n \cdot \frac{1 \cdot \left\{ 1 - \left(\frac{b}{a}\right)^{n+1} \right\}}{1 - \frac{b}{a}} = \frac{a^{n+1}\left(1 - \frac{b^{n+1}}{a^{n+1}}\right)}{a - b}$$

> 分子・分母に a をかけた！

> 公比 $r \neq 1$ のときの等比数列の和

$$\therefore x_n = \frac{a^{n+1} - b^{n+1}}{a - b} \quad (n = 1, 2, 3, \cdots) \text{ となる。}$$

$n = 0$ のとき、$x_0 = \dfrac{a^1 - b^1}{a - b} = 1$ となって、これは $n = 0$ のときもみたす。

以上より、

$$与式 = \underbrace{1}_{x_0} + \underbrace{(a + b)}_{x_1} + \underbrace{(a^2 + ab + b^2)}_{x_2} + \cdots + \underbrace{(a^n + a^{n-1}b + \cdots + ab^{n-1} + b^n)}_{x_n}$$

$$= \sum_{k=0}^{n} x_k = \sum_{k=0}^{n} \frac{a^{k+1} - b^{k+1}}{a - b} = \frac{1}{a - b}\left(\underbrace{\sum_{k=0}^{n} a^{k+1}}_{a + a^2 + \cdots + a^{n+1}} - \underbrace{\sum_{k=0}^{n} b^{k+1}}_{b + b^2 + \cdots + b^{n+1}} \right)$$

> 初項 a、公比 a、項数 $n+1$　　初項 b、公比 b、項数 $n+1$

$$= \frac{1}{a - b}\left\{ \frac{a(1 - a^{n+1})}{1 - a} - \frac{b(1 - b^{n+1})}{1 - b} \right\} \text{ となる。} \cdots\cdots\cdots\cdots\cdots\cdots（答）$$

> { } 内は、通分しても、あまりキレイな形にはならないので、これを答えにしてもいいと思う。

(1) 一般項 a_n が $an^3 + bn^2 + cn$ で表される数列 $\{a_n\}$ において，

$$n^2 = a_{n+1} - a_n \quad (n = 1, 2, 3, \cdots\cdots)$$

が成り立つように，定数 a, b, c を定めよ。

(2) (1)の結果を用いて，$\displaystyle\sum_{k=1}^{n} k^2 = \frac{1}{6} n(n+1)(2n+1)$ となることを示せ。

(3) $1, 2, \cdots\cdots, n$ の相異なる2数の積のすべての和を $S(n)$ とする。例えば，

$S(3) = 1 \times 2 + 1 \times 3 + 2 \times 3 = 11$ である。$S(n)$ を n の4次式で表せ。

（筑波大）

ヒント！ (1), (2)は，$\displaystyle\sum_{k=1}^{n} k^2$ の公式を導くための問題だ。公式の導出も意外とよく狙われるので，練習しておこう。(3)は1から n までの数同士のかけ算の表を使って考えると分かりやすいと思う。これもチャレンジしよう。

解答＆解説

(1) $a_n = an^3 + bn^2 + cn$ ……① $(n = 1, 2, 3, \cdots\cdots)$ とおくと

$a_{n+1} = a(n+1)^3 + b(n+1)^2 + c(n+1)$……①′ となる。

$n^2 = a_{n+1} - a_n$ ……② $(n = 1, 2, 3, \cdots\cdots)$ に①，①′を代入すると

$n^2 = a\underline{(n+1)^3} + b\underline{(n+1)^2} + c(n+1) - \cancel{an^3} - \cancel{bn^2} - \cancel{cn}$

$\quad\quad\underline{(n^3 + 3n^2 + 3n + 1)}\ \underline{(n^2 + 2n + 1)}$

$\quad = \underset{①}{\underline{3a}}n^2 + \underset{⓪}{\underline{(3a + 2b)}}n + \underset{⓪}{\underline{a + b + c}}$ となる。

ここで，両辺の各係数を比較して，$3a = 1$，$3a + 2b = 0$，$a + b + c = 0$ より

$a = \dfrac{1}{3}$，$b = -\dfrac{1}{2}$，$c = \dfrac{1}{6}$ となる。……………………………………(答)

(2) (1)の結果より，$a_n = \dfrac{1}{3}n^3 - \dfrac{1}{2}n^2 + \dfrac{1}{6}n$ $(n = 1, 2, 3, \cdots\cdots)$

また，②より，$k^2 = a_{k+1} - a_k$ $(k = 1, 2, 3, \cdots\cdots)$

$\therefore \displaystyle\sum_{k=1}^{n} k^2 = \sum_{k=1}^{n}(a_{k+1} - a_k) = (\cancel{a_2} - a_1) + (\cancel{a_3} - \cancel{a_2}) + (\cancel{a_4} - \cancel{a_3}) + \cdots\cdots$

$\quad\quad\quad\quad\quad\quad\quad\quad\quad\quad + \cdots\cdots + (\cancel{a_n} - \cancel{a_{n-1}}) + (a_{n+1} - \cancel{a_n})$

テーマ
4
高次方程式の応用

テーマ
5
いろいろな数列

テーマ
6
漸化式の応用

$$\therefore \sum_{k=1}^{n} k^2 = -\underbrace{a_1}_{\frac{1}{3}-\frac{1}{2}+\frac{1}{6}=0} + \underbrace{a_{n+1}}_{\frac{1}{3}(n+1)^3 - \frac{1}{2}(n+1)^2 + \frac{1}{6}(n+1)} = \frac{1}{6}(n+1)\{2(n+1)^2 - 3(n+1)+1\}$$

$$= \frac{1}{6}(n+1)(2n^2+n) = \frac{1}{6}n(n+1)(2n+1) \text{ が導ける。} \cdots\cdots(終)$$

(3) $1, 2, \cdots\cdots, n$ の相異なる 2 数の
積の総和を $S(n)$ とおく。
右の表より，1 から n までの 2
つの数の積の総和を T とおくと

$$\underline{\underline{T}} = \underbrace{(1+2+3+\cdots\cdots+n)^2}_{\sum_{k=1}^{n} k = \frac{1}{2}n(n+1)}$$

$$= \underline{\frac{1}{4}n^2(n+1)^2}$$

したがって，求める $S(n)$ は，
T から $(1^2+2^2+\cdots\cdots+n^2)$ を
引いて，2 で割ったものだか
ら，

$$S(n) = \frac{1}{2}\left(\underline{\underline{T}} - \sum_{k=1}^{n} k^2\right)$$

この部分の和が $S(n)$

	1	2	3	$\cdots\cdots$	n
1	1×1	1×2	1×3	$\cdots\cdots$	$1\times n$
2	2×1	2×2	2×3	$\cdots\cdots$	$2\times n$
3	3×1	3×2	3×3	$\cdots\cdots$	$3\times n$
$\vdots$	$\vdots$	$\vdots$	$\vdots$	$\ddots$	$\vdots$
n	$n\times1$	$n\times2$	$n\times3$	$\cdots\cdots$	$n\times n$

この総和を T とおくと
$T = 1\times1 + 1\times2 + \cdots\cdots + 1\times n$
  $+ 2\times1 + 2\times2 + \cdots\cdots + 2\times n$
  $\cdots\cdots\cdots\cdots\cdots\cdots\cdots\cdots$
  $+ n\times1 + n\times2 + \cdots\cdots + n\times n$
$= 1\cdot(1+2+\cdots\cdots+n) + 2\cdot(1+2+\cdots\cdots+n)$
  $+ \cdots\cdots + n(1+2+\cdots\cdots+n)$
$= (1+2+\cdots\cdots+n)\cdot(1+2+\cdots\cdots+n)$
$= (1+2+\cdots\cdots+n)^2$ となる。

$$\left[\begin{array}{c} \text{イメージ} \\ \frac{1}{2}\times\left(\begin{smallmatrix}1^2 & & S(n)\\ & 2^2 & \\ & & \ddots \\ S(n) & & n^2\end{smallmatrix} - \begin{smallmatrix}1^2 & & \\ & 2^2 & \\ & & \ddots \\ & & n^2\end{smallmatrix}\right)\end{array}\right]$$

$$= \frac{1}{2}\left\{\underline{\underline{\frac{1}{4}n^2(n+1)^2}} - \underline{\frac{1}{6}n(n+1)(2n+1)}\right\} \quad ((2) \text{ の結果より})$$

$$= \frac{1}{24}n(n+1)\underbrace{\{3n(n+1) - 2(2n+1)\}}_{3n^2-n-2 = (n-1)(3n+2)}$$

$$\therefore S(n) = \frac{1}{24}n(n+1)(n-1)(3n+2) \quad (n = 1, 2, 3, \cdots\cdots) \cdots\cdots\cdots(答)$$

格子点数の応用

n を 1 以上の整数とする。

(1) $x+y \leqq n$, $x \geqq 0$, $y \geqq 0$ をみたす整数の組 (x, y) は全部で何個あるか。

(2) $x+y+z \leqq n$, $x \geqq 0$, $y \geqq 0$, $z \geqq 0$ をみたす整数の組 (x, y, z) は全部で何個あるか。 (上智大 *)

ヒント! (1) は xy 座標平面上で考えて，与条件をみたす格子点数の問題と考えるといい。まず直線 $x = k$ $(k = 0, 1, 2, \cdots, n)$ 上の格子点数を調べて，それを集計するんだ。(2) は (1) の結果をうまく使うといいよ。

解答&解説

(1) 題意より，xy 座標平面上で，

$x+y \leqq n$, $x \geqq 0$, $y \geqq 0$ をみたす領域上の格子点 (x, y) の個数を求めればよい。

> 格子点 … x, y 座標が共に整数となる点のこと！

ここで，この領域 (網目部) 上の格子点のうち，直線 $x = k$ $(k = 0, 1, 2, \cdots, n)$ 上にあるものの個数を S_k とおくと，

$$S_k = (\boxed{-k+n}) - \boxed{0} + 1 = -k+n+1$$

（最後の数）（最初の数）$(k = 0, 1, 2, \cdots, n)$

> 格子点は，串にささったダンゴみたいなものだから，これは，ダンゴ $(-k+n+1)$ 兄弟ってことになるね。

以上より，求める全格子点数を T_n とおくと，

$$T_n = \sum_{k=0}^{n} S_k = \sum_{k=0}^{n} (-k+n+1)$$

> $k = 0, 1, \cdots, n$ と変化する。

$$= \underbrace{(n+1) + n + (n-1) + \cdots + 3 + 2 + 1}$$

> 初項 1，末項 $n+1$，項数 $(n+1)$ の等差数列の和だ！

（項数）（初項）（末項）

$$= \frac{(\boxed{n+1})(\boxed{1} + \boxed{n+1})}{2} = \frac{1}{2}(n+1)(n+2) \cdots\cdots\cdots\cdots (答)$$

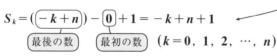

Baba のレクチャー

(2) では，$z = k$ $(k = 0, 1, 2, \cdots, n)$ とおくと，与えられた不等式は，

$x + y \leqq n - k$, $x \geqq 0$, $y \geqq 0$

$(k = 0, 1, 2, \cdots, \underline{n})$

> $k > n$ のとき，$x + y < 0$ となって，$x \geqq 0$, $y \geqq 0$ の条件に反する！

> (1) の結果より，この領域上の全格子点数は T_{n-k} となる。

$y = -x + n - k$

となって，(1) で求めた xy 座標平面上

の格子点 $T_{\underline{n-k}}$ に帰着するんだね。

> (1) の n の代わりに $n - k$ だね。

後は $k = 0, 1, \cdots, n$ と動かしていっ

て，この集計をとればいいよ。

(2) $z = k$ $(k = 0, 1, 2, \cdots, n)$ とおくと，与不等式群は，

$x + y \leqq n - k$, $x \geqq 0$, $y \geqq 0$ となる。k を定数とみると，

これをみたす格子点数は，(1) の結果より，T_{n-k} $(k = 0, 1, \cdots, \underline{n})$

よって，求める全格子点数を U_n とおくと，

> 今度は，k を $0, 1, \cdots, n$ と動かして集計をとるんだ。

$$U_n = \boxed{\sum_{k=0}^{n} T_{n-k}}$$

> $T_n + T_{n-1} + \cdots + T_2 + T_1 + T_0$ なので，たす順を逆にすれば，$\sum_{k=0}^{n} T_k$ と同じだ！

$$= \sum_{k=0}^{n} T_k = \frac{1}{2} \sum_{k=0}^{n} (k+1)(k+2)$$

> (1) の $T_n = \frac{1}{2}(n+1)(n+2)$ は，$n \geqq 1$ でしか定義されていないけど，$n = 0$ を代入すると，
> $T_0 = \frac{1}{2} \cdot 1 \cdot 2 = \underline{1}$ だね。
> (2) で，$z = k = \underline{n}$ のとき，
> $x + y \leqq 0$, $x \geqq 0$, $y \geqq 0$
> をみたす (x, y, z) は $(0, 0, n)$ の $\underline{1}$ 組
> のみだね。$\therefore$ この T_0 は使える。

> $\frac{1}{2}(k+1)(k+2) = \frac{1}{3}\{(k+3) - k\}(k+1)(k+2)$
> $= \frac{1}{3}\{(k+1)(k+2)(k+3) - k(k+1)(k+2)\}$
> となって，$I_{k+1} - I_k$ の形が出てくるね。

$$= \frac{1}{6} \sum_{k=0}^{n} \{\underbrace{(k+1)(k+2)(k+3)}_{I_{k+1}} - \underbrace{k(k+1)(k+2)}_{I_k}\}$$

> 途中がバサバサと消えるパターンだ。

$$= \frac{1}{6} \{\underbrace{(n+1)(n+2)(n+3)}_{I_{n+1}} - \underbrace{0 \cdot 1 \cdot 2}_{I_0}\}$$

$$= \frac{1}{6}(n+1)(n+2)(n+3) \cdots\cdots\cdots\cdots\cdots\cdots (答)$$

演習問題 25	難易度 ★★★★	CHECK*1*	CHECK*2*	CHECK*3*

正の整数 1, 2, 3, …を右図のように並べ、上から m 番目、左から n 番目の数を $a_{m, n}$ とする。例えば、$a_{2, 3}=9$, $a_{4, 1}=7$ である。

(1) $a_{m, n}$ を m, n の式で表せ。

(2) $a_{1, n}+a_{2, n}+\cdots+a_{m, n}$ を求めよ。

1	3	6	10	15	・
2	5	9	14	・	・
4	8	13	・	・	・
7	12	・	・	・	・
11	・	・	・	・	
・					

（日本女子大）

ヒント！ 数列 $\{a_{m, n}\}$ を $1\,|\,2, 3\,|\,4, 5, 6\,|\,7,$ … のように群数列として考えると、話が見えてくるはずだよ。頑張ろう！

解答&解説

(1) この数列 $\{a_{m, n}\}$ を右図のように群（グループ）に分けて考える。これを、群数列の形に書き変えたものを下に示す。

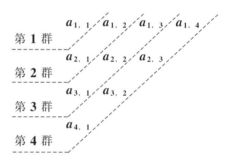

$a_{1, 1}$	$a_{2, 1}$, $a_{1, 2}$	$\boxed{a_{3, 1}}$, $a_{2, 2}$, $a_{1, 3}$	$a_{4, 1}$, $a_{3, 2}$, $\boxed{a_{2, 3}}$, $a_{1, 4}$	$a_{5, 1}$, …
1	2　　3	4　　5　　6	7　　8　　9　　10	11
第	第	第	第	
1	2	3	4	
群	群	群	群	
(1項)	(2項)	(3項)	(4項)	

Baba のレクチャー

たとえば、$a_{3, 1}$ は第 ③ 群の 1 番目の数、$a_{2, 3}$ は第 ④ 群の 3 番目の
　　　　　　　$\boxed{3+1-1}$　　　　　　　　　　　$\boxed{2+3-1}$
数だから、一般に $a_{m, n}$ は第 $m+n-1$ 群の n 番目の数だね。これから、$a_{m, n}$ が全体の中の j 番目だと分かると、後は $a_{m, n}=j$ と単純なんだね。

$a_{m,n}$ は第 $m+n-1$ 群の n 番目の数より，

$$a_{m,n} = \underbrace{1+2+\cdots\cdots+(m+n-2)}_{\substack{\text{第 } m+n-2 \text{ 群までの}\\ \text{各群の項数の和}}} + \underbrace{n}_{\substack{\text{第 } m+n-1 \text{ の群}\\ \text{の } n \text{ 番目}}}$$

> 全体の中の j 番目と分かれば，$a_{m,n}=j$ となるからね。

$$= \frac{(\overbrace{(m+n-2)}^{\text{項数}})(\overbrace{1}^{\text{初項}}+\overbrace{(m+n-2)}^{\text{末項}})}{2} + n$$

$$= \frac{1}{2}(m+n-2)(m+n-1) + n \quad \cdots\cdots① \quad\cdots\cdots\cdots\cdots\cdots\cdots\text{(答)}$$

(2) 数列の和 $a_{1,n} + a_{2,n} + \cdots + a_{m,n}$ を求める。

> ①の m に k を代入

$$\sum_{k=1}^{m} a_{k,n} = \sum_{k=1}^{m}\left\{\frac{1}{2}(k+n-2)(k+n-1)+n\right\}$$

$$= \frac{1}{2}\sum_{k=1}^{m}(k+\underbrace{(n-2)}_{\text{定数}})(k+\underbrace{(n-1)}_{\text{定数}}) + \sum_{k=1}^{m}\underbrace{n}_{\text{定数 } c}$$

> $1\cdot(k+n-2)(k+n-1) = \frac{1}{3}\{(k+n)-(k+n-3)\}\cdot\boxed{(k+n-2)(k+n-1)}$
> $= \frac{1}{3}\{\underbrace{(k+n-2)(k+n-1)(k+n)}_{I_{k+1}} - \underbrace{(k+n-3)(k+n-2)(k+n-1)}_{I_k}\}$
> となって，部分分数分解型になるね。(演習問題 **24** と同じだ)

$$= \frac{1}{6}\sum_{k=1}^{m}(I_{k+1}-I_k) + m\cdot n = -\frac{1}{6}\sum_{k=1}^{m}(I_k - I_{k+1}) + mn$$

$$(\text{ただし，} I_k = (k+n-3)(k+n-2)(k+n-1))$$

$$= -\frac{1}{6}\{(I_1 - I_2) + (I_2 - I_3) + (I_3 - I_4) + \cdots + (I_m - I_{m+1})\} + mn$$

$$= \frac{1}{6}(I_{m+1} - I_1) + mn$$

$$= \frac{1}{6}\{(m+n-2)(m+n-1)(m+n) - (n-2)(n-1)n\} + mn$$

$$\cdots\cdots\cdots\cdots\text{(答)}$$

演習問題 26　難易度 ★★★★★　CHECK1　CHECK2　CHECK3

白石 180 個と黒石 181 個の合わせて 361 個の碁石が横に一列に並んでいる。碁石がどのように並んでいても，次の条件を満たす黒の碁石が少なくとも一つあることを示せ。

その黒の碁石とそれより右にある碁石をすべて除くと，残りは白石と黒石が同数となる。ただし，碁石が一つも残らない場合も同数とみなす。

(東京大)

ヒント！ (ⅰ)一番左に黒石がくるときは，この黒石が与条件をみたす黒石だ。(ⅱ)一番左が白石のとき，左から n 番目までの碁石の中で，黒石の個数を a_n，白石の個数を b_n とおき，さらに，$X_n = a_n - b_n$ とおいて，$X_n = 0$ かつ $X_{n+1} = 1$ となる n が 2，3，……，360 の内に必ず存在することを示せばいいんだよ。このような抽象的な問題こそ積極的に数式で表すことによって，話が見えてくるんだ。頑張ろう！

解答&解説

左から順に碁石を並べていく場合，一番左に黒石があるとき，その一番左の黒石が与条件をみたす。

> これを含んでその右の碁石をすべて除くと，碁石が全部なくなって，白 0 個，黒 0 個となって，同数の条件をみたすからだ。(これだけでも部分点だ！)

よって，以下では，一番左が白石の場合について考える。

左から n 番目 $(n = 1, 2, ……, 361)$ までの碁石のうち，黒石の個数を a_n，白石の個数を b_n とおく。

> つまり，$a_n + b_n = n$ だ！

ここで，さらに，$X_n = a_n - b_n$ ……① $(n = 1, 2, ……, 361)$ とおく。

$$\begin{cases} 1 \text{番左は白石なので，} X_1 = a_1 - b_1 = 0 - 1 = -1 \\ n = 361 \text{のとき，} X_{361} = a_{361} - b_{361} = 181 - 180 = 1 \end{cases}$$

> $X_1 = -1$ スタートで，$X_{361} = 1$ で終わる！

> ただし，361 番目が黒石とは限らない！

また，　$X_{n+1} = \begin{cases} X_n + 1, \text{ または} \\ X_n - 1 \quad (n = 1, 2, …, 360) \end{cases}$

> 数列 $\{X_n\}$ は，1 きざみでしか増減しない！

> これから数列 $\{X_n\}$ は，途中で必ず ⊖ から ⊕ に変化するので，$X_k = 0$，$X_{k+1} = 1$ となるところが出てくる！

Baba のレクチャー

　ここまで整理すると，後は横軸 n 軸，たて軸 X_n 軸のグラフを描いてみよう。

　$X_1 = -1$，$X_{361} = 1$ で，数列 $\{X_n\}$ は，1 きざみで動く。よって，右のグラフから，$X_k = 0$ かつ $X_{k+1} = 1$ をみたす $n = k$，$k+1$ が必ず存在するね。このとき，

この形が必ず現われる！

このとき $k+1$ 番目の黒の碁石が与条件の石だ！

$X_k = 0$ から $X_{k+1} = 1$ と $+1$ に変化しているから，$k+1$ 番目の碁石は黒石で，この黒石こそ与えられた条件をみたす黒石だ。なぜって？ $X_k = a_k - b_k = 0$ より，k 番目まで白，黒同数でしょう。だから，$k+1$ 番目の黒石を含んで，その右側の石をすべて除けば，題意の条件をみたすからだ！ これを，キチンと答案に書けばいいんだよ。

よって，数列 $\{X_n\}$ は 1 きざみでしか動かないので，$X_n \leqq 0$ をみたす最大の整数 n が存在して，この n を M とおくと，

　$X_M = 0$ （M は 2，3，……，360 のいずれか）

このとき，

　$X_{M+1} = 1$ （M+1 は 3，4，……，361 のいずれか）

となって，左から M+1 番目の碁石は黒石である。よって，これとこれより右の碁石をすべて除くと，$X_M = 0$ より，残りは必ず白石と黒石が同数となる。

以上より，この M+1 番目の黒石のように，題意の条件をみたす黒石は必ず存在する。 ……………………………………………………………(終)

テーマ⑥ 漸化式の応用

● 漸化式の応用では，図や模式図を利用しよう！

前回勉強した"いろいろな数列"に続いて，今回は数列の**"漸化式の応用"**に入ろう。これもまた，東大や一橋大などの最難関大が好んで狙ってくるテーマで，他分野との融合形式で出題されることも多い。でも，いったん漸化式にもち込んだら，キミ達には強力な味方があるんだったね。そう，**"等比関数列型の漸化式"**だ。ここで，その解法のパターンをもう1度下に書いておこう。

■ 等比関数列型の漸化式

$$F(n+1) = r \cdot F(n) \text{ ならば, } F(n) = F(1) \cdot r^{n-1}$$

これに乗らないタイプの漸化式の解法パターンといえば，一般項を推定して数学的帰納法で証明する方法以外では，等差数列型と階差数列型の2つだけで，後はすべて，これをうまく使えば解けるんだね。それでは，今回扱う主要テーマを下に書いておくよ。

(1) 漸化式と数学的帰納法の融合 (Ⅰ), (Ⅱ)
(2) 放物線に内接する円群と漸化式の問題
(3) 3項間の漸化式の応用 (Ⅰ), (Ⅱ)

(1)は，東大とお茶の水女子大の問題で，共に漸化式と数学的帰納法を組み合せた問題になっている。特に，後者の問題では，論証問題にもなっているので，難しく感じるかもしれないね。でも，いずれも良問だからよく練習しておこう。
(2)は，大阪大の問題で，放物線に次々に内接する円群の半径を求める問題で，難関大が時々出題してくる問題なので，その解法パターンをここでシッカリマスターしておこう。
(3)は，一橋大と東大の問題で，解法の糸口が見つけづらい問題だと思う。自分で，模式図や図を描きながら考えて，3項間の漸化式を導き出すことがポイントになる。そして，漸化式が導けたならば，いずれも等比関数列型漸化式 $F(n+1) = r \cdot F(n)$ の形に持ち込めるので，アッという間に解けるはずだ。頑張ろう！

漸化式と数学的帰納法の融合（Ⅰ）

演習問題 27 | 難易度 ★★★ | CHECK1 | CHECK2 | CHECK3

$p = 2+\sqrt{5}$ とおき，自然数 $n = 1, 2, 3, \cdots$ に対して $a_n = p^n + \left(-\dfrac{1}{p}\right)^n$ と定める。

(1) a_1, a_2 の値を求めよ。

(2) $n \geqq 2$ とする。積 $a_1 a_n$ を，a_{n+1} と a_{n-1} を用いて表せ。

(3) a_n は自然数であることを示せ。 （東京大*）

ヒント！ $q = -\dfrac{1}{p} = 2-\sqrt{5}$ とおいて，$a_n = p^n + q^n$ より，(1)の a_1 と a_2 を求めることはすぐにできる。(2)では，$a_1 \cdot a_n = (p+q) \cdot (p^n+q^n)$ から a_{n+1} と a_{n-1} の式を導けばいい。(3)は，(1)と(2)の結果と数学的帰納法を利用すれば，$n = 1,$ $2, 3, \cdots$ について，a_n は常に自然数であることが示せるんだね。頑張ろう！

解答＆解説

$p = 2+\sqrt{5}$ ……① より，$q = -\dfrac{1}{p}$ とおくと，

$$q = -\dfrac{1}{p} = -\dfrac{1}{2+\sqrt{5}} = -\dfrac{2-\sqrt{5}}{(2+\sqrt{5})(2-\sqrt{5})} = -\dfrac{2-\sqrt{5}}{-1}$$

$q = 2-\sqrt{5}$ ……② となる。

よって，$p+q = 2+\sqrt{5} + 2-\sqrt{5} = 4$ ……………③

$pq = (2+\sqrt{5})(2-\sqrt{5}) = 4-5 = -1$ ……④ となる。

数列 $\{a_n\}$ は，

$a_n = p^n + q^n = (2+\sqrt{5})^n + (2-\sqrt{5})^n$ ……⑤ $(n = 1, 2, 3, \cdots)$ と定義されている。

(1) $a_1 = p+q = 4$ （③より）……………………………………………………………（答）

$a_2 = p^2 + q^2 = \underbrace{(p+q)^2}_{4} - 2\underbrace{pq}_{-1} = 4^2 + 2 = 18$ （③，④より）………………（答）

(2) $n = 2, 3, 4, \cdots$ のとき，

$a_1 \cdot a_n$ を a_{n+1} と a_{n-1} で表す。⑤より，

$$a_1 \cdot a_n = \overbrace{(p+q)} \cdot (p^n+q^n) = \underline{p^{n+1}} + \underline{pq^n + qp^n} + \underline{q^{n+1}}$$

$$= \underbrace{p^{n+1}+q^{n+1}}_{a_{n+1}} + \underbrace{pq}_{-1} \cdot \underbrace{(p^{n-1}+q^{n-1})}_{a_{n-1}} = a_{n+1} - 1 \cdot a_{n-1}$$

$\therefore a_1 \cdot a_n = a_{n+1} - a_{n-1}$ ……⑥ $(n = 2, 3, 4, \cdots)$ である。 ………………(答)

(3) すべての自然数 n に対して，$a_n = (自然数)$ ……(*) であることを数学的帰納法により証明する。

(i) $n = 1, 2$ のとき，(1) の結果より，

$a_1 = 4$ (自然数)，$a_2 = 18$ (自然数) となって，(*) は成り立つ。

(ii) $n = k$，$k+1$ $(k = 1, 2, 3, \cdots)$ のとき，

$a_k = (自然数)$，$a_{k+1} = (自然数)$ が成り立つと仮定して，a_{k+2} について調べる。

n に $k+1$ を代入して，$k = 1$ スタートとした。

⑥より，$a_1 \cdot a_{k+1} = a_{k+2} - a_k$ ……⑥′ $(n = 1, 2, 3, \cdots)$ となる。

⑥′より，

$a_{k+2} = \underset{④}{\underline{a_1 \cdot a_{k+1}}} + a_k = 4 \times (自然数) + (自然数) = (自然数)$ となって，

$a_{k+2} = (自然数)$，すなわち (*) が成り立つことが示された。

以上 (i)(ii) より，すべての自然数 n に対して，

$a_n = (自然数)$ ……(*) は成り立つ。 ……………………………………(終)

　今回は，東大の問題だったんだけれど，比較的簡単に解ける問題だったんだね。スラスラと解けるようになるまで，何度でも練習しよう！

漸化式と数学的帰納法の融合 (II)

| 演習問題 28 | 難易度 ★★★★ | CHECK1 | CHECK2 | CHECK3 |

θ は $\cos\theta = \dfrac{1}{3}$，かつ $0 < \theta < \dfrac{\pi}{2}$ を満たす実数とする。

(1) 自然数 n に対して $\cos(n+1)\theta = \dfrac{2}{3}\cos n\theta - \cos(n-1)\theta$ が成り立つことを示せ。

(2) 数列 $\{a_n\}$ を $a_0 = 1$，$a_1 = 1$，$a_{n+1} = 2a_n - 9a_{n-1}$ により定義する。このときすべての自然数 n に対して $a_n = 3^n \cos n\theta$ であること，および a_n は整数であり 3 の倍数ではないことを示せ。

(3) $\dfrac{\theta}{\pi}$ は無理数であることを示せ。 （お茶の水女子大）

ヒント！ (1) は和→積の公式を利用すればすぐに示せる。(2) は，数学的帰納法で証明するんだけど，その際に (1) の結果が利用できるんだよ。(3) は背理法だね。

解答＆解説

$\cos\theta = \dfrac{1}{3}$ $\left(0 < \theta < \dfrac{\pi}{2}\right)$ とする。

和→積の公式
$\cos(\alpha+\beta) + \cos(\alpha-\beta) = 2\cos\alpha\cos\beta$ を使った！

(1) $\cos(n+1)\theta + \cos(n-1)\theta = 2\cos n\theta \cos\theta$

$\dfrac{(n+1)\theta + (n-1)\theta}{2}$ $\quad$ $\dfrac{(n+1)\theta - (n-1)\theta}{2}$

$= \dfrac{2}{3}\cos n\theta$ $\left(\because \cos\theta = \dfrac{1}{3}\right)$

$\therefore \cos(n+1)\theta = \dfrac{2}{3}\cos n\theta - \cos(n-1)\theta$ ……(*) $(n = 1, 2, \cdots)$ …………（終）

(2) $\begin{cases} a_0 = 1, \ a_1 = 1 \\ a_{n+2} = 2a_{n+1} - 9a_n \ \cdots\cdots① \ (n = \underline{0}, 1, 2, \cdots) \end{cases}$

①の n を与漸化式より 1 つ大きくしたので，n は 0 スタート

をみたす数列の一般項が，$a_n = 3^n \cdot \cos n\theta$ $(n = 0, 1, 2, \cdots)$ で表されることを，数学的帰納法により示す。

(i) $n = 0, 1$ のとき，
$$a_0 = 3^0 \cdot \cos 0\theta = 1 \cdot 1 = 1, \quad a_1 = 3^1 \cdot \underset{\overset{\|}{\frac{1}{3}}}{\cos 1\theta} = 1$$
となって，成り立つ。

まず $n = 0, 1$ のときに成り立つことを示した。

(ii) $n = k$，$k+1$ のとき，

$$a_k = \underline{3^k \cdot \cos k\theta} \quad \cdots\cdots ② \qquad a_{k+1} = \underline{3^{k+1} \cdot \cos(k+1)\theta} \quad \cdots\cdots ③$$

が成り立つと仮定して，$n = k+2$ のときについて調べる。

①の n に k を代入して，

> $n = k$，$k+1$ のとき成り立つと仮定して，$n = k+2$ のときを調べ，これが成り立てば終了だ！

$$a_{k+2} = 2a_{k+1} - 9a_k$$
$$= 2 \cdot 3^{k+1} \cos(k+1)\theta - 9 \cdot 3^k \cos k\theta \quad (②，③ より)$$

ここで，$a_{k+2} = 3^{k+2} \cdot \cos(k+2)\theta$ となることを示したいので，上の右辺から無理矢理 3^{k+2} をくくり出すと，

> ここで $k+1 = n$，$k = n-1$ とおくと，$(*)$ の式が見えてくる。

$$3^{k+2}\left\{ \frac{2}{3}\cos\underbrace{(k+1)}_{\boxed{n}}\theta - \cos\underbrace{k}_{\boxed{n-1}}\theta \right\}$$

$$= 3^{k+2}\cos\underbrace{(k+2)}_{\boxed{n+1}}\theta \quad となって終了！$$

$$a_{k+2} = 3^{k+2}\left\{ \frac{2}{3}\cos(k+1)\theta - \cos k\theta \right\} \quad \cdots\cdots ④$$

ここで，$k+1 = n$ とおくと，$k = n-1$ となるので，

$$\frac{2}{3}\cos n\theta - \cos(n-1)\theta = \cos(n+1)\theta \quad \cdots\cdots (*)$$ を用いると，④は

$$a_{k+2} = 3^{k+2}\cos(\underbrace{k+1}_{\boxed{n}}+1)\theta = 3^{k+2}\cos(k+2)\theta \quad となって，$$

$n = k+2$ のときも成り立つ。

以上 (i)(ii) より，0 以上のすべての整数 n について，$a_n = 3^n \cdot \cos n\theta$ は成り立つ。$\cdots\cdots\cdots\cdots\cdots\cdots\cdots\cdots\cdots\cdots\cdots\cdots$(終)

次に，$a_0 = 1$，$a_1 = 1$ は整数。

ここで，a_k，a_{k+1} を整数と仮定すると，①より

> これも数学的帰納法

$$a_{k+2} = 2 \cdot a_{k+1} - 9a_k = (整数) - (整数) = (整数) \quad となる。$$

∴ 0 以上のすべての整数 n に対して，a_n は整数である。$\cdots\cdots\cdots\cdots\cdots$(終)

さらに，$a_0 = 1$，$a_1 = 1$ は **3** の倍数でない。

ここで，a_k，a_{k+1} を **3** の倍数でない整数と仮定すると，①より

$$a_{k+2} = \underline{2 \cdot a_{k+1}} - \underline{9a_k} = (\,\underline{\textbf{3 の倍数でない整数}}\,) - (\,\underline{\textbf{3 の倍数}}\,)$$
$$= (\,\textbf{3 の倍数でない整数}\,)\ \text{となる。}$$

∴ **0** 以上のすべての整数 n に対して，a_n は **3** の倍数でない整数である。

............(終)

(3) $\dfrac{\theta}{\pi}$ は無理数であることを，背理法により示す。

まず，$\dfrac{\theta}{\pi}$ が有理数であると仮定すると，

$$\frac{\theta}{\pi} = \frac{q}{p} \quad (p,\ q: \text{互いに素な自然数})$$

よって，$\underline{\underline{p\theta}} = \underline{\underline{q\pi}}$ ……⑤

ここで，(2) の結果より

> これは $p=0$ のときも成り立つが，今回は関係ないので省略した。

$$a_p = 3^p \cdot \cos p\theta \ \text{……⑥} \quad (p = 1,\ 2,\ 3,\ \cdots)$$

⑥に⑤を代入すると，

$$a_p = 3^p \cdot \underline{\underline{\cos q\pi}} = 3^p \cdot (-1)^q \quad \text{となって，}$$

$q=1$ のとき -1，$q=2$ のとき 1，$q=3$ のとき -1，$q=4$ のとき 1，$\cdots$

a_p は，**3** の倍数となる。

ところが (2) の結果より，a_p は **3** の倍数ではない。

よって，矛盾。 ← 背理法の完成！

以上より，$\dfrac{\theta}{\pi}$ は無理数である。 ....(終)

放物線に内接する円群の半径

座標平面上で不等式 $y \geqq x^2$ の表す領域を D とする。D 内にあり y 軸上に中心をもち原点を通る円のうち，最も半径の大きい円を C_1 とする。自然数 n について，円 C_n が定まったとき，C_n の上部で C_n に外接する円で，D 内にある y 軸上に中心をもつもののうち，最も半径の大きい円を C_{n+1} とする。C_n の半径を r_n とする。r_1 の値を求め，r_n を n の式で表せ。 （大阪大＊）

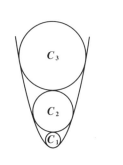

ヒント！ 円 C_1 のみは，放物線 $y = x^2$ と原点 O で接し，$n \geqq 2$ のとき円 C_n は互いに外接しながら放物線 $y = x^2$ とは 2 点で接するんだね。この種の問題では，y の 2 次方程式にもち込むことがコツだよ。頑張れ！

解答＆解説

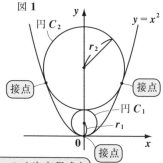

図1

円 C_n の半径を r_n $(n = 1, 2, 3, \cdots)$ とおく。

図 1 に示すように円 C_1 は，

放物線：$y = x^2$ ……①

と原点においてのみ接するので，

円 C_1：$x^2 + (y - r_1)^2 = r_1^2$ ……②とおける。

①，②より x^2 を消去して，

$y + (y - r_1)^2 = r_1^2$

$y^2 - (2r_1 - 1)y = 0$

$y(y - 2r_1 + 1) = 0$ ……③

$\therefore y = 0, 2r_1 - 1$ となる。

y を消去すると，x の 4 次方程式となってメンドウなので，x を消去して y の 2 次方程式にもち込み，これが重解 $y = 0$ をもつようにする。

ここで，③は重解 $y = 0$ をもつので，

$2r_1 - 1 = 0$ 　$\therefore r_1 = \dfrac{1}{2}$ となる。…………(答)

$0 < r_1 \leqq \dfrac{1}{2}$ のとき，円 C_1 は小さな円となって，$y = x^2$ と原点のみで接することになる。

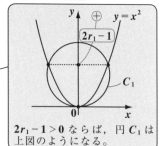

$2r_1 - 1 > 0$ ならば，円 C_1 は上図のようになる。

円 C_n を，半径 r_n，中心 $(0, a_n)$ の円と

おくと，

円 $C_n : x^2 + (y - a_n)^2 = r_n{}^2$ ……④ となる。

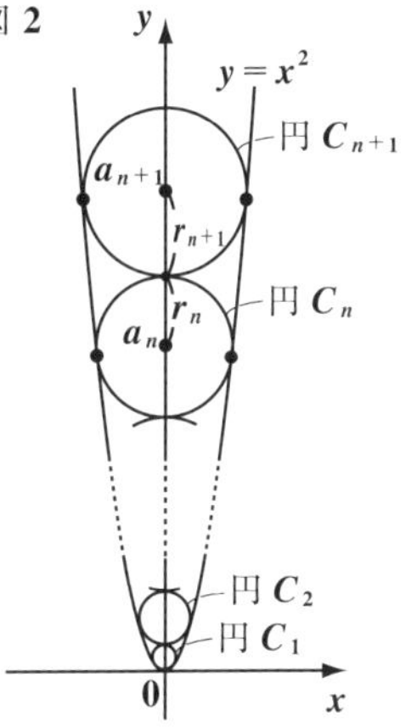

図 2 に示すように，C_n と放物線 $y = x^2$ は

2 点で接する。よって，

①，④ より x^2 を消去して，

$y + (y - a_n)^2 = r_n{}^2$

図 2

$y = x^2$
円 C_{n+1}
円 C_n
円 C_2
円 C_1

> y の 2 次方程式
> が重解をもつ
> ようにする。

$y^2 - (2a_n - 1)y + a_n{}^2 - r_n{}^2 = 0$ ……⑤

⑤の判別式を D とおくと，これは重解を

もつので，

$D = \boxed{(2a_n - 1)^2 - 4(a_n{}^2 - r_n{}^2) = 0}$ $\qquad -4a_n + 1 + 4r_n{}^2 = 0$

$\therefore a_n = r_n{}^2 + \dfrac{1}{4}$ ……⑥ $(n = 1, 2, 3, \cdots)$ となる。

円 C_{n+1} についても，同様に計算して，

$\quad a_{n+1} = r_{n+1}{}^2 + \dfrac{1}{4}$ ……⑦ $(n = 0, 1, 2, \cdots)$ となる。

ここで，図 2 より，$\underline{a_{n+1} - a_n = r_{n+1} + r_n}$ ……⑧ となる。

⑦ − ⑥ を求めると，

$\quad \underline{\underline{a_{n+1} - a_n}} = r_{n+1}{}^2 + \dfrac{1}{\cancel{4}} - \left(r_n{}^2 + \dfrac{1}{\cancel{4}} \right)$ となる。これと，⑧ より，

$\boxed{r_{n+1} + r_n \ (⑧ より)}$

$\quad \underline{(r_{n+1} + r_n)(r_{n+1} - r_n)} = \underline{r_{n+1} + r_n}$ ……⑨ となる。

ここで，$r_{n+1} + r_n > 0$ より，⑨の両辺をこれで割って，

$\quad r_{n+1} - r_n = 1$ となる。以上より，数列 $\{r_n\}$ は，

$\quad r_1 = \dfrac{1}{2}$，$r_{n+1} = r_n + 1$ $(n = 1, 2, 3, \cdots)$ で定義される。

よって，数列 $\{r_n\}$ は，初項 $r_1 = \dfrac{1}{2}$，公差 $d = 1$ の等差数列であることが分かる。

$\therefore r_n = \dfrac{1}{2} + (n - 1) \cdot 1 = n - \dfrac{1}{2}$ $(n = 1, 2, 3, \cdots)$ となる。………………(答)

3項間の漸化式の応用（Ⅰ）

3つの文字 a, b, c を繰り返しを許して，左から順に n 個並べる。ただし，a の次は必ず c で，b の次も必ず c である。このような規則をみたす列の個数を x_n とする。たとえば，$x_1 = 3$，$x_2 = 5$ である。

(1) x_{n+2} を x_{n+1} と x_n で表せ。

(2) x_n を求めよ。

（一橋大＊）

Baba のレクチャー

a, b の後には c しか続かず，c の後には，a, b, c のいずれが来てもいいわけだから，この a, b, c 文字列の右端の文字に着目するよ。はじめに，n 個の文字列の右端が a, b, c のとなるものの個数をそれぞれ p 個，q 個，r 個とおいて，x_n, x_{n+1}, x_{n+2} の関係を調べてみよう。

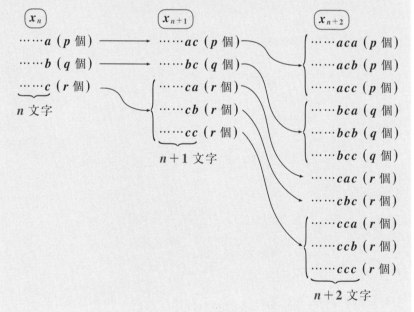

以上より，$x_n = p + q + r$，$x_{n+1} = p + q + 3r$，$x_{n+2} = 3p + 3q + 5r$ となるので，$x_{n+2} = x_{n+1} + 2x_n$（3項間の漸化式）が導けるよ。

テーマ

高次方程式の応用 4

テーマ

いろいろな数列 5

テーマ

漸化式の応用 6

解答＆解説

(1) n 個の文字列のうち，右端が a, b, c となるもの個数を，それぞれ p 個，q 個，r 個とおくと，題意より，

$$\begin{cases} x_n = p + q + r & \cdots\cdots\cdots ① \\ x_{n+1} = p + q + 3r & \cdots\cdots ② \\ x_{n+2} = 3p + 3q + 5r & \cdots\cdots ③ \end{cases}$$

> $x_{n+2} = \alpha x_{n+1} + \beta x_n$ とおくと，
> $3p + 3q + 5r = \alpha(p + q + 3r) + \beta(p + q + r)$
> $= (\alpha + \beta)p + (\alpha + \beta)q + (3\alpha + \beta)r$
> $\therefore \alpha + \beta = 3$, $3\alpha + \beta = 5$ から，
> $\alpha = 1$, $\beta = 2$ となるね。

③ ＝ ② ＋ 2 × ① より，

$$x_{n+2} = x_{n+1} + 2x_n \ (n = 1, 2, \cdots) \cdots\cdots ④ \quad\cdots\cdots（答）$$

(2) $\begin{cases} x_1 = 3, \ x_2 = 5 \\ x_{n+2} = x_{n+1} + 2x_n \ (n = 1, 2, \cdots) \cdots\cdots ④ \end{cases}$

> 特性方程式
> $t^2 = t + 2$, $t^2 - t - 2 = 0$
> $(t - 2)(t + 1) = 0$ $\therefore t = 2, -1$

> $x_{n+2} + px_{n+1} + qx_n = 0$
> の場合，特性方程式
> $t^2 + pt + q = 0$ の解 α, β
> を用いて，
> $\begin{cases} x_{n+2} - \alpha x_{n+1} = \beta(x_{n+1} - \alpha x_n) \\ x_{n+2} - \beta x_{n+1} = \alpha(x_{n+1} - \beta x_n) \end{cases}$
> の形にもち込んで解くんだね。

④を変形して，

$$\begin{cases} x_{n+2} - 2x_{n+1} = -1 \cdot (x_{n+1} - 2x_n) & \longleftarrow \boxed{F(n+1) = -1 \cdot F(n)} \\ x_{n+2} + 1 \cdot x_{n+1} = 2 \cdot (x_{n+1} + 1 \cdot x_n) & \longleftarrow \boxed{G(n+1) = 2 \cdot G(n)} \end{cases}$$

よって， アッという間！

$$\begin{cases} x_{n+1} - 2x_n = (\overset{5}{x_2} - 2 \cdot \overset{3}{x_1}) \cdot (-1)^{n-1} = (-1)^n & \cdots\cdots ⑤ \ \longleftarrow \boxed{F(n) = F(1) \cdot (-1)^{n-1}} \\ x_{n+1} + x_n = (\overset{5}{x_2} + \overset{3}{x_1}) \cdot 2^{n-1} = 2^{n+2} & \cdots\cdots\cdots\cdots ⑥ \ \longleftarrow \boxed{G(n) = G(1) \cdot 2^{n-1}} \end{cases}$$

$\dfrac{⑥ - ⑤}{3}$ より， $x_n = \dfrac{1}{3}\{2^{n+2} - (-1)^n\}$ $\cdots\cdots\cdots\cdots（答）$

Baba のレクチャー

$n + 2$ 個の文字列の左端の文字 a, b, c に着目してもいいよ。

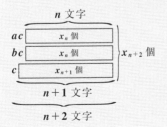

左の模式図から同様に，

$x_{n+2} = x_{n+1} + 2x_n$ が導けるんだね。こっちの方がシンプルなんだけど，分かりずらい人は，レクチャーの考え方で理解しておいた方がいいよ。発想は自由だからね。

演習問題 31	難易度 ★★★★	CHECK1	CHECK2	CHECK3

二辺の長さが **1** と **2** の長方形と一辺の長さが **2** の正方形の **2** 種類のタイルがある。縦 **2**，横 *n* の長方形の部屋をこれらのタイルで過不足なく敷きつめることを考える。そのような並べ方の総数を A_n で表す。ただし *n* は正の整数である。たとえば $A_1 = 1$，$A_2 = 3$，$A_3 = 5$ である。このとき以下の問いに答えよ。

(1) $n \geqq 3$ のとき，A_n を A_{n-1}，A_{n-2} を用いて表せ。

(2) A_n を *n* で表せ。　　　　　　　　　　　　　　　　　　(東京大)

ヒント！　こういう問題は，まず具体的にやってみるのが一番だ！　**2×n** の部屋に ⬚ と ⬚ の **2** 種類のタイルの敷き詰め方の総数を A_n とおくんだね。すると，

(i) *n* = **1** のとき　⬚ の **1** 通り。　∴ $A_1 = 1$

(ⅱ) *n* = **2** のとき　⬚⬚⬚ の **3** 通り。　∴ $A_2 = 3$

(ⅲ) *n* = **3** のとき　⬚⬚⬚⬚⬚ の **5** 通り。　∴ $A_3 = 5$

このように，自分で書いてみると，イメージがわくし，また，一般化した後の検算でも役に立つんだよ。

解答&解説

(1) A_n：**2×n** の部屋における **1×2** と **2×2** の **2** 種類のタイルの敷き詰め方の総数 (*n* = **1**，**2**，…) ($A_1 = 1$，$A_2 = 3$，$A_3 = 5$)

ここで，$n \geqq 3$ のとき，A_{n-2}，A_{n-1} と A_n との関係を模式図で示す。

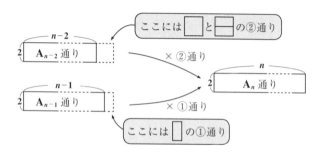

以上より，$A_n = 2 \times A_{n-2} + 1 \times A_{n-1}$

$\therefore A_n = A_{n-1} + 2A_{n-2}$ $(n = 3, 4, 5, \cdots)$ ……①……………………

■ Baba のレクチャー

A_{n-2} の場合，$2\,\overbrace{\boxed{A_{n-2}\text{通り}}}^{n-2}\,\vdots$ この $\vdots$ に入るのは $\boxed{}$ と $\boxminus$ と

$\boxminus$ の 3 通りだから，「**3**$\times A_{n-2}$ とするべきだ！ 納得いかない！」

なんて思ってない？ これって重要な問題で，$\boxminus$ の左の **1** 枚を貼っ

た時点で $2\,\underbrace{\overbrace{\boxed{A_{n-2}\text{通り}\,\square}}^{n-2}}_{n-1}$ となるから，これは，$A_{\boxed{n-1}}$ の中で既にカ

ウントされてるんだね。だから，これを加えると二重に計算(ダブル・

カウント)することになってマズイんだね。以上より，$2 \times A_{n-2}$ と

するのが正しいんだよ。どう？ これで，みんな納得いっただろう。

(2) $\begin{cases} A_1 = 1, \quad A_2 = 3 \\ A_{n+2} = A_{n+1} + 2A_n \quad (n = 1, 2, \cdots) \cdots\text{①}' \end{cases}$

> ①の n に，$n+2$ を代入したもの
> だから，$n=1$ スタートだ！

> これは $n=1$ のとき，$\underset{5}{(A_3)} = \underset{3}{(A_2)} + 2\underset{1}{(A_1)}$ となって，検算も **OK** だね！

①′ を変形して，

> **3** 項間の漸化式より，
> 特性方程式：
> $x^2 = x + 2$
> $x^2 - x - 2 = 0$
> $(x-2)(x+1) = 0$
> $\therefore x = 2, -1$ を使う！

$\begin{cases} A_{n+2} - \underline{2}A_{n+1} = \underline{-1} \cdot (A_{n+1} - \underline{2}A_n) \\ [\quad F(n+1) \quad = -1 \cdot \quad F(n) \quad] \\ A_{n+2} + \underline{1} \cdot A_{n+1} = \underline{2} \cdot (A_{n+1} + \underline{1} \cdot A_n) \\ [\quad G(n+1) \quad = 2 \cdot \quad G(n) \quad] \end{cases}$

アッ！

よって，

$\begin{cases} \underwave{A_{n+1} - 2A_n} = (\underset{3}{(A_2)} - 2\underset{1}{(A_1)}) \cdot (-1)^{n-1} = (-1)^{n-1} \cdots\text{②} \\ [\quad F(n) \quad = \quad F(1) \quad \cdot (-1)^{n-1}] \\ \underwave{A_{n+1} + A_n} = (\underset{3}{(A_2)} + \underset{1}{(A_1)}) \cdot 2^{n-1} = 2^{n+1} \cdots\cdots\text{③} \\ [\quad G(n) \quad = \quad G(1) \quad \cdot 2^{n-1}] \end{cases}$

$\dfrac{\text{③} - \text{②}}{3}$ より，$A_n = \dfrac{1}{3}\{2^{n+1} - (-1)^{n-1}\}$ ……………………(答)

テーマ7 様々な確率計算

● 様々な確率問題でも，基本パターンが重要だ！

これから2回に渡って，"確率の応用"の講義に入ろう。今回は，"様々な確率"について解説し，次回は，"確率と漸化式"のテーマを扱う。このように確率に力を入れるのは，難関大が好んで出題してくる最重要テーマの1つが，この確率だからなんだね。

今回も，さまざまな確率の応用・発展問題にチャレンジするけれど，その根本で試されているのは，実は基礎的な解法能力だってことを忘れないでほしい。それでは，今回のメインテーマを下に示そう。

(1) 条件付き確率の計算
(2) 確率と整数問題の融合
(3) 確率計算と樹形図の応用
(4) 反復試行の確率の応用
(5) 独立試行・反復試行の確率の応用
(6) 期待値の発展問題

(1)は奈良女子大の典型的な条件付き確率の問題で，計算は多少メンドウだけれど，ウォーミングアップ問題として解いていこう。
(2)は名古屋大の問題で，イレギュラーなサイコロの確率計算の問題だ。整数問題との融合問題にもなっているので，応用力を鍛えるのに最適な問題だと思う。
(3)は東北大の問題で，概形図をうまく利用することにより，比較的楽に確率計算ができることが分かると思う。この計算手法も是非マスターしよう。
(4)は一橋大の問題で，反復試行の確率の問題になっている。確率の最大値の計算のやり方も，この問題を解くことでマスターできるはずだ。
(5)は，格子点上を動点が移動していく問題で，北海道大のかなりレベルの高い問題だ。グラフを使いながら，ジックリ考えていこう。
(6)は，期待値の発展問題で，東京大の問題にチャレンジしよう。ここでは，最終的には，任意に変化できる確率の取り扱い方が重要ポイントになるんだよ。

テーマ
7
様々な確率計算

テーマ
8
確率と漸化式

テーマ
9
三角・指数・対数関数

条件付き確率の計算

演習問題 32	難易度 ★★★	CHECK*1*	CHECK*2*	CHECK*3*

1 から 5 までの番号がつけられた 5 枚のカードが箱に入っている。1 枚のカードを取り出し、カードの番号が奇数のときは箱に戻し、偶数のときは箱へ戻さない。この試行を 3 回繰り返す。以下の問いに答えよ。

(1) 2 回目の試行の後、箱の中のカードが 4 枚である確率を求めよ。

(2) 3 回目の試行で取り出したカードの番号が 3 である確率を求めよ。

(3) 3 回目の試行で取り出したカードの番号が 3 であるとき、1 回目の試行で取り出したカードの番号も 3 である確率を求めよ。　　　(奈良女子大)

ヒント! 難度は高くないが、場合分けをシッカリ行って確率を計算しよう。(1) 箱からとり出すカードが (偶, 奇) または (奇, 偶) となる確率だね。(2) は、(偶, 偶, ③), (偶, 奇, ③), (奇, 偶, ③), (奇, 奇, ③) の 4 通りに場合分けして確率を求めればいい。(3) では、事象 X：3 回目に取り出したカードが③、事象 Y：1 回目に取り出したカードが③として、条件付き確率 $P_X(Y) = \dfrac{P(X \cap Y)}{P(X)}$ を求めればいいんだね。

解答 & 解説

箱に入った、1 ～ 5 の番号の付いた 5 枚のカードから 1 枚のカードを取り出し、そのカードの番号が、

$\begin{cases}(\text{i}) \text{奇数ならば箱に戻し、} \\ (\text{ii}) \text{偶数ならば箱に戻さない。}\end{cases}$

この試行を 3 回繰り返す。

カードを 1 枚取り出し、カードの番号が
$\begin{cases}\text{・奇数なら戻し、} \\ \text{・偶数なら戻さない。}\end{cases}$

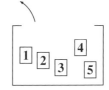

(1) 2 回目の試行後に、箱の中のカードが 4 枚である確率を Q とおくと、これは 2 回の試行で取り出したカードの番号が、(i)(偶数, 奇数) かまたは (ii)(奇数, 偶数) となる確率のことなので、

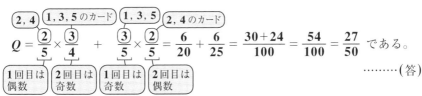

$$Q = \frac{2}{5} \times \frac{3}{4} + \frac{3}{5} \times \frac{2}{5} = \frac{6}{20} + \frac{6}{25} = \frac{30+24}{100} = \frac{54}{100} = \frac{27}{50} \text{ である。}$$

………(答)

(2) 事象 X:「3回目に取り出したカードの番号が3である」とおいて，

確率 $P(X)$ を求める。これは，(ⅰ)(偶数, 偶数, 3)，または(ⅱ)(偶数, 奇数, 3)，

または(ⅲ)(奇数, 偶数, 3)，または(ⅳ)(奇数, 奇数, 3)となる確率なので，

$$P(X) = \underbrace{\frac{2}{5} \times \frac{1}{4} \times \frac{1}{3}}_{(ⅰ)(偶, 偶, ③)} + \underbrace{\frac{2}{5} \times \frac{3}{4} \times \frac{1}{4}}_{(ⅱ)(偶, 奇, ③)} + \underbrace{\frac{3}{5} \times \frac{2}{5} \times \frac{1}{4}}_{(ⅲ)(奇, 偶, ③)} + \underbrace{\frac{3}{5} \times \frac{3}{5} \times \frac{1}{5}}_{(ⅳ)(奇, 奇, ③)}$$

$$= \frac{1}{30} + \frac{3}{40} + \frac{3}{50} + \frac{9}{125} = \frac{4+9}{120} + \frac{15+18}{250}$$

$$= \frac{13}{120} + \frac{33}{250} = \frac{13 \times 25 + 33 \times 12}{3000}$$

$$= \frac{325 + 396}{3000} = \frac{721}{3000} \quad である。\cdots\cdots① \quad\cdots\cdots\cdots\cdots\cdots\cdots\cdots\cdots（答）$$

(3) 事象 Y:「1回目に取り出したカードの番号が3である」とおいて，

条件付き確率 $P_X(Y) = \dfrac{P(X \cap Y)}{P(X)} \cdots\cdots②$ を求める。

ここで，確率 $P(X \cap Y)$ は，1回目と3回目に引いたカードの番号が共に3

であるので，これは，順に(ⅰ)(③, 偶数, ③)または，(ⅱ)(③, 奇数, ③)

となる確率である。よって，

$$P(X \cap Y) = \underbrace{\frac{1}{5} \times \frac{2}{5} \times \frac{1}{4}}_{(ⅰ)(③, 偶, ③)} + \underbrace{\frac{1}{5} \times \frac{3}{5} \times \frac{1}{5}}_{(ⅱ)(③, 奇, ③)}$$

$$= \frac{1}{50} + \frac{3}{125} = \frac{5+6}{250} = \frac{11}{250} \quad\cdots\cdots③ \quad である。$$

以上より，①と③を②に代入して，求める条件付き確率 $P_X(Y)$ は，

$$P_X(Y) = \left(\frac{\dfrac{11}{250}}{\dfrac{721}{3000}} \right) = \frac{11}{721} \times \frac{3000}{250} = \frac{11 \times 12}{721}$$

$$= \frac{132}{721} \quad である。\cdots\cdots\cdots\cdots\cdots\cdots\cdots\cdots\cdots\cdots\cdots\cdots\cdots\cdots\cdots\cdots（答）$$

テーマ

7
様々な確率計算

テーマ

8
確率と漸化式

テーマ

9
三角・指数・対数関数

直方体のサイコロの確率と整数問題

均質な材料で出来た直方体の各面に **1** から **6** までの数を一つずつ書いてサイコロの代わりにする (**1** の反対側が **6** とは限らない)。

ある数の出る確率が $\dfrac{1}{9}$ であり, 別のある数が出る確率が $\dfrac{1}{4}$ であるとする。さらに出る目の数の期待値が **3** であるとする。**3** の書かれている面の反対側の面に書かれている数は何か。　　　　　(名古屋大)

> **ヒント！**　**6** つの数のうち, a と b, c と d, e と f がそれぞれサイコロの反対側にあると考えるといいよ。当然, **6** つの数の和 $a+b+c+d+e+f=21$ となる。出る目の期待値が **3** より, 方程式がもう **1** つ作れるね。後は整数問題だから, 範囲を押さえるんだね。

解答 & 解説

6 つのサイコロの目の数を a, b, c, d, e, f とおき, a と b, c と d, e と f がそれぞれサイコロの反対側にあるとする。題意より a と b の出る確率を共に $\dfrac{1}{9}$, c と d の出る確率を共に $\dfrac{1}{4}$ とおくと,

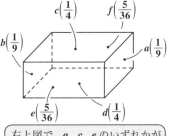

> 右上図で, a, c, e のいずれかが出る確率は $\dfrac{1}{2}$ だね。

$$\frac{1}{2}-\left(\frac{1}{9}+\frac{1}{4}\right)=\frac{18-(4+9)}{36}=\frac{5}{36}$$ となって, e と f の出る確率は共に $\dfrac{5}{36}$

となる。a, b, c, d, e, f は, **1** から **6** までの数のいずれかであるから,

$$\underline{a+b+c+d+e+f=21} \quad \cdots\cdots ①$$

> **1+2+3+4+5+6** の各項を並べかえたものの和だね。

また, 出る目の数の期待値が **3** より

> (確率変数)・(確率) の和

$$\frac{1}{9}(a+b)+\frac{1}{4}(c+d)+\frac{5}{36}(e+f)=3 \qquad$$ 両辺に **36** をかけて,

$$4(a+b)+\underbrace{9}(c+d)+5(e+f)=108$$
$$\boxed{4(c+d)+5(c+d)} \quad \boxed{4(e+f)+e+f}$$
$$4(\underbrace{a+b+c+d+e+f})+5(c+d)+(e+f)=108$$
$$\underset{\text{21 （①より）}}{}$$

これに①を代入して，

$$4\times 21+5(c+d)+(e+f)=108$$
$$5(c+d)+(e+f)=24 \quad \cdots\cdots ②$$

■ Baba のレクチャー

未知数 a, b, c, d, e, f の 6 つに対して，方程式は①，②の 2 つしか ないけれど，a, b, c, d, e, f が 1〜6 の整数のいずれかであるという 条件から，まず，$c+d$ のとり得る値の範囲を押さえることができる。

②より， $\boxed{\text{3 から 11 までの範囲内の数}}$

$$5(c+d)=24-(\boxed{(e+f)}) \quad \therefore 24-\boxed{11} \leq 5(c+d) \leq 24-\boxed{3} \text{ となる。}$$

②より， $5(c+d)=24-(e+f)$ $\boxed{(e, f)=(1, 2) \text{ のとき}}$ $\boxed{(e, f)=(5, 6) \text{ のとき}}$

ここで，e, f は 1，2，$\cdots$，6 のいずれかだから，$\boxed{3}\leq e+f\leq \boxed{11}$

$$\boxed{24-\boxed{11}} \quad \boxed{24-\boxed{3}}$$

よって，$\boxed{13}\leq 5(c+d)\leq \boxed{21}$ より， $\boxed{\text{範囲を押さえた！}}$

$$2.6\leq c+d\leq 4.2 \quad \therefore c+d=3 \text{ または } 4$$

ここで，$c+d=4$ のとき，②より，$e+f=4$ となって不適。

$\therefore c+d=3 \longleftarrow \boxed{(c, d)=(1, 2)}$

②より， $e+f=9$

①より， $a+b=9$

$\boxed{(e, f), (a, b) \text{ は，} (3, 6), (4, 5) \text{ いずれかだ！}}$

$\boxed{\text{1, 2, 3, 4, 5, 6 の 2 つの和が 4 となるものを 2 組つくることはできない！}}$

以上より，(a, b)，(e, f) の目の数の組は，$(3, 6)$ または $(4, 5)$ のいずれか となるので，いずれにしても 3 の目の反対側に書かれている目の数は 6 で ある。 $\cdots\cdots$(答)

テーマ

7
様々な確率計算

テーマ

8
確率と漸化式

テーマ

9
二項信数・対数信数

確率計算と"樹形図"の応用

4 枚 1 組のカードが 2 組ある。正しいサイコロを投げて，1，2，3，4 の目が出たときは枚数の多い組から，5，6 の目が出たときは枚数の少ない組からカードを 1 枚除く。ただし，2 組のカードの枚数が等しいときには，どちらの組から除いてもよい。このような試行を続けて，どちらか一方の組のカードが全部なくなったときに他方の組に残っているカードの枚数を X とする。確率変数 X の確率分布と期待値を求めよ。

(東北大)

Baba のレクチャー

これは典型的な確率の樹形図の問題で，模式図を使って解いていくと楽に解けるよ。でも，本当は，この"樹"という表現よりも，水（または川）の流れのようなものを連想してくれた方がいいと思う。

図アがその樹形図で，(4, 4) などは，2 組のカードの枚数を表す。

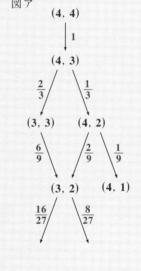

図ア

(ⅰ) $(4, 4) \xrightarrow{1} (4, 3)$ は

確率 1 で (4, 4) から (4, 3) に移行することを表し，それから，この 1 が $\frac{2}{3}$ と $\frac{1}{3}$ に分岐して流れ出ていくんだね。

(ⅱ) (3, 2) に対して，$\frac{6}{9}$ と $\frac{2}{9}$ の確率が流れ込んできて，それからこの $\frac{8}{9}$ が，$\frac{16}{27}$ と $\frac{8}{27}$ の確率に分岐して，流れ出ていってるね。

どう？　水の流れのように，確率が合流したり，分岐したりして動いていってるのが分かった？

解答＆解説

2組のカードの枚数を (a, b) で表す。

（ i ）確率 $\dfrac{\boxed{4}}{6} = \dfrac{2}{3}$ で，多い方 [1, 2, 3, 4 の目]

の組から 1 枚除き，

（ ii ）確率 $\dfrac{\boxed{2}}{6} = \dfrac{1}{3}$ で，少ない [5, 6 の目]

方の組から 1 枚除く。

どちらか一方の組がなくなったとき，他方の組に残っているカードの枚数を X で表す。このとき，2 組のカードの枚数の推移を図 1 に示す。

これから，X の確率分布は，次の通りである。

図 1　確率の流れ図

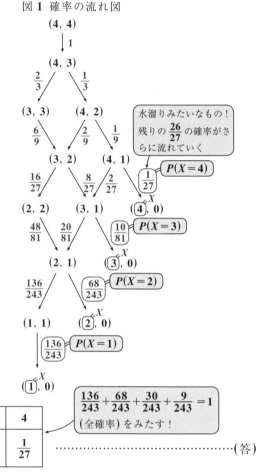

枚数 X	1	2	3	4
確率 P	$\dfrac{136}{243}$	$\dfrac{68}{243}$	$\dfrac{10}{81}$	$\dfrac{1}{27}$

……………………………………………（答）

次に，残っている枚数 (確率変数) X の期待値 $E(X)$ は，

$$E(X) = 1 \times \dfrac{136}{243} + 2 \times \dfrac{68}{243} + 3 \times \dfrac{10}{81} + 4 \times \dfrac{1}{27}$$

$$= \dfrac{136 + 136 + 90 + 36}{243} = \dfrac{398}{243}$$ ……………………（答）

　数式でゴリゴリ押していくばかりが数学じゃないんだよ。このように，樹形図を利用して，アッサリ解ける問題もあるんだね。面白かった？

テーマ

7
様々な確率計算

テーマ

8
確率と漸化式

テーマ

9
三角・指数・対数関数

反復試行の確率の応用

| 演習問題 35 | 難易度 ★★★★ | CHECK1 | CHECK2 | CHECK3 |

A と B の 2 人があるゲームを繰り返し行う。1 回ごとのゲームで A が B に勝つ確率は p，B が A に勝つ確率は $1-p$ であるとする。n 回目のゲームで初めて A と B の双方が 4 勝以上になる確率を x_n とする。

(1) x_n を p と n で表せ。

(2) $p = \dfrac{1}{2}$ のとき，x_n を最大にする n を求めよ。 (一橋大)

ヒント！ (1) $n \leqq 7$ のとき $x_n = 0$ となるのはいいね。そして，$n \geqq 8$ のとき初めて A，B 共に 4 勝以上となる場合としては，(ⅰ) n 回目に A が 4 勝目となるか，(ⅱ) n 回目に B が 4 勝目となるの 2 つがあることに注意しよう。(2) では，$\dfrac{x_{n+1}}{x_n}$ を計算して，これと 1 との大小を比較すればいいね。頑張って，解いてみよう！

解答 & 解説

(1) A，B 2 人がゲームをして，1 回ごとのゲームで

A が勝つ確率を p，B が勝つ確率を $1-p$ $(0 \leqq p \leqq 1)$ とおく。

ここで，n 回目のゲームで初めて A，B 共に 4 勝以上となる確率を x_n $(n = 1, 2, \cdots)$ とおくと，

(Ⅰ) $n \leqq 7$ のとき，A，B が共に 4 勝以上となることはないので，

$x_n = 0$ となる。

(Ⅱ) $8 \leqq n$ のとき，

　　　　　　　　　　　　　　$\boxed{\text{B は 4 勝以上}}$

(ⅰ) $n-1$ 回までに A が 3 勝，B が $n-4$ 勝し，

n 回目に A が 4 勝目をあげる場合と，

　　　　　　　　　　　　　　$\boxed{\text{A は 4 勝以上}}$

(ⅱ) $n-1$ 回までに A が $n-4$ 勝，B が 3 勝し，

n 回目に B が 4 勝目をあげる場合とがあるので，

求める x_n は，

$$x_n = \underbrace{{}_{n-1}C_3 p^3 \cdot (1-p)^{n-4}}_{\substack{(\text{ⅰ})\ n-1 \text{回目までに} \\ \text{A が 3 勝，B が } n-4 \text{勝}}} \cdot \underbrace{p}_{\substack{n \text{回目に} \\ \text{A が 4 勝目}}} + \underbrace{{}_{n-1}C_{n-4} p^{n-4} \cdot (1-p)^3}_{\substack{(\text{ⅱ})\ n-1 \text{回目までに} \\ \text{A が } n-4 \text{勝，B が 3 勝}}} \cdot \underbrace{(1-p)}_{\substack{n \text{回目に} \\ \text{B が 4 勝目}}}$$

となる。

ここで，$_{n-1}C_3 = {}_{n-1}C_{n-4} = \dfrac{(n-1)!}{3! \cdot (n-4)!} = \dfrac{(n-1)(n-2)(n-3)}{6}$ より，

$$x_n = \frac{1}{6}(n-1)(n-2)(n-3)\{p^4(1-p)^{n-4} + p^{n-4}(1-p)^4\}$$

以上（Ⅰ）（Ⅱ）より，

$$x_n = \begin{cases} 0 & (n \leqq 7 \text{ のとき}) \\ \dfrac{1}{6}(n-1)(n-2)(n-3)\{p^4(1-p)^{n-4} + p^{n-4}(1-p)^4\} & (8 \leqq n \text{ のとき}) \end{cases}$$

$\cdots\cdots\cdots$（答）

(2) $p = \dfrac{1}{2}$ のとき，x_n を最大にする n の値を求める。

当然 $n \geqq 8$ のときを考えればいいので，(1) の結果より，

$$x_n = \frac{1}{6}(n-1)(n-2)(n-3)\left\{\left(\frac{1}{2}\right)^4 \cdot \left(\frac{1}{2}\right)^{n-4} + \left(\frac{1}{2}\right)^{n-4} \cdot \left(\frac{1}{2}\right)^4\right\}$$

$\boxed{\left(\dfrac{1}{2}\right)^n + \left(\dfrac{1}{2}\right)^n = 2\left(\dfrac{1}{2}\right)^n = \dfrac{1}{2^{n-1}}}$

$$\therefore x_n = \frac{(n-1)(n-2)(n-3)}{3 \cdot 2^n} \quad (n = 8, 9, 10, \cdots) \text{ となる。}$$

ここで，$\dfrac{x_{n+1}}{x_n}$ を求めると，

$$\frac{x_{n+1}}{x_n} = \frac{\dfrac{n(n-1)(n-2)}{3 \cdot 2^{n+1}}}{\dfrac{(n-1)(n-2)(n-3)}{3 \cdot 2^n}} = \frac{\boxed{n-3+3} = \boxed{n}}{2(n-3)}$$

$$= \frac{1}{2}\left(1 + \frac{3}{n-3}\right) < 1$$

$\boxed{n=8 \text{ のとき } \dfrac{x_{n+1}}{x_n} \text{ は最大値 } \dfrac{1}{2} \cdot \left(1 + \dfrac{3}{5}\right) = \dfrac{1}{2} \cdot \dfrac{8}{5} = \dfrac{4}{5} \text{ となるが，これでも } 1 \text{ より小だからね。}}$

$\therefore n = 8, 9, 10 \cdots$ のとき常に $\dfrac{x_{n+1}}{x_n} < 1$ より，$\underline{x_n > x_{n+1}}$ となる。

$\boxed{\text{つまり，} x_8 > x_9 > x_{10} > x_{11} > x_{12} > \cdots \text{ということ}}$

以上より，x_n を最大にする n の値は，$n = 8$ である。 $\cdots\cdots\cdots\cdots$（答）

独立・反復試行の確率の応用

座標平面上の原点から次の規則で動く。

格子点(原点を含む)ではコインを投げ，表がでれば x 軸の正の方向に 1，裏がでれば y 軸の正の方向に 1 進む。

コインを N 回投げ，長さ N だけ進むあいだに，直線 $x=2$ 上を長さ 1 以上通過する確率を P_N とする。このとき次の問いに答えよ。ただし，コインの表がでる確率，裏がでる確率はいずれも $\dfrac{1}{2}$ とする。また，格子点とは x 座標と y 座標がともに整数となる点のことである。

(1) P_4 を求めよ。　　　(2) P_N $(N \geqq 3)$ を求めよ。　　　(北海道大＊)

ヒント！ (1) コインを 4 回投げる間に直線 $x=2$ 上を長さ 1 以上通過すればいいんだね。(2) では，k 回目までに，点 $(1,\ k-1)$ に移動し，それから，表・裏の順に出れば $x=2$ 上を長さ 1 だけ必ず通過する。

解答&解説

　[Head (表) の頭文字]　　[Tail (裏) の頭文字]

コインを投げて，表が出れば **H**，裏が出れば **T** と表すことにする。

(1) 4 回コインを投げて，動点が直線 $x=2$ 上を長さ 1 以上通過する場合を下に示す。

(ⅰ) HHT　　　　　(ⅱ) HTHT　　　　　(ⅲ) THHT

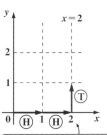
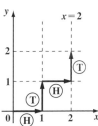
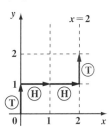

4 回目は，**H**，**T** どちらでもかまわない。

以上 (ⅰ)(ⅱ)(ⅲ) より，求める確率 P_4 は，

$$P_4 = \underbrace{\left(\dfrac{1}{2}\right)^3}_{(ⅰ)} + \underbrace{\left(\dfrac{1}{2}\right)^4}_{(ⅱ)} + \underbrace{\left(\dfrac{1}{2}\right)^4}_{(ⅲ)} = \dfrac{1}{8} + \dfrac{1}{16} + \dfrac{1}{16} = \dfrac{1}{4} \quad\cdots\cdots\cdots\cdots\cdots(答)$$

(2) 右に示すように，$k+2$ 回目にコインを投げた時点で，動点がはじめて直線 $x=2$ 上を長さ 1 だけ通過する場合を考える。そのためには，

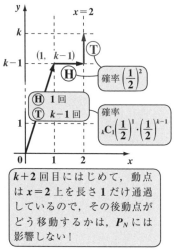

(i) はじめの k 回中，1 回だけ H，残り $k-1$ 回は T が出て，動点がまず，点 $(1,\ k-1)$ に移動する。

(ii) その後，コインが H，T の順に出て，$k+2$ 回目に動点は，$x=2$ 上をはじめて 1 だけ通過すればいい。

> $k+2$ 回目にはじめて，動点は $x=2$ 上を長さ 1 だけ通過しているので，その後動点がどう移動するかは，P_N には影響しない！

以上（i）（ii）より，$k+2$ 回目にはじめて動点が $x=2$ 上を長さ 1 だけ通過する確率を $q_k\ (k=1,\ 2,\ \cdots,\ N-2)$ とおくと，

$$q_k=\underbrace{{}_kC_1\left(\frac{1}{2}\right)^1\cdot\left(\frac{1}{2}\right)^{k-1}}_{(i)}\times\underbrace{\left(\frac{1}{2}\right)^2}_{(ii)}=k\left(\frac{1}{2}\right)^{k+2}\quad(k=1,\ 2,\ \cdots,\ N-2)$$

よって，N 回目までに，動点が $x=2$ 上を長さ 1 以上通過する確率 P_N は，

$$P_N=\sum_{k=1}^{N-2}q_k=\sum_{k=1}^{N-2}\underbrace{k}_{等差}\cdot\underbrace{\left(\frac{1}{2}\right)^{k+2}}_{等比}$$

> 等差数列と等比数列の積の $\sum$ 計算だ。等比数列の公比 $\frac{1}{2}$ を P_N にかけたものを，P_N から引けばいい。

$$P_N=1\cdot\left(\frac{1}{2}\right)^3+2\cdot\left(\frac{1}{2}\right)^4+3\cdot\left(\frac{1}{2}\right)^5+\cdots\cdots+(N-2)\cdot\left(\frac{1}{2}\right)^N\quad\cdots\cdots\cdots\cdots\cdots①$$

$$\underset{公比}{\frac{1}{2}}P_N=\qquad 1\cdot\left(\frac{1}{2}\right)^4+2\cdot\left(\frac{1}{2}\right)^5+\cdots\cdots+(N-3)\left(\frac{1}{2}\right)^N+(N-2)\left(\frac{1}{2}\right)^{N+1}\cdots②$$

（①－②）×2 より，

$$\frac{a(1-r^{N-2})}{1-r}=\frac{\left(\frac{1}{2}\right)^3\left\{1-\left(\frac{1}{2}\right)^{N-2}\right\}}{1-\frac{1}{2}}=\frac{1}{4}-\left(\frac{1}{2}\right)^N$$

> 等比数列の和が出てくる。

$$P_N=2\left\{\boxed{\left(\frac{1}{2}\right)^3+\left(\frac{1}{2}\right)^4+\left(\frac{1}{2}\right)^5+\cdots\cdots+\left(\frac{1}{2}\right)^N}-(N-2)\left(\frac{1}{2}\right)^{N+1}\right\}$$

$$P_N=2\left\{\frac{1}{4}-\left(\frac{1}{2}\right)^N-\frac{N-2}{2}\left(\frac{1}{2}\right)^N\right\}=\frac{1}{2}-\frac{N}{2^N}\quad\cdots\cdots\cdots\cdots\cdots(答)$$

テーマ
7
様々な確率計算

テーマ
8
確率と漸化式

テーマ
9
三角・指数・対数関数

期待値の発展問題

演習問題 37	難易度 ★★★★★	CHECK*1*	CHECK*2*	CHECK*3*

　A，B の二人がじゃんけんをして，グーで勝てば 3 歩，チョキで勝てば 5 歩，パーで勝てば 6 歩進む遊びをしている。1 回のじゃんけんで A の進む歩数から B の進む歩数を引いた値の期待値を E とする。

(1) B がグー，チョキ，パーを出す確率がすべて等しいとする。

　　A がどのような確率でグー，チョキ，パーを出すとき，E の値は最大となるか。

(2) B がグー，チョキ，パーを出す確率の比が $a:b:c$ であるとする。

　　A がどのような確率でグー，チョキ，パーを出すならば，任意の a，b，c に対し $E \geqq 0$ となるか。　　　　　　　　　　　（東京大）

ヒント！ これは，子供の頃にやったジャンケン遊びの一つだね。グーで勝てば，グ・リ・コの 3 歩，チョキで勝てば，チョ・コ・レ・ー・トの 5 歩。パーで勝てば，パ・イ・ナッ・プ・ルの 6 歩進めるゲームなんだね。(1) では，相手の B がグー・チョキ・パーをすべて等確率で出すんだけど，(2) では，その確率を任意に変えてくる。さァ，どう考えるかだね。でも，いずれにせよ，まず確率分布から期待値を求めることが先決だ！

解答 & 解説

A がグー，チョキ，パーを出す確率を，それぞれ p，q，r とおく。

$p+q+r=1$ $（0 \leqq p \leqq 1,\ 0 \leqq q \leqq 1,\ 0 \leqq r \leqq 1）$ ……①

(1) B がグー，チョキ，パーを出す確率がすべて $\dfrac{1}{3}$ で等しいとき，1 回のジャンケンで，確率変数 X を，

　　$X = (\text{A の進む歩数}) - (\text{B の進む歩数})$

と定義すると，その確率分布は次のようになる。

変数 X	-6	-5	-3	0	3	5	6
確率 P	$\dfrac{p}{3}$	$\dfrac{r}{3}$	$\dfrac{q}{3}$	$\dfrac{p}{3}+\dfrac{q}{3}+\dfrac{r}{3}$	$\dfrac{p}{3}$	$\dfrac{q}{3}$	$\dfrac{r}{3}$

A:	グー	パー	チョキ	{ グー	チョキ	パー	グー	チョキ	パー
B:	パー	チョキ	グー	{ パー	チョキ	パー	チョキ	パー	グー

これより, X の期待値 E は,

$$E = -6 \times \frac{p}{3} + (-5) \times \frac{r}{3} + (-3) \times \frac{q}{3} + 3 \times \frac{p}{3} + 5 \times \frac{q}{3} + 6 \times \frac{r}{3}$$

$$= -p + \frac{2}{3}q + \frac{1}{3}r \quad \cdots\cdots ②$$

Baba のレクチャー

　A は, グー・チョキ・パーを出す確率 p, q, r を, ①をみたす範囲で自由に変更できるんだね。だから, E を最大にするには, ②の p の係数が -1 なので, $p=0$ として, マイナスにならないようにしないといけないね。次に, q と r だけど, r の係数 $\frac{1}{3}$ より q の係数 $\frac{2}{3}$ の方が大きいので, 結局チョキを出す確率 $q=1$ としたとき, E は最大となるんだね。

　これは, A が,

(ⅰ) グーを出すと, 勝っても $+3$ 歩, 負ければ -6 歩となり最悪!

(ⅱ) パーを出すと, 勝ったら $+6$ 歩と大きく進めるけど, 負けたら -5 歩と傷手も大きいね。これらに対して,

(ⅲ) チョキだと, 勝ったら $+5$ 歩, 負けても -3 歩と一番有利になるからなんだね。

だから, チョキ, チョキ, チョキ, ………と, チョキを出し続ければいい!

①より, $r = 1 - p - q$　　これを②に代入して,

$$E = -p + \frac{2}{3}q + \frac{1}{3}(1 - p - q) = -\frac{4}{3}p + \frac{1}{3}q + \frac{1}{3} = \frac{1}{3}(-4p + q + 1)$$

よって, E を最大にする p, q, r の値は, $p=0$, $q=1$, $r=0$ ………(答)

(2) B がグー, チョキ, パーを出す確率そのものを, a, b, c とおくことにする。

$$\therefore a + b + c = 1 \quad (0 \leqq a \leqq 1,\ 0 \leqq b \leqq 1,\ 0 \leqq c \leqq 1) \quad \cdots\cdots ③$$

（ここで, a, b, c は任意）　←── a, b, c は自由に変化する!

(1) と同様に，確率変数 X の確率分布を下に示す。

変数 X	-6	-5	-3	0	3	5	6
確率 P	cp	br	aq	$ap+bq+cr$	bp	cq	ar

A:	グー	パー	チョキ	$\begin{cases}グー\\グー\end{cases}$	$\begin{cases}チョキ\\チョキ\end{cases}$	$\begin{cases}パー\\パー\end{cases}$	グー	チョキ	パー
B:	パー	チョキ	グー				チョキ	パー	グー

これより，X の期待値 E は，

$$E = -6 \times cp + (-5) \times br + (-3) \times aq + 3 \times bp + 5 \times cq + 6 \times ar$$

ここで，B は，グー，チョキ，パーを出す確率 a, b, c を，③をみたす範囲で自由に変えられるので，E を a, b, c でまとめて表すと，

$$E = 3(2r-q)a + (3p-5r)b + (5q-6p)c$$

Baba のレクチャー

　a, b, c の各係数 $3(2r-q)$, $3p-5r$, $5q-6p$ のうち，いずれか 1 つでも負のものがあれば，B はそこに全確率 1 をもってきて，$E<0$ としてしまうので，$E \geqq 0$ とするためには，a, b, c の各係数をすべて 0 以上にする必要があるね。逆にこれら各係数がすべて 0 以上ならば，$E \geqq 0$ だね。

a, b, c は任意より，$E \geqq 0$ となるための条件は，

$$\begin{cases} 2r-q \geqq 0 & \cdots\cdots④ \\ 3p-5r \geqq 0 & \cdots\cdots⑤ \\ 5q-6p \geqq 0 & \cdots\cdots⑥ \end{cases}$$

$\longrightarrow \dfrac{q}{2} \leqq r$

$\longrightarrow r \leqq \dfrac{3}{5}p$

$\longrightarrow p \leqq \dfrac{5}{6}q$ より，$\dfrac{3}{5}p \leqq \dfrac{3}{5} \times \dfrac{5}{6}q = \dfrac{q}{2}$

以上④，⑤，⑥より，$\dfrac{q}{2} \leqq r \leqq \dfrac{3}{5}p \leqq \dfrac{q}{2}$

> 同じ $\dfrac{q}{2}$ ではさまれたので，すべて等しくなる。
> つまり，$E>0$ はなく，$E=0$ しかできないということ！

よって，$\dfrac{q}{2} = r = \dfrac{3}{5}p$

これと①を連立させて，

$$p = \frac{5}{14}, \quad q = \frac{3}{7}, \quad r = \frac{3}{14} \quad\cdots\cdots\cdots(答)$$

> $q=2r$, $p=\dfrac{5}{3}r$ を①に代入して，
> $\dfrac{5}{3}r + 2r + r = \dfrac{14}{3}r = 1$ ……①
> $\therefore r = \dfrac{3}{14}$　よって，
> $q = 2 \cdot \dfrac{3}{14}$, $p = \dfrac{5}{3} \cdot \dfrac{3}{14}$ だね。

確率と漸化式

● **確率と漸化式では，模式図を利用しよう！**

　前回の "様々な確率計算" に続き，今回は "**確率と漸化式**" について解説しよう。これも，東京大・京都大・一橋大などの難関大が好んで出題してくる分野なので，特に力を入れて勉強しておくといいよ。

　"確率と漸化式" の問題は，n 回目に事象 A の起こる確率 $P_n(A)$ を求めさせるもので，本質的には，次のように n 回目と $n+1$ 回目の模式図を使って計算すればいいんだね。

模式図

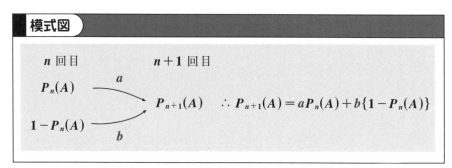

　ここで具体的に扱うテーマは次の通りだ。

(1) 確率と漸化式の標準問題 (I), (II)
(2) 確率と漸化式の動点への応用

(1) は上智大と一橋大の問題で "**確率と漸化式**" の標準的な問題だ。ただし，前者では条件付き確率の計算に注意し，後者では n が定数扱いであることに気を付けよう。

(2) の動点への応用問題として，東京大と名古屋大の問題を解説しよう。難問ではないけれど，変数がたく山出てくるので大変かも知れないね。でも，うまく変形して最終的に $F(n+1)=r\cdot F(n)$ の形にもち込むことがポイントだ。チャレンジしてごらん。

テーマ

7

様々な確率計算

テーマ

8

確率と漸化式

テーマ

9

三角・指数・対数関数

確率と漸化式の標準問題（Ⅰ）

ある食堂はランチとして A 定食か B 定食のいずれか一方を提供する。A 定食を提供した次の営業日は等しい確率で A 定食か B 定食のどちらかを提供し、B 定食を提供した次の営業日は必ず A 定食を提供する。1 日目には A 定食を提供することがわかっているとする。n 日目に A 定食が提供される確率を $P_n(n=1, 2, 3, \cdots)$ とおく。このとき、次の各問いに答えよ。

(1) P_1, P_2, P_3 の値を求めよ。

(2) $P_n(n=1, 2, 3, \cdots)$ を n の式で表せ。

(3) 6 日目に A 定食が提供されたことがわかっているという条件のもとで、3 日目にも A 定食が提供されていた条件付き確率を求めよ。

（上智大＊）

ヒント！ (1) は易しい。(2) $P_1=1$ であり、n 日目に A 定食が提供される確率は P_n、B 定食が提供される確率は $1-P_n$ である。これから、模式図を用いて、P_{n+1} と P_n の関係式 (漸化式) を導いて、これを解けばいい。(3) は、条件付き確率の問題で、(2) の結果を利用して、注意しながら解いていこう。

解答＆解説

(1) n 日目に A 定食が提供される確率を $P_n(n=1, 2, 3, \cdots)$ とおくと、

　・1 日目に A 定食は提供されるので、$P_1=1$ である。 …………………(答)

　・2 日目に A 定食が提供される確率 P_2 は、1 日目に A 定食が提供された翌営業日 (2 日目) に A 定食が提供される確率は $\dfrac{1}{2}$ より、

$$P_2 = 1 \times \frac{1}{2} = \frac{1}{2} \text{である。}$$　…………………………………………(答)

　・3 日目に A 定食が提供される確率 P_3 は、3 日間に提供される定食は、(A, A, A) または (A, B, A) より、

$$P_3 = \underbrace{1 \times \frac{1}{2} \times \frac{1}{2}}_{(A, A, A)} + \underbrace{1 \times \frac{1}{2} \times 1}_{(A, B, A)} = \frac{1}{4} + \frac{1}{2} = \frac{3}{4} \text{である。}$$　…………(答)

(2) 第 n 日目に A または B 定食が提供された翌営業日 (第 $n+1$ 日) 目に A 定食が提供される確率 P_{n+1} は、次の模式図を利用して、P_n で次のように表される。

第 n 日目　　　　　第 $n+1$ 日目

P_n（A 定食）　$\dfrac{1}{2}$

　　　　　　　P_{n+1}（A 定食）　$\therefore P_{n+1} = \dfrac{1}{2} \times P_n + 1 \times (1 - P_n)$ ……①

$1 - P_n$（B 定食）　1

よって，①より，

$P_{n+1} = -\dfrac{1}{2}P_n + 1$ ……② $(n = 1,\ 2,\ 3,\ \cdots)$ となる。

②を変形して，

$P_{n+1} - \dfrac{2}{3} = -\dfrac{1}{2}\left(P_n - \dfrac{2}{3}\right)$

$\left[F(n+1) = -\dfrac{1}{2} \cdot F(n) \right]$

アッという間！

$P_n - \dfrac{2}{3} = \left(P_1 - \dfrac{2}{3}\right) \cdot \left(-\dfrac{1}{2}\right)^{n-1}$ ……③

$\left[F(n) = F(1) \cdot \left(-\dfrac{1}{2}\right)^{n-1} \right]$

③に $P_1 = 1$ を代入すると，第 n 日目に A 定食が提供される確率 P_n は，

$P_n = \dfrac{1}{3} \cdot \left(-\dfrac{1}{2}\right)^{n-1} + \dfrac{2}{3}$ ……④ $(n = 1,\ 2,\ 3,\ \cdots)$ となる。………（答）

(3) 事象 X：「第 6 日目に A 定食が提供される」

　　事象 Y：「第 3 日目に A 定食が提供される」とおいて，

　　条件付き確率 $P_X(Y) = \dfrac{P(X \cap Y)}{P(X)}$ ……⑤ を求める。

　　④を用いて，$P(X)$ と $P(X \cap Y)$ を求めると，

$P(X) = P_6 = \dfrac{1}{3} \cdot \left(-\dfrac{1}{2}\right)^{6-1} + \dfrac{2}{3} = \dfrac{1}{3} \times \left(-\dfrac{1}{32}\right) + \dfrac{2}{3} = \dfrac{64-1}{96} = \dfrac{63}{96} = \dfrac{21}{32}$ ……⑥

$P(X \cap Y) = P_3 \times P_4 = \left\{ \dfrac{1}{3} \cdot \left(-\dfrac{1}{2}\right)^2 + \dfrac{2}{3} \right\} \times \left\{ \dfrac{1}{3} \times \left(-\dfrac{1}{2}\right)^3 + \dfrac{2}{3} \right\} = \dfrac{3}{4} \times \dfrac{5}{8} = \dfrac{15}{32}$ ……⑦

ここで，$P(X \cap Y) = P_3 \times P_3$ とするのは間違いだね。

1日　2日　3日　4日　5日　6日
　　　　　　A　　　　　　A

3日目にAとなる確率は P_3

3日目を第1日目と考えると，6日目は第4日目となるので，確率は P_4 だね。

$\therefore$ ⑥，⑦を⑤に代入して，$P_X(Y) = \dfrac{P(X \cap Y)}{P(X)} = \dfrac{15}{21}$ 〔分子・分母に32をかけた。〕 $= \dfrac{5}{7}$ である。…（答）

確率と漸化式の標準問題（Ⅱ）

n を 2 以上の整数とする。最初，A さんは白玉だけを n 個持ち，B さんは赤玉を 1 個と白玉を $n-1$ 個持つ。A さんと B さんは，次の順で 1 回分の玉のやりとりを行う。ただし，(i) と (ii) を合わせて 1 回とする。

(i) A さんは，B さんの持っている n 個の玉の中から無作為に 1 個を取り出し，自分の持ち玉に加える。

(ii) 次に，B さんは A さんの持っている $n+1$ 個の玉の中から無作為に 1 個を取り出し，自分の持ち玉に加える。

k を 1 以上の整数とする。上のやりとりを k 回繰り返し行ったとき，A さんが赤玉を持っている確率を p_k とする。

(1) p_3 を n で表せ。　　(2) p_k を n と k で表せ。　　（一橋大）

> **ヒント！** 初め（$k=0$ のとき）A は赤玉をもっていないので，$p_k=0$ だね。そして，(i)k 回目に A が赤玉をもち，かつ $k+1$ 回目も A が赤玉をもつ確率と，(ii)k 回目に A が赤玉をもたず $k+1$ 回目に赤玉をもつ確率をそれぞれ求め，p_k と p_{k+1} の関係式（漸化式）を導けばいいんだね。その際，n は定数であることに要注意だよ。

解答＆解説

初めに，A は，白玉 n 個をもち，

　　　　B は，赤玉 1 個と白玉 $n-1$ 個をもつ。

よって，初め（$k=0$）のときに，A が赤玉をもつ確率 $p_0=0$ となる。

（Ⅰ）k 回目の試行後に A が赤玉をもっている状態から，$k+1$ 回目も赤玉をもつ確率は，図 1 に示すように，

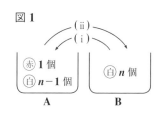

図 1

　　(i) $\dfrac{n}{n}$ の確率で，A は B から，白玉を 1 個取り，かつ

　　(ii) $\dfrac{n}{n+1}$ の確率で，B は A から，白玉を 1 個取るので，

$$\frac{n}{n} \times \frac{n}{n+1} = \underline{\underline{\frac{n}{n+1}}} \quad \text{となる。}$$

（Ⅱ）k 回目の試行後に，A が赤玉を持っていない状態から，$k+1$ 回目に赤玉を持つ確率は，図 2 に示すように，

図 2

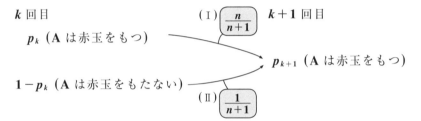

（ⅰ）$\dfrac{1}{n}$ の確率で，A は B から赤玉を 1 個取り，かつ

（ⅱ）$\dfrac{n}{n+1}$ の確率で，B は A から白玉を 1 個取るので，

$$\frac{1}{n} \times \frac{n}{n+1} = \underline{\underline{\frac{1}{n+1}}} \quad \text{となる。}$$

以上より，k 回目と $k+1$ 回目の試行後の状態を模式図で示すと，

k 回目

p_k（A は赤玉をもつ）

（Ⅰ）$\dfrac{n}{n+1}$　$k+1$ 回目

p_{k+1}（A は赤玉をもつ）

$1-p_k$（A は赤玉をもたない）

（Ⅱ）$\dfrac{1}{n+1}$

となる。よって，

$$p_{k+1} = \frac{n}{n+1} p_k + \frac{1}{n+1}(1-p_k)$$

以上より，確率の数列 $\{p_k\}$ は，次の漸化式によって定まる。

$$p_0 = 0, \quad p_{k+1} = \frac{n-1}{n+1} p_k + \frac{1}{n+1} \quad \cdots\cdots① \quad (k=0,\ 1,\ 2,\ \cdots)$$

> ここで，n は定数なので，たとえば $n=10$ のとき，①は $p_{k+1} = \dfrac{9}{11} p_k + \dfrac{1}{11}$ ということなんだ。混乱しないようにしよう！

(1) $k=0$ のとき，①より，$p_1 = \dfrac{n-1}{n+1}\underset{p_0}{\cancel{(0)}} + \dfrac{1}{n+1} = \dfrac{1}{n+1}$ となる。

$k=1$ のとき，①より，$p_2 = \dfrac{n-1}{n+1}\cdot\underset{p_1}{\boxed{\dfrac{1}{n+1}}} + \dfrac{1}{n+1}$

$$= \dfrac{2n}{(n+1)^2} \text{ となる。}$$

$k=2$ のとき，①より，

$$p_3 = \dfrac{n-1}{n+1}\cdot\underset{p_2}{\boxed{\dfrac{2n}{(n+1)^2}}} + \dfrac{1}{n+1} = \dfrac{2n(n-1)+(n+1)^2}{(n+1)^3} = \dfrac{3n^2+1}{(n+1)^3}$$

⋯⋯⋯(答)

(2) $p_{k+1} = \dfrac{n-1}{n+1}p_k + \dfrac{1}{n+1}$ ⋯⋯① を変形して，

$$p_{k+1} - \dfrac{1}{2} = \dfrac{n-1}{n+1}\left(p_k - \dfrac{1}{2}\right)$$

$$\left[F(k+1) = \dfrac{n-1}{n+1}\cdot F(k)\right]$$

$\boxed{公比\ r}$

$\boxed{特性方程式}$

$x = \dfrac{n-1}{n+1}x + \dfrac{1}{n+1}$

$\dfrac{2}{n+1}x = \dfrac{1}{n+1}$

$\therefore x = \dfrac{1}{2}$

$\boxed{アッという間}$

$$p_k - \dfrac{1}{2} = \left(\overset{0}{\cancel{p_0}} - \dfrac{1}{2}\right)\cdot\left(\dfrac{n-1}{n+1}\right)^k$$

$$\left[\ F(k) = \quad F(0) \quad \cdot\left(\dfrac{n-1}{n+1}\right)^k\right]$$

ここで，$p_0 = 0$ より

$$p_k = \dfrac{1}{2}\left\{1 - \left(\dfrac{n-1}{n+1}\right)^k\right\} \quad (k=0,\ 1,\ 2,\ \cdots) \text{となる。} \cdots\cdots(答)$$

　計算が意外とやりづらかったかも知れないね。落ち着いて正確に答えが出せるようになるまで，シッカリ練習してくれ。

確率と漸化式の動点への応用

正四面体の各頂点を A_1, A_2, A_3, A_4 とする。ある頂点にいる動点 X は, 同じ頂点にとどまることなく, 1 秒ごとに他の 3 つの頂点に同じ確率で移動する。X が A_i に n 秒後に存在する確率を $P_i(n)$ $(n = 0, 1, 2, \cdots\cdots)$ で表す。

$P_1(0) = \dfrac{1}{4}$, $P_2(0) = \dfrac{1}{2}$, $P_3(0) = \dfrac{1}{8}$, $P_4(0) = \dfrac{1}{8}$ とするとき,

$P_1(n)$ と $P_2(n)$ $(n = 0, 1, 2, \cdots\cdots)$ を求めよ。　　（東京大）

ヒント! 確率と漸化式の問題だから, $P_i(n)$ と $P_j(n+1)$ との間の関係を模式図を作って求めればいいんだね。変数の数は多いけれど, 比較的楽に $F(n+1) = r \cdot F(n)$ の形にもち込めるよ。頑張ろうな！

解答＆解説

右図より, n 秒後に A_2, A_3, または A_4 にあった動点 X は, $\dfrac{1}{3}$ の確率で, $n+1$ 秒後に A_1 に移動するので, この確率の関係を模式図で示すと次のようになる。

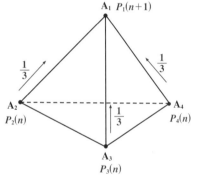

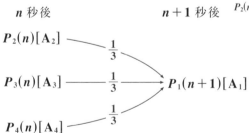

よって, $P_1(n+1) = \dfrac{1}{3} P_2(n) + \dfrac{1}{3} P_3(n) + \dfrac{1}{3} P_4(n)$

$$P_1(n+1) = \frac{1}{3} \{ P_2(n) + P_3(n) + P_4(n) \} \quad \cdots\cdots ①$$
$$(n = 0, 1, 2, \cdots\cdots)$$

ここで，　$P_1(n) + P_2(n) + P_3(n) + P_4(n) = 1$ ……② 　より，

$P_2(n) + P_3(n) + P_4(n) = 1 - P_1(n)$ ……③

③を①に代入して，

$P_1(n+1) = \dfrac{1}{3}\{1 - P_1(n)\}$

$P_1(n+1) = -\dfrac{1}{3}P_1(n) + \dfrac{1}{3}$

> 特性方程式
> $x = -\dfrac{1}{3}x + \dfrac{1}{3}$
> $\dfrac{4}{3}x = \dfrac{1}{3}$ 　∴ $x = \dfrac{1}{4}$

これを変形して，

$P_1(n+1) - \dfrac{1}{4} = -\dfrac{1}{3}\left\{P_1(n) - \dfrac{1}{4}\right\}$ 　$\left[F(n+1) = -\dfrac{1}{3}F(n)\right]$

アッ！

$P_1(n) - \dfrac{1}{4} = \left\{\underbrace{P_1(0)}_{\frac{1}{4}} - \dfrac{1}{4}\right\}\left(-\dfrac{1}{3}\right)^n$ 　$\left[F(n) = F(0)\cdot\left(-\dfrac{1}{3}\right)^n\right]$

ここで，$P_1(0) = \dfrac{1}{4}$ より，$P_1(n) = \dfrac{1}{4}$ $(n = 0, 1, \cdots\cdots)$ ……………………(答)

$P_2(n+1)$ についても同様に，

$P_2(n+1) = \dfrac{1}{3}\underbrace{\{P_1(n) + P_3(n) + P_4(n)\}}_{\{1 - P_2(n)\}\,(②より)}$

> n 秒後 　　　$n+1$ 秒後
> $P_1(n) \xrightarrow{\frac{1}{3}}$
> $P_3(n) \xrightarrow{\frac{1}{3}} P_2(n+1)$
> $P_4(n) \xrightarrow{\frac{1}{3}}$

$P_2(n+1) = -\dfrac{1}{3}P_2(n) + \dfrac{1}{3}$

> 上の $\{P_1(n)\}$ と同じ形の漸化式だか
> ら，特性方程式の解 $\dfrac{1}{4}$ も同じ！

よって，

$P_2(n+1) - \dfrac{1}{4} = -\dfrac{1}{3}\left\{P_2(n) - \dfrac{1}{4}\right\}$ 　$\left[F(n+1) = -\dfrac{1}{3}F(n)\right]$

アッ！

$P_2(n) - \dfrac{1}{4} = \left\{\underbrace{P_2(0)}_{\frac{1}{2}} - \dfrac{1}{4}\right\}\left(-\dfrac{1}{3}\right)^n$ 　$\left[F(n) = F(0)\cdot\left(-\dfrac{1}{3}\right)^n\right]$

も同じ！

これだけ違う！

$P_2(0) = \dfrac{1}{2}$ より，

∴ $P_2(n) = \dfrac{1}{4}\left(-\dfrac{1}{3}\right)^n + \dfrac{1}{4}$ $(n = 0, 1, 2, \cdots\cdots)$ ……………………………(答)

　数直線上の原点 0 から出発して，硬貨を投げながら駒を整数点上動かすゲームを考える。毎回硬貨を投げて表が出れば $+1$，裏が出れば -1，それぞれ駒を進めるとする。ただし，点 -1 または点 3 に着いたときは以後そこにとどまるものとする。

(1) k 回目に硬貨を投げたあと，駒が点 1 にある確率を求めよ。

(2) k 回目に硬貨を投げたあと，駒がある点 X_k の期待値 $E(X_k)$ を求めよ。

(名古屋大)

ヒント！ 　結構複雑そうだけど，k 回目の硬貨を投げた後に，点 -1，0，1，2，3 に駒のある確率を，それぞれ a_k，b_k，c_k，d_k，e_k とおいて，これらと a_{k+1}，b_{k+1}，c_{k+1}，d_{k+1}，e_{k+1} との間の関係式 (漸化式) を作ればいいね。

解答＆解説

(1) k 回目に硬貨を投げた後，駒が点 -1，0，1，2，3 にある確率をそれぞれ，a_k，b_k，c_k，d_k，e_k （$k=1$, 2, $\cdots\cdots$）とおく。右の図から，$k+1$ 回目にコインを投げた後のそれぞれの点に駒のある確率 a_{k+1}，b_{k+1}，c_{k+1}，d_{k+1}，e_{k+1} は，

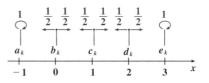

$$\begin{cases} a_{k+1} = 1 \cdot a_k + \dfrac{1}{2} b_k & \cdots\cdots① \\[2mm] b_{k+1} = \dfrac{1}{2} c_k & \cdots\cdots② \\[2mm] c_{k+1} = \dfrac{1}{2} b_k + \dfrac{1}{2} d_k & \cdots\cdots③ \\[2mm] d_{k+1} = \dfrac{1}{2} c_k & \cdots\cdots④ \\[2mm] e_{k+1} = \dfrac{1}{2} d_k + 1 \cdot e_k & \cdots\cdots⑤ \end{cases}$$
$$(k=1, 2, 3, \cdots\cdots)$$

はじめに駒は点 0 にあったので，はじめに -1，0，1，2，3 の各点にあった確率を a_0，b_0，c_0，d_0，e_0 と定めれば，$b_0=1$，$a_0=c_0=d_0=e_0=0$ より，$a_1=\dfrac{1}{2}\cdot 1=\dfrac{1}{2}$，$b_1=0$，$c_1=\dfrac{1}{2}\cdot 1=\dfrac{1}{2}$，$d_1=0$，$e_1=0$ となるよ。
さらに $k=1$ のとき，③より
$$c_2=\dfrac{1}{2}\underset{0}{\underbrace{(b_1)}}+\dfrac{1}{2}\underset{0}{\underbrace{(d_1)}}=0$$
となる。

ここで，$a_1=c_1=\dfrac{1}{2}$，$b_1=d_1=e_1=0$，また，$c_2=0$

③の k に $k+1$ を代入して，$c_{k+2}=\dfrac{1}{2}\underbracket{b_{k+1}}+\dfrac{1}{2}\underbracket{d_{k+1}}$ ……③′

$$\underset{\frac{1}{2}c_k\,(②より)}{}\qquad\underset{\frac{1}{2}c_k\,(④より)}{}$$

③′に②，④を代入して，

$c_{k+2}=\dfrac{1}{2}c_k$ ……⑥

> $c_2=0$ より，⑥から
> $c_4=\dfrac{1}{2}\cdot c_2=\dfrac{1}{2}\cdot 0=0$
> $c_6=\dfrac{1}{2}\cdot c_4=\dfrac{1}{2}\cdot 0=0$
> ....

$c_2=0$ より，⑥から，

(i) k が偶数のとき　$c_k=0$ ……………………………………………(答)

(ii) k が奇数のとき　$k=2m-1$ $(m=1,\,2,\,\cdots\cdots)$ を⑥に代入して，

$$m=\frac{k+1}{2}$$

$$c_{2(m+1)-1}=\frac{1}{2}c_{2m-1}\qquad\left[F(m+1)=\frac{1}{2}F(m)\right]$$

アッ！

$$c_{\underset{k}{\underbracket{2m-1}}}=\underset{c_1=\frac{1}{2}}{\underbracket{c_{2\cdot 1-1}}}\cdot\left(\frac{1}{2}\right)^{\overset{\frac{k+1}{2}}{\underset{m}{}}-1}\qquad\left[F(m)=F(1)\cdot\left(\frac{1}{2}\right)^{m-1}\right]$$

$$\therefore\ c_k=\frac{1}{2}\cdot\left(\frac{1}{2}\right)^{\frac{k-1}{2}}=\left(\frac{1}{2}\right)^{\frac{k+1}{2}}$$ ……………………………(答)

(2) $E(X_{k+1})=-1\cdot \underset{\wapprox}{a_{k+1}}+0\cdot b_{k+1}+1\cdot \underline{c_{k+1}}+2\cdot \underline{\underline{d_{k+1}}}+3\cdot \underset{\text{----}}{e_{k+1}}$

$$=-1\cdot\underset{(①より)}{\underbracket{\left(a_k+\frac{1}{2}b_k\right)}}+1\cdot\underset{(③より)}{\underbracket{\left(\frac{1}{2}b_k+\frac{1}{2}d_k\right)}}+2\cdot\underset{(④より)}{\underbracket{\frac{1}{2}c_k}}+3\cdot\underset{(⑤より)}{\overbracket{\left(\frac{1}{2}d_k+e_k\right)}}$$

$$=-1\cdot a_k+0\cdot b_k+1\cdot c_k+2\cdot d_k+3\cdot e_k=E(X_k)$$

よって，$E(X_{k+1})=1\cdot E(X_k)$　$[F(k+1)=1\cdot F(k)]$

アッ！

$$E(X_k)=E(X_1)\cdot 1^{k-1}\quad[F(k)=F(1)\cdot 1^{k-1}]$$

$$\therefore\ E(X_k)=E(X_1)=-1\cdot\underset{\frac{1}{2}}{\underbracket{a_1}}+0\cdot\underset{0}{b_1}+1\cdot\underset{\frac{1}{2}}{\underbracket{c_1}}+2\cdot\underset{0}{d_1}+3\cdot\underset{0}{e_1}=0$$

以上より，$E(X_k)=0$ $(k=1,\,2,\,3,\,\cdots\cdots)$ …………………………(答)

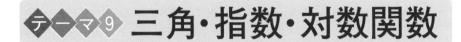

● 三角・指数・対数の応用は，グラフや論理で攻略しよう！

　それじゃ，数学Ⅱのメインテーマの1つ，"三角・指数・対数関数"の解説に入るよ。3つもテーマを入れてるから，ちょっと欲張り過ぎと思うかも知れないね。でも，この演習書では，様々な融合形式の本格的な受験問題を対象としているので，一気にまとめて解説しよう。

　三角・指数・対数関数の基本的な問題ならば，単なる計算だけでケリがつくことが多いと思う。だけれど，本格的な受験問題になればなる程，論理的な思考力や図形的なイメージを描きながら解いていくことが必要になるんだね。

　このように論理や図が絡んでくると，一般の受験生の平均点は急に下がってしまうんだけれど，逆に，ここで踏ん張れば，まわりに大きく差をつけることができるんだからね。頑張ろうな！

　それでは，今回の主なテーマを書いておこう。

(1) 三角関数と不等式の証明 (Ⅰ), (Ⅱ), (Ⅲ)
(2) 三角関数と，3次関数の最大値の融合
(3) 対数不等式と図形の領域
(4) 指数不等式と2次 (1次) 不等式の応用

(1) は，お茶の水女子大，名古屋大，京都大の問題から構成されている。いずれも三角関数の不等式の証明問題だけれど，それぞれ解法が異なる良問を選んでおいたので，三角関数の論証問題について様々な解法パターンを習得できるはずだ。まず，お茶の水女子大の問題では，数学的帰納法を利用することになる。名古屋大の問題では，2倍角の公式をうまく使うことがポイントになるんだね。そして，最後の京都大の問題では，和 (差) → 積の公式を使って証明することになる。初めは大変に感じるかも知れないけれど，これだけ練習すれば三角関数の絡んだ証明問題にも自信がもてるようになるはずだ。反復練習して，シッカリマスターしよう。

テーマ

7
様々な確率計算

テーマ

8
確率と漸化式

テーマ

9
三角・指数・対数関数

(2) の千葉大の問題は，三角形の面積，対称式・基本対称式，2 次方程式の実数条件，それに 3 次関数の最大値問題が融合された問題だよ。このように，様々な要素の 1 つ 1 つは基本的なんだけど，これらを有機的に関連づけて，連続技として繰り出せるようになると，本物の実践力が身についてスバラシイんだよ。頑張れ！頑張れ!!

(3) の関西大の問題は，分数不等式，3 次不等式，対数不等式と，3 つの不等式を乗り継いでいく問題だから，不等式の良い練習になるよ。ここでも，連続技がスムーズに出せるかどうかが勝負の分かれ目になるんだよ。最後に，4 枚のプロペラの羽根のような領域が ab 座標平面上に描ければ成功だ。

(4) も関西大の問題なんだけど，これは，指数不等式と 2 次 (1 次) 不等式の融合問題になっているんだよ。エッ？ 2 次 (1 次) 不等式との融合だから，前問の 3 次不等式のものより易しそうだって？ でもね，意外と思うかも知れないけど，一見単純に見えても，奥の深い問題もあるんだよ。この問題を通して，2 次不等式の理解をさらに深めることができるから，自力でスラスラ解けるようになるまで，反復練習するといいよ。

　サァ，それでは，具体的な問題の解説に入ろう！ みんな準備はいい？

n は自然数とする。以下の問いに答えよ。

(1) 実数 x_1, x_2, $\cdots$, x_n に対して

$$\left|\sin(x_1+x_2+\cdots+x_n)\right| \leqq \left|\sin x_1\right|+\left|\sin x_2\right|+\cdots+\left|\sin x_n\right| \quad \cdots\cdots(*1)$$

が成り立つことを示せ。

(2) n が奇数であり，実数 x_1, x_2, $\cdots$, x_n が $x_1+x_2+\cdots+x_n=0$ をみたすとき，

$$\left|\cos x_1\right|+\left|\cos x_2\right|+\cdots+\left|\cos x_n\right| \geqq 1 \quad \cdots\cdots(*2)$$

が成り立つことを示せ。　　　　　　　　　　　　（お茶の水女子大 *）

ヒント！ **(1)** の **(*1)** の式の証明の糸口が見つけづらいと思う。ここでは，数学的帰納法を利用するといいんだね。**(2)** の **(*2)** の式の証明には，**(*1)** を利用することに思いつけばいい。新たに変数 t_k を $t_k=x_k+\dfrac{\pi}{2}$ によって定義し，これを $\sin t_k$ に代入すると，$\sin\left(x_k+\dfrac{\pi}{2}\right)=\cos x_k$ となって，話が見えてくるはずだ。

解答＆解説

(1) 実数 x_k $(k=1, 2, \cdots, n)$ に対して，

$\left|\sin(x_1+x_2+\cdots+x_n)\right| \leqq \left|\sin x_1\right|+\left|\sin x_2\right|+\cdots+\left|\sin x_n\right|$ $\cdots\cdots(*1)$ が成り立つことを数学的帰納法により示す。

（ⅰ）$n=1$ のとき，

　　(*1) は，$\left|\sin x_1\right| \leqq \left|\sin x_1\right|$ となって，成り立つ。

（ⅱ）$n=k$ $(k=1, 2, 3, \cdots)$ のとき，

　　$\left|\sin(x_1+x_2+\cdots+x_k)\right| \leqq \left|\sin x_1\right|+\left|\sin x_2\right|+\cdots+\left|\sin x_k\right|$ $\cdots\cdots$① が成り立つと仮定して，$n=k+1$ のときについて調べる。

$$((*1)\text{の左辺}) = \left|\sin\left(\underbrace{x_1+x_2+\cdots+x_k}_{\alpha}+\underbrace{x_{k+1}}_{\beta \text{と考える}}\right)\right|$$

> 加法定理
> $\sin(\alpha+\beta)$
> $\quad = \sin\alpha\cos\beta + \cos\alpha\sin\beta$

$$= \left|\sin(x_1+x_2+\cdots+x_k)\cdot\cos x_{k+1}+\cos(x_1+x_2+\cdots+x_k)\cdot\sin x_{k+1}\right|$$

$$\leqq \left|\sin(x_1+x_2+\cdots+x_k)\cdot\cos x_{k+1}\right|+\left|\cos(x_1+x_2+\cdots+x_k)\cdot\sin x_{k+1}\right|$$

$$= \underbrace{\left|\sin(x_1+x_2+\cdots+x_k)\right|}_{\substack{\text{‖Λ}\\ \left|\sin x_1\right|+\left|\sin x_2\right|+\cdots+\left|\sin x_k\right| \\ (\text{①より})}}\cdot\underbrace{\left|\cos x_{k+1}\right|}_{\substack{\text{‖Λ}\\ ①}}+\underbrace{\left|\cos(x_1+x_2+\cdots+x_k)\right|}_{\substack{\text{‖Λ}\\ ①}}\cdot\left|\sin x_{k+1}\right|$$

> 公式
> ・$\left|\alpha+\beta\right| \leqq \left|\alpha\right|+\left|\beta\right|$
> ・$\left|\alpha\cdot\beta\right| = \left|\alpha\right|\cdot\left|\beta\right|$

ここで，①と，$|\cos x_{k+1}| \leqq 1$，$|\cos(x_1+x_2+\cdots+x_k)| \leqq 1$ より，

$((*1)\text{の左辺}) \leqq \underline{(|\sin x_1|+|\sin x_2|+\cdots+|\sin x_k|)\times 1} + \underline{1\times|\sin x_{k+1}|}$

$= |\sin x_1|+|\sin x_2|+\cdots+|\sin x_k|+|\sin x_{k+1}| = ((*1)\text{の右辺})$

となって，$n=k+1$ のときも成り立つ。

以上 (i)(ii)から，数学的帰納法により，(*1) は成り立つ。…………(終)

(2) n が奇数で，実数 x_1, x_2, $\cdots$, x_n が $x_1+x_2+\cdots+x_n=0$ …② をみたすとき，

$|\cos x_1|+|\cos x_2|+\cdots+|\cos x_n| \geqq 1$ ……(*2) が成り立つことを示す。

■ Baba のレクチャー

(*2) の左辺は，(*1) の右辺の **sin** が **cos** に変化しているので，ここで は，新たな変数 t_k を $t_k = x_k + \dfrac{\pi}{2}$ として定義すると，$\sin t_k = \sin\left(x_k + \dfrac{\pi}{2}\right)$ $= \cos x_k$ となって，$\sin \Rightarrow \cos$ の変換ができるんだね。後は，(*1) の x_k を t_k に置き換えた式を立て，$\sin \Rightarrow \cos$ の変換をして，x_k の式を導いて いけばいいんだね。

(*1) の式の x_k に $t_k = x_k + \dfrac{\pi}{2}$ $(k=1, 2, \cdots, n)$ を代入すると，

$\underbrace{\left|\sin\left\{\left(x_1+\dfrac{\pi}{2}\right)+\left(x_2+\dfrac{\pi}{2}\right)+\cdots+\left(x_n+\dfrac{\pi}{2}\right)\right\}\right|}_{\left|\sin\left(x_1+x_2+\cdots+x_n+n\times\frac{\pi}{2}\right)\right|} \leqq \underbrace{\left|\sin\left(x_1+\dfrac{\pi}{2}\right)\right|}_{|\cos x_1|} + \underbrace{\left|\sin\left(x_2+\dfrac{\pi}{2}\right)\right|}_{|\cos x_2|} + \cdots + \underbrace{\left|\sin\left(x_n+\dfrac{\pi}{2}\right)\right|}_{|\cos x_n|}$

$\left|\sin\left(\underbrace{x_1+x_2+\cdots+x_n}_{\text{⓪}}+\underbrace{\dfrac{n\pi}{2}}_{n\text{は奇数}}\right)\right| \leqq |\cos x_1|+|\cos x_2|+\cdots+|\cos x_n|$ ……③

ここで，$x_1+x_2+\cdots+x_n=0$ ……② であり，かつ n は奇数の条件から，③は，

$|\cos x_1|+|\cos x_2|+\cdots+|\cos x_n| \geqq \underbrace{\left|\sin\dfrac{n\pi}{2}\right|}_{} = 1$ となって，(*2) は成り立つ。

………(終)

n は奇数より，$\sin\dfrac{\pi}{2}=1$, $\sin\dfrac{3}{2}\pi=-1$, $\sin\dfrac{5}{2}\pi=1$, $\cdots$ となって， ± 1 の値をとる。よって，この絶対値は $|\pm 1|=1$ となる。

| 演習問題 43 | 難易度 ★★★★ | CHECK *1* | CHECK *2* | CHECK *3* |

n 個の任意の実数 x_1, x_2, $\cdots$, x_n に対して，下の不等式のいずれかが成立することを証明せよ。

$$|\sin x_1 \sin x_2 \cdots \sin x_n| \le \left(\frac{1}{\sqrt{2}}\right)^n, \quad |\cos x_1 \cos x_2 \cdots \cos x_n| \le \left(\frac{1}{\sqrt{2}}\right)^n$$

(名古屋大)

▌ Baba のレクチャー

どこから手を付けていいか，わからないって？いいよ，解説しよう。

まず，今回は 2 つの不等式のいずれかが成り立つことを示すので命題は，"A または B" の形になっている。だから，背理法を使って，"$\overline{A}$ かつ $\overline{B}$" と仮定して，矛盾を導けばいいんだね。つまり，

$$|\sin x_1 \sin x_2 \cdots \sin x_n| > \left(\frac{1}{\sqrt{2}}\right)^n \text{ かつ } |\cos x_1 \cos x_2 \cdots \cos x_n| > \left(\frac{1}{\sqrt{2}}\right)^n$$

$(n = 1, 2, 3, \cdots)$ が成り立つと仮定して，矛盾が生じることを示すんだ。

ここではまず，$n = 1$, 2 のときについて具体的に考えてみる。

・$n = 1$ のとき $|\sin x_1| > \dfrac{1}{\sqrt{2}}$ かつ $|\cos x_1| > \dfrac{1}{\sqrt{2}}$ は明らかに

$\boxed{|\sin x_1| > \dfrac{1}{\sqrt{2}} \text{ のとき } |\cos x_1| < \dfrac{1}{\sqrt{2}} \text{ となるからね。}}$

<u>成り立たない。</u>よって，矛盾。

・$n = 2$ のとき $|\sin x_1 \sin x_2| > \dfrac{1}{2}$ $\cdots$㋐ 　かつ 　$|\cos x_1 \cos x_2| > \dfrac{1}{2}$ $\cdots$㋑

が成り立つと仮定して矛盾が導ける？……，そうだね。㋐, ㋑の両辺は正だから，この両辺の辺々をかけ合わせると，

$$|\sin x_1 \sin x_2| \cdot |\cos x_1 \cos x_2| > \frac{1}{2^2} \text{ となる。}$$

両辺に 2^2 をかけると，

$$|\underbrace{2\sin x_1 \cos x_1}_{(\sin 2x_1)} \cdot \underbrace{2\sin x_2 \cos x_2}_{(\sin 2x_2)}| > 1, \quad |\sin 2x_1 \sin 2x_2| > 1 \text{ となって，}$$

$|\sin 2x_1| \le 1$ かつ $|\sin 2x_2| \le 1$ に矛盾する！この要領だ !!

テーマ

7

様々な確率計算

テーマ

8

確率と漸化式

テーマ

9

三角・指数・対数関数

解答＆解説

n 個の実数 x_1, x_2, $\cdots$, x_n に対して，命題

$|\sin x_1 \sin x_2 \cdots \sin x_n| \leqq \left(\dfrac{1}{\sqrt{2}}\right)^n$ または $|\cos x_1 \cos x_2 \cdots \cos x_n| \leqq \left(\dfrac{1}{\sqrt{2}}\right)^n \cdots (*)$

が成り立つことを示す。

ここで，$\begin{cases} |\sin x_1 \sin x_2 \cdots \sin x_n| > \left(\dfrac{1}{\sqrt{2}}\right)^n & \cdots\cdots① \text{，かつ} \\ |\cos x_1 \cos x_2 \cdots \cos x_n| > \left(\dfrac{1}{\sqrt{2}}\right)^n & \cdots\cdots② \text{が成り立つと仮定する} \end{cases}$

①，②の両辺は正より，この①，②の各辺々をかけても大小関係は変化しない。

よって，$\underline{|\sin x_1 \sin x_2 \cdots \sin x_n| \cdot |\cos x_1 \cos x_2 \cdots \cos x_n|} > \left(\dfrac{1}{2}\right)^n$

$\boxed{\begin{array}{l} |\sin x_1 \sin x_2 \cdots \sin x_n \cdot \cos x_1 \cos x_2 \cdots \cos x_n| \\ = |\sin x_1 \cos x_1 \cdot \sin x_2 \cos x_2 \cdot \cdots \cdot \sin x_n \cos x_n| \end{array}}$

この両辺に $2^n (> 0)$ をかけて

$2^n |\sin x_1 \cos x_1 \cdot \sin x_2 \cos x_2 \cdot \cdots \cdot \sin x_n \cos x_n| > 1$ となる。

$|\underbrace{2\sin x_1 \cos x_1}_{\boxed{\sin 2x_1}} \cdot \underbrace{2\sin x_2 \cos x_2}_{\boxed{\sin 2x_2}} \cdot \cdots \cdot \underbrace{2\sin x_n \cos x_n}_{\boxed{\sin 2x_n}}| > 1$ ← ─ $\boxed{2 \text{倍角の公式}}$

$\therefore |\sin 2x_1 \cdot \sin 2x_2 \cdot \cdots \cdot \sin 2x_n| > 1$ ……③となる。

ところが，$|\sin 2x_1| \leqq 1$ かつ $|\sin 2x_2| \leqq 1$ かつ $\cdots\cdots$ かつ $|\sin 2x_n| \leqq 1$ で，これらの両辺は共に 0 以上より，各式の辺々をかけ合わせても大小関係は変化しない。よって，

$|\sin 2x_1 \cdot \sin 2x_2 \cdot \cdots \cdot \sin 2x_n| \leqq \overset{\boxed{1^n \text{のこと}}}{1}$ ……④である。

よって，③は④に矛盾する。

以上から，背理法により，$(*)$ の命題は成り立つ。……………………(終)

　今回は，数学的帰納法ではなく，式変形により，三角関数の不等式の証明ができるんだね。様々な手法を是非マスターしていこう！

演習問題 44

難易度 ★★★　　CHECK1　　CHECK2　　CHECK3

角 α, β, γ が $\alpha+\beta+\gamma=\pi$　$\alpha\geqq0$, $\beta\geqq0$, $\gamma\geqq0$ をみたすとき,

$\cos\alpha+\cos\beta+\cos\gamma\geqq1$ ……($*$)　　が成り立つことを示せ。　（京都大）

ヒント！ (左辺)−(右辺)を計算して, これが**0**以上になることを示せばいい。まず, $\gamma=\pi-(\alpha+\beta)$ として, α と β だけの式で表し, これに和(差)→積の公式を利用するといいんだよ。

解答&解説

$\alpha+\beta+\gamma=\pi$ ……①　$\alpha\geqq0$, $\beta\geqq0$, $\gamma\geqq0$ のとき,

$\cos\alpha+\cos\beta+\cos\gamma\geqq1$ ……($*$) が成り立つことを示す。

($*$) の左辺 − ($*$) の右辺 $=\underline{\cos\alpha+\cos\beta}+\underline{\cos\gamma}-1$

$\boxed{2\cos\dfrac{\alpha+\beta}{2}\cdot\cos\dfrac{\alpha-\beta}{2}}$ ← $\boxed{和→積の公式}$

$\boxed{\cos\{\pi-(\alpha+\beta)\}=-\cos(\alpha+\beta) \\ （①より）}$ ← $\boxed{\cos(\pi-\theta)=-\cos\theta}$

$=2\cos\dfrac{\alpha+\beta}{2}\cos\dfrac{\alpha-\beta}{2}-\{1+\underline{\cos(\alpha+\beta)}\}$

$\boxed{半角の公式 \\ \cos^2\theta=\dfrac{1+\cos2\theta}{2}} \to \boxed{2\cos^2\dfrac{\alpha+\beta}{2}}$

$=2\cos\dfrac{\alpha+\beta}{2}\cos\dfrac{\alpha-\beta}{2}-2\cos^2\dfrac{\alpha+\beta}{2}$

$=-2\underline{\cos\dfrac{\alpha+\beta}{2}}\left(\underline{\cos\dfrac{\alpha+\beta}{2}-\cos\dfrac{\alpha-\beta}{2}}\right)$

$\boxed{\cos\dfrac{\pi-\gamma}{2} \\ （①より）}$　　$\boxed{-2\sin\dfrac{\alpha}{2}\sin\dfrac{\beta}{2}}$ ← $\boxed{差→積の公式}$

$=-2\underline{\cos\left(\dfrac{\pi}{2}-\dfrac{\gamma}{2}\right)}(-2)\sin\dfrac{\alpha}{2}\cdot\sin\dfrac{\beta}{2}$

$\boxed{\sin\dfrac{\gamma}{2}}$ ← $\boxed{\cos\left(\dfrac{\pi}{2}-\theta\right)=\sin\theta}$

$=4\sin\dfrac{\alpha}{2}\sin\dfrac{\beta}{2}\sin\dfrac{\gamma}{2}$

ここで, ① と $\alpha \geqq 0$, $\beta \geqq 0$, $\gamma \geqq 0$ の条件から,

$0 \leqq \alpha \leqq \pi$ かつ $0 \leqq \beta \leqq \pi$ かつ $0 \leqq \gamma \leqq \pi$ より,

$0 \leqq \dfrac{\alpha}{2} \leqq \dfrac{\pi}{2}$ かつ $0 \leqq \dfrac{\beta}{2} \leqq \dfrac{\pi}{2}$ かつ $0 \leqq \dfrac{\gamma}{2} \leqq \dfrac{\pi}{2}$

$\therefore \ \sin \dfrac{\alpha}{2} \geqq 0$ かつ $\sin \dfrac{\beta}{2} \geqq 0$ かつ $\sin \dfrac{\gamma}{2} \geqq 0$

以上より, $(*)$ の左辺 $-(*)$ の右辺 $= 4\sin \dfrac{\alpha}{2} \sin \dfrac{\beta}{2} \sin \dfrac{\gamma}{2} \geqq 0$ となるので,

（0以上）（0以上）（0以上）

$(*)$ は成り立つ。 $\cdots\cdots\cdots\cdots\cdots\cdots\cdots\cdots\cdots\cdots\cdots\cdots\cdots\cdots\cdots\cdots\cdots\cdots\cdots\cdots$(終)

別解

$(*)$ は，加法定理を中心に使っても，次のように証明できる。

$(*)$ の左辺 $-(*)$ の右辺 $= \cos\alpha + \cos\beta + \underline{\cos\gamma} - 1$

$\boxed{\cos\{\pi - (\alpha+\beta)\} = -\cos(\alpha+\beta)}$

$= \cos\alpha + \cos\beta - \underline{\cos(\alpha+\beta)} - 1$

$= \cos\alpha + \cos\beta - (\cos\alpha\cos\beta - \sin\alpha\sin\beta) - 1$

$= \sin\alpha\sin\beta - \underline{(1 - \cos\alpha - \cos\beta + \cos\alpha\cos\beta)}$

$\boxed{(1-\cos\alpha)(1-\cos\beta)}$

$= \underline{\sin\alpha}\,\underline{\sin\beta} - \underline{(1-\cos\alpha)}\,\underline{(1-\cos\beta)}$

$\boxed{2\sin\frac{\alpha}{2}\cos\frac{\alpha}{2}}\ \boxed{2\sin\frac{\beta}{2}\cos\frac{\beta}{2}}\ \boxed{2\sin^2\frac{\alpha}{2}}\ \boxed{2\sin^2\frac{\beta}{2}}$

$= 4\sin\dfrac{\alpha}{2}\sin\dfrac{\beta}{2}\cos\dfrac{\alpha}{2}\cos\dfrac{\beta}{2} - 4\sin^2\dfrac{\alpha}{2}\sin^2\dfrac{\beta}{2}$

$= 4\sin\dfrac{\alpha}{2}\sin\dfrac{\beta}{2}\left(\cos\dfrac{\alpha}{2}\cos\dfrac{\beta}{2} - \sin\dfrac{\alpha}{2}\sin\dfrac{\beta}{2}\right)$

$\boxed{\cos\left(\dfrac{\alpha}{2} + \dfrac{\beta}{2}\right) = \cos\left(\dfrac{\pi-\gamma}{2}\right) = \sin\dfrac{\gamma}{2}}$

$= 4\sin\dfrac{\alpha}{2}\sin\dfrac{\beta}{2}\sin\dfrac{\gamma}{2}$

となって，同じ結果が導けるね。後は，（解答＆解説）と同様に証明
できる。

演習問題 45	難易度 ★★★★	CHECK*1*	CHECK*2*	CHECK*3*

三角形 **ABC** において，辺 **BC** 上に点 **D** があり，

$\angle\mathrm{BAD}=\angle\mathrm{CAD}=30°$ である。$\mathrm{AB}=p$，$\mathrm{AC}=q$ とおく。

(1) **AD** の長さを p，q で表せ。

(2) $p+q=1$ を満たすとき，△**ABD** の面積と△**ACD** の面積の差の絶対値が最大になる p の値を求めよ。 (千葉大)

> **ヒント!** (1)AD の長さを計算するには，△**ABD**＋△**ACD**＝△**ABC** の形にもち込むのが速いよ。(2) では $p+q=1$ が与えられているので，$pq=u$ とでもおいて，実数条件にもち込めるね。

解答&解説

(1) 三角形 **ABC** において，

$\angle\mathrm{BAD}=\angle\mathrm{CAD}=30°$，$\mathrm{AB}=p$，$\mathrm{AC}=q$

ここで，三角形 **ABC** の面積を△**ABC** などと

表すと，△**ABD**＋△**ACD**＝△**ABC** より，

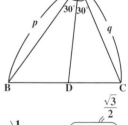

$$\frac{1}{2}\cdot p\cdot\mathrm{AD}\cdot\boxed{\sin 30°}^{\frac{1}{2}}+\frac{1}{2}\cdot q\cdot\mathrm{AD}\cdot\boxed{\sin 30°}^{\frac{1}{2}}=\frac{1}{2}\cdot p\cdot q\cdot\boxed{\sin 60°}^{\frac{\sqrt{3}}{2}}$$

$$\frac{1}{2}(p+q)\mathrm{AD}=\frac{\sqrt{3}}{2}pq \quad\therefore \mathrm{AD}=\frac{\sqrt{3}pq}{p+q}\ \cdots\cdots① \qquad\cdots\cdots\cdots\cdots(答)$$

(2) △**ABD** と△**ACD** の差の絶対値を S とおくと，

$$S=|\triangle\mathrm{ABD}-\triangle\mathrm{ACD}|=\left|\frac{1}{4}\cdot p\cdot\mathrm{AD}-\frac{1}{4}\cdot q\cdot\mathrm{AD}\right|$$

$$=\frac{1}{4}|p-q|\cdot\underset{\boxed{\frac{\sqrt{3}pq}{p+q}}}{\boxed{\mathrm{AD}}}=\frac{\sqrt{3}pq|p-q|}{4(p+q)}\ \cdots\cdots② \quad(①より)$$

ここで，$\underbrace{p+q=1\ \cdots\cdots③\quad\text{より}，\quad pq=u\ \cdots\cdots④}_{\boxed{\text{基本対称式}}}$ $(u>0)$ とおくと，

p，q は次の x の 2 次方程式の解である。

$$x^2 - \underset{(p+q)}{\underline{1}} \cdot x + \underset{pq}{\underline{u}} = 0 \quad \cdots\cdots \text{⑤}$$

ここで，p，q は実数より，

判別式 $\mathrm{D} = \boxed{(-1)^2 - 4 \cdot 1 \cdot u \geqq 0}$ $\quad \therefore\ 0 < u \leqq \dfrac{1}{4}$ ← お決まりの実数条件だ！

また，$|p-q|$ を 2 乗して 対称式は，基本対称式 $(p+q,\ pq)$ で表せる！

$$|p-q|^2 = (p-q)^2 = \underset{\text{①}}{(p+q)^2} - 4\underset{u}{pq} = 1 - 4u \quad (\geqq 0)$$

$\therefore\ |p-q| = \sqrt{1-4u} \quad \cdots\cdots \text{⑥}$

以上より，③，④，⑥を②に代入して，

これを $f(u)\ \left(0 < u \leqq \dfrac{1}{4}\right)$ とおくと，$f(u)$ が最大のとき S は最大となる！

$$S = \frac{\sqrt{3}\,\underset{\text{①}}{(pq)}\,(p-q)}{4\,(p+q)} = \frac{\sqrt{3}}{4} \cdot \underset{u}{u} \cdot \underset{\sqrt{1-4u}}{\sqrt{1-4u}} = \frac{\sqrt{3}}{4}\sqrt{u^2(1-4u)}$$

$f(u) = -4u^3 + u^2 \quad \left(0 < u \leqq \dfrac{1}{4}\right)$ とおく。

$f'(u) = -12u^2 + 2u = -2u(6u-1)$

$f'(u) = 0$ のとき，$u = \dfrac{1}{6}$

右の増減表より，$u = \dfrac{1}{6}$ のとき $f(u)$，

すなわち S は最大となる。この u の値
を⑤に代入して，

$$x^2 - x + \frac{1}{6} = 0, \quad 6x^2 - 6x + 1 = 0$$

$\therefore\ x = \dfrac{3 \pm \sqrt{3}}{6}$

この解が，p または q だ！

$\therefore$ 求める p の値は，$\dfrac{3+\sqrt{3}}{6}$ または $\dfrac{3-\sqrt{3}}{6}$ $\cdots\cdots\cdots\cdots\cdots\cdots$（答）

増減表 $\left(0 < u \leqq \dfrac{1}{4}\right)$

u	(0)		$\dfrac{1}{6}$		$\dfrac{1}{4}$
$f'(u)$	(0)	$+$	0	$-$	
$f(u)$		↗	極大	↘	

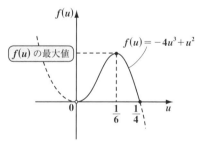

$f(u)$ の最大値

$f(u) = -4u^3 + u^2$

対数不等式と領域

$a > 0$ かつ $a \neq 1$，$b > 0$ かつ $b \neq 1$ とする。このとき，

$\log_a b + 2\log_b a - 3 > 0$ を満たす点 (a, b) の存在範囲を図示せよ。

（関西大 *）

ヒント！ $\log_a b = t$ とおくと，与不等式は，t の分数不等式から，t の3次不等式に変形できる。これを，さらに対数不等式にもち込んで，a と b の不等式を作り，点 (a, b) の存在範囲を ab 座標平面上に示すんだ。4枚のプロペラ（?）が出てきた人，正解だ！

解答 & 解説

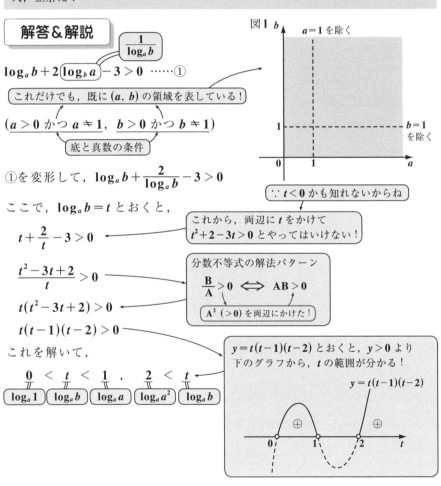

$$\log_a b + 2\underbrace{\log_b a}_{\frac{1}{\log_a b}} - 3 > 0 \quad \cdots\cdots①$$

これだけでも，既に (a, b) の領域を表している！

（$a > 0$ かつ $a \neq 1$，$\underline{b > 0}$ かつ $\underline{b \neq 1}$）

底と真数の条件

①を変形して，$\log_a b + \dfrac{2}{\log_a b} - 3 > 0$

ここで，$\log_a b = t$ とおくと，

$$t + \frac{2}{t} - 3 > 0$$

これから，両辺に t をかけて
$t^2 + 2 - 3t > 0$ とやってはいけない！

$\because t < 0$ かも知れないからね

$$\frac{t^2 - 3t + 2}{t} > 0$$

分数不等式の解法パターン

$$\frac{B}{A} > 0 \iff AB > 0$$

$A^2 (>0)$ を両辺にかけた！

$$t(t^2 - 3t + 2) > 0$$

$$t(t-1)(t-2) > 0$$

これを解いて，

$$\underbrace{0}_{\log_a 1} < \underbrace{t}_{\log_a b} < \underbrace{1}_{\log_a a}，\quad \underbrace{2}_{\log_a a^2} < \underbrace{t}_{\log_a b}$$

$y = t(t-1)(t-2)$ とおくと，$y > 0$ より下のグラフから，t の範囲が分かる！

$y = t(t-1)(t-2)$

以上より，$\log_a 1 < \log_a b < \log_a a$ または $\log_a a^2 < \log_a b$ ……②

Baba のレクチャー

一般に，対数不等式：$\log_a x_1 < \log_a x_2$（$x_1 > 0$，$x_2 > 0$，$a > 0$ かつ $a \neq 1$）を解くには，底 a の値の範囲に注意しないといけないね。

（ⅰ）$a > 1$ のとき （ⅱ）$0 < a < 1$ のとき ［向きが逆転］

$\quad \log_a x_1 < \log_a x_2 \Leftrightarrow x_1 < x_2$ $\quad \log_a x_1 < \log_a x_2 \Leftrightarrow x_1 > x_2$

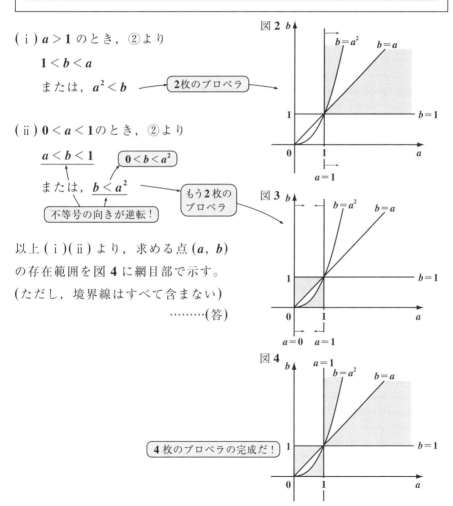

（ⅰ）$a > 1$ のとき，②より

$\quad 1 < b < a$

$\quad$ または，$a^2 < b$ ← ［2枚のプロペラ］

（ⅱ）$0 < a < 1$ のとき，②より

$\quad \underline{a < b < 1}$ ［$0 < b < a^2$］

$\quad$ または，$\underline{b < a^2}$ ［もう2枚のプロペラ］

$\quad$ ［不等号の向きが逆転！］

以上（ⅰ）（ⅱ）より，求める点 (a, b) の存在範囲を図 4 に網目部で示す。
（ただし，境界線はすべて含まない）
$\qquad$ ………（答）

図2 b ／ $b = a^2$ ／ $b = a$ ／ 1 $b = 1$ ／ 0 1 a ／ $a = 1$

図3 b ／ $b = a^2$ ／ $b = a$ ／ 1 $b = 1$ ／ 0 1 a ／ $a = 0$ $a = 1$

図4 b ／ $a = 1$ ／ $b = a^2$ ／ $b = a$ ／ ［4枚のプロペラの完成だ！］ ／ 1 $b = 1$ ／ 0 1 a

119

指数不等式と, 2次(1次)不等式の成立条件

(1) 不等式 $4^x - 2^{x+1} + 16 < 2^{x+3}$ を満たす x の範囲を求めよ。

(2) (1) の不等式を満たすすべての x が, $ax^2 + (2a^2 - 1)x - 2a < 0$

　を満たすような定数 a の値の範囲を求めよ。 (関西大)

ヒント! (1) は, $2^x = t$ とおいて, t の 2 次不等式にもち込めばいいんだね。(2) では, (1) で求めた x の値の範囲が, (2) の x の不等式の解に含まれるようにするんだ。このとき, a の符号がポイントになる!

解答&解説

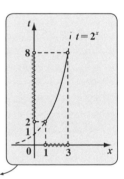

(1) $\boxed{4^x} - \boxed{2^{x+1}} + 16 < \boxed{2^{x+3}}$ ……① 　①を変形して,

　$\boxed{(2^2)^x = (2^x)^2}$ 　$\boxed{2 \cdot 2^x}$ 　$\boxed{2^3 \cdot 2^x = 8 \cdot 2^x}$

　$(2^x)^2 - 2 \cdot 2^x + 16 < 8 \cdot 2^x, \quad (2^x)^2 - 10 \cdot 2^x + 16 < 0$

　ここで, $t = 2^x$ とおくと, $(t > 0)$

　$t^2 - 10t + 16 < 0 \qquad (t - 2)(t - 8) < 0$

　$2 < t < 8$ より, $2^1 < 2^x < 2^3$

　$\therefore 1 < x < 3$ ……………………………………(答)

Baba のレクチャー

(2) の 2 次不等式:$ax^2 + (2a^2 - 1)x - 2a < 0$ から,

　$(ax - 1)(x + 2a) < 0 \quad \therefore -2a < x < \dfrac{1}{a}$

とやっちゃって, 平気な顔してる人はいない? アブナイ, アブナイ!

　まず, $a = 0$ のとき, これは 2 次不等式じゃないね。また, $a \neq 0$ のときでも, 左辺 $= f(x)$ とおくと, $f(x) = ax^2 + \cdots$ より, a の正・負によって放物線の形が違うね。さらに, $-2a$ と $\dfrac{1}{a}$ の大小関係だって, 変わってしまうんだよ。慎重に解いていこう!

(2) 題意より，**(1)** の解 $1 < x < 3$ が，不等式

$ax^2 + (2a^2 - 1)x - 2a < 0$ ……② の解に含まれればよい。

（ⅰ）$a = 0$ のとき，②は

$-x < 0 \quad \therefore x > 0$

よって，$\underline{a = 0}$ は題意を満たす。

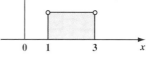

ここで，$f(x) = ax^2 + (2a^2 - 1)x - 2a \quad (a \neq 0)$ とおくと，

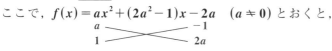

$y = f(x) = (ax - 1)(x + 2a)$

（ⅱ）$a > 0$ のとき，②の解は

$-2a < x < \dfrac{1}{a}$

$y = f(x)$ は下に凸の放物線。また，$-2a < 0 < \dfrac{1}{a}$ だ。

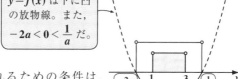

これに $1 < x < 3$ が含まれるための条件は，

$3 \leqq \dfrac{1}{a}$ より $a \leqq \dfrac{1}{3}$ $\leftarrow$ $-2a \leqq 1$ は，当然だから，言う必要なし！

$\therefore \underline{\underline{0 < a \leqq \dfrac{1}{3}}}$

（ⅲ）$a < 0$ のとき，②の解は

$x < \dfrac{1}{a}, \quad -2a < x$

$y = f(x)$ は上に凸の放物線。また，$\dfrac{1}{a} < 0 < -2a$ だ。

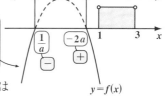

$y = f(x)$

これに，$1 < x < 3$ が含まれるための条件は

$-2a \leqq 1$ より， $\dfrac{1}{a} < 0$ だから，$x < \dfrac{1}{a}$ に $1 < x < 3$ が含まれることはない。

$a \geqq -\dfrac{1}{2}$

$\therefore \underline{\underline{-\dfrac{1}{2} \leqq a < 0}}$

以上（ⅰ）（ⅱ）（ⅲ）より，求める a の値の範囲は，

$\underline{\underline{-\dfrac{1}{2} \leqq a \leqq \dfrac{1}{3}}}$ ……………………………………(答)

（ⅰ），（ⅱ），（ⅲ）の関係は "または" の関係だから，これらの和集合をとる！

テーマ⑩ 図形と方程式

● 図形と方程式はヴィジュアル思考で解ける！

さァ，これから，"**図形と方程式**" の解説に入ろう。この分野の問題は簡単に解けそうな問題だと思って解いても意外と計算が大変だったり，途中でつまったりすることが多くて，苦手意識をもっている人が多いんだね。だから，この分野の問題は，解き方をキチンと考えてから計算する必要があるんだよ。エッ？ チョット心配？ でも大丈夫！ 今回の講義でも，良問をスバラシク親切に解説していくから，きっと苦手意識がなくなるどころか，図形と方程式も得意分野になってしまうと思うよ。

それじゃ，今回のメインテーマを下に書いておこう。

(1) 3つの円の位置関係の問題

(2) 円の極線と軌跡の融合問題

(3) 直線群や曲線群の通過領域の問題 (Ⅰ), (Ⅱ)

(4) 領域と最大・最小問題の応用

(1) は，東京大の問題で，3つの円の内接と外接に関する問題だ。文系・理系を問わず，円の位置関係に関する問題は東京大がよく出題してくるテーマの1つなんだね。難度は高くないので，ウォーミングアップ問題として解いていこう。

(2) の京都大の問題は，難しかったかも知れないね。ここでは，円と直線の2交点でできる線分の中点を考えるんだけど，この中点の座標がみたす式をまず極線 (きょくせん) を使って求めることにしよう。この極線については，〔**Babaのレクチャー**〕で詳しく解説しているので，その使い方も含めて，知識としてもっておくといいと思う。

テーマ
図形と方程式 **10**

テーマ
ベクトル・空間座標 **11**

テーマ
平面図形と立体図形 **12**

(3)(Ⅰ)では，文字定数(パラメータ)tを含む直線l_tの通過領域の問題で，受験では最頻出問題だ。これはtの方程式とみて，それが与えられた範囲内で少なくとも1つの解をもつ条件から領域を求めるんだね。これで，この手の問題についての解法パターンに慣れるといいね。

(Ⅱ)は，筑波大の問題で，文字定数aを含む曲線(だ円)C_aの通過領域を求める問題だ。頑張って解いてみよう。

(4)の東京大の問題は頻出典型の"領域と最大・最小問題"なんだけど，最大値・最小値それぞれを求めるのに場合分けが必要になるところがポイントだ。グラフを描いて考えるといいよ。

それでは，具体的な解説に入る前に，今回勉強する領域と最大・最小問題の考え方を下にまとめておこう。

領域と最大・最小の解法パターン

連立不等式などによって，図のような領域Dが与えられたとする。この領域D上の点(x, y)に対して，例えば，$x+y$の最大値・最小値を求めてみよう。

$$x+y=k \quad \cdots\cdots ①$$とおくと，

$$y=-x+k \quad \cdots\cdots ②$$と，見かけ上の直線が出来る。②の直線は本当は，領域D上の点(x, y)でしか定義されていないから，見かけ上と言ったんだ。よって，図のように②と領域Dが共有点をもつように，②をギリギリまで動かして，k，すなわち$x+y$の最大値・最小値を求めることができるんだね。

見かけ上の直線の利用

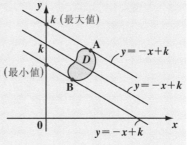

3つの円の位置関係の問題

　座標平面において原点を中心とする半径 2 の円を C_1 とし，点 $(1, 0)$ を中心とする半径 1 の円を C_2 とする。また，点 (a, b) を中心とする半径 t の円 C_3 が，C_1 に内接し，かつ C_2 に外接すると仮定する。ただし，b は正の実数とする。

(1) a, b を t を用いて表せ。また t がとりうる値の範囲を求めよ。

(2) t が (1) で求めた範囲を動くとき，b の最大値を求めよ。　　（東京大）

ヒント! (1) まず，3つの円 C_1，C_2，C_3 の図を描くと，C_3 が C_1 に内接すること，および C_3 が C_2 に外接することから，a, b, t に関する 2つの関係式が得られるんだね。(2) では，(1) の結果を利用すれば，比較的簡単に解けるはずだ。

解答 & 解説

(1) 円 C_3 の中心を $A(a, b)$，半径を t とおき，円 C_2 の中心を $B(1, 0)$ とおく。

　(i) 円 C_3 は C_1 に内接するので，

$$\underbrace{\sqrt{a^2+b^2}}_{\text{OA}} = \underbrace{2-t}_{\oplus} \quad \cdots\cdots ①$$

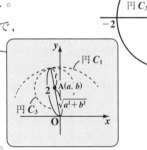

　となる。ここで，$b > 0$ より，①の右辺は正。

　よって $t < 2 \cdots\cdots ②$ となる。

　(ii) 次に，円 C_3 は円 C_2 に外接するので，

$$\underbrace{\sqrt{(a-1)^2+b^2}}_{\text{AB}} = 1+t \quad \cdots\cdots ③ となる。$$

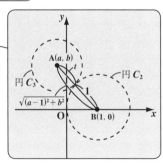

①の両辺を 2 乗して，

$$a^2+b^2 = 4-4t+t^2 \quad \cdots\cdots ①'$$

③の両辺を 2 乗して，

$$a^2-2a+1+b^2 = 1+2t+t^2 \quad \cdots\cdots ③'$$

①$'$ − ③$'$ より，$2a-1 = 3-6t$　　∴ $a = -3t+2 \cdots\cdots ④ \cdots\cdots$（答）

$a = \underline{-3t+2} \cdots\cdots$④ を，$a^2 + b^2 = 4 - 4t + t^2 \cdots\cdots\cdots$①´ に代入して，

$(\underline{-3t+2})^2 + b^2 = 4 - 4t + t^2 \qquad 9t^2 - 12t + \cancel{4} + b^2 = \cancel{4} - 4t + t^2$

$b^2 = 8(t - t^2)$

ここで，$b > 0$ より，この両辺の正の平方根をとって，

$b = \sqrt{8(t - t^2)} = 2\sqrt{2} \cdot \underset{\oplus}{\sqrt{t - t^2}}$ $\cdots\cdots\cdots\cdots$⑤$\cdots\cdots\cdots\cdots$(答)

⑤より，$t - t^2 > 0 \qquad t(t - 1) < 0 \qquad \therefore \underline{0 < t < 1}$ $\cdots\cdots\cdots\cdots$(答)

これは $t < 2 \cdots$②の条件をみたす。

(2) $0 < t < 1$ における $b = 2\sqrt{2} \cdot \sqrt{t - t^2}$ の最大値を求める。

$b = 2\sqrt{2} \cdot \sqrt{-\left(t - \dfrac{1}{2}\right)^2 + \dfrac{1}{4}}$ より，

$\sqrt{}$ 内を $f(t)$ とおくと，これは上に凸の放物線で，$t = \dfrac{1}{2}$ のとき最大値 $\dfrac{1}{4}$ をとる。

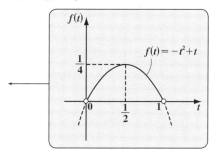

$f(t) = -t^2 + t$

$t = \dfrac{1}{2}$ のときに，b は

最大値 $b = 2\sqrt{2} \cdot \sqrt{\dfrac{1}{4}} = \sqrt{2}$ をとる。 $\cdots\cdots\cdots\cdots$(答)

東京大の文系の問題だったんだけれど，比較的解きやすい問題だったと思う。難関大でも，このような問題も時々出題されるので，そのときは確実に解いて得点していくことが大切なんだね。

O を原点とする xy 平面上で，円 **C** : $x^2+y^2=1$ の外部にある点 **P**(a, b) から円 **C** に引いた 2 つの接線の接点を **Q₁**，**Q₂** とし，線分 **Q₁Q₂** の中点を **Q** とする。点 **P** が円 **C** の外部で，$x(x-y+1)<0$ をみたす範囲にあるとき，点 **Q** の存在する範囲を図示せよ。　　　（京都大*）

Baba のレクチャー

円 **C** : $x^2+y^2=r^2$ $(r>0)$ の外部の点 **P**(a, b) から **C** に 2 接線を引いたときの接点を **Q₁**，**Q₂** とするとき，直線 **Q₁Q₂** を点 **P** を極とする円 **C** の極線(きょくせん)という。その方程式を求めてみよう。

2 つの接点を **Q₁**(a_1, b_1)，**Q₂**(a_2, b_2) とすると，接線の方程式はそれぞれ

$$a_1x+b_1y=r^2, \quad a_2x+b_2y=r^2$$

となる。

この 2 接線はともに **P**(a, b) を通るから

$$a_1a+b_1b=r^2 \quad \cdots\cdots ①$$
$$a_2a+b_2b=r^2 \quad \cdots\cdots ②$$

> **Q₁**(a_1, b_1)，**Q₂**(a_2, b_2) を，$ax+by=r^2$ に代入したものが，①，②式だからね。

①から点 **Q₁**(a_1, b_1) は直線 $ax+by=r^2$ 上にあることが分かる。

②から点 **Q₂**(a_2, b_2) も直線 $ax+by=r^2$ 上にあることが分かる。

よって，直線 **Q₁Q₂** の方程式は $ax+by=r^2$ になる。←―極線の方程式

解答 & 解説

点 **Q** は直線 **Q₁Q₂** と直線 **OP** との交点である。←極線の公式より

直線 **Q₁Q₂** の方程式は，$ax+by=1$ ……①

直線 **OP** の方程式は，$ay=bx$ ……②

点 **Q**(X, Y) とおくと，点 **Q** は①と②の交点より，①，②をみたす。よって，

$$aX+bY=1 \quad \cdots ①' \qquad aY-bX=0 \quad \cdots ②'$$

点 **P**(a, b) は円 **C** の外部で，$x(x-y+1)<0$ をみたす範囲にあるから，

テーマ

図形と方程式

10

テーマ

ベクトル・空間座標

11

テーマ

平面図形と立体図形

12

$a^2 + b^2 > 1$ かつ $a(a - b + 1) < 0$ ……③

①′，②′から，a と b を X と Y の式で表して，③に代入すれば点 $Q(X, Y)$ の存在範囲を表す不等式が求まるんだね。

①′×X＋②′×Y より，$aX^2 + aY^2 = X$　∴ $a = \dfrac{X}{X^2 + Y^2}$　……④

①′×Y－②′×X より，$bY^2 + bX^2 = Y$　∴ $b = \dfrac{Y}{X^2 + Y^2}$　……⑤

④，⑤を③に代入して，

$$\left(\frac{X}{X^2 + Y^2}\right)^2 + \left(\frac{Y}{X^2 + Y^2}\right)^2 > 1 \ \text{かつ} \ \frac{X}{X^2 + Y^2}\left(\frac{X}{X^2 + Y^2} - \frac{Y}{X^2 + Y^2} + 1\right) < 0$$

2 式の両辺に $(X^2 + Y^2)^2$ をかけて，

$$X^2 + Y^2 > (X^2 + Y^2)^2 \ \text{かつ} \ X(X - Y + X^2 + Y^2) < 0$$

両辺を $X^2 + Y^2 \, (> 0)$ で割る！

$X^2 + Y^2 < 1$ ……⑥ かつ $\underset{\substack{\| \\ A}}{X}\underset{\substack{\| \\ B}}{\left\{\left(X + \frac{1}{2}\right)^2 + \left(Y - \frac{1}{2}\right)^2 - \frac{1}{2}\right\}} < 0$ ……⑦

ここで，⑦は

$AB < 0$ ……⑦のとき，
（ⅰ）$A > 0$ かつ $B < 0$
または
（ⅱ）$A < 0$ かつ $B > 0$ だね。

（ⅰ）$X > 0$, $\left(X + \dfrac{1}{2}\right)^2 + \left(Y - \dfrac{1}{2}\right)^2 < \dfrac{1}{2}$ ……⑧

または，

（ⅱ）$X < 0$, $\left(X + \dfrac{1}{2}\right)^2 + \left(Y - \dfrac{1}{2}\right)^2 > \dfrac{1}{2}$ ……⑨

よって，変数 X，Y を x，y に書きかえて，⑥，⑧，⑨を図示すると右図の網目部になる。
（ただし，境界線は含まない）

………（答）

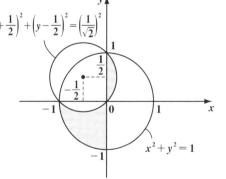

$\left(x + \dfrac{1}{2}\right)^2 + \left(y - \dfrac{1}{2}\right)^2 = \left(\dfrac{1}{\sqrt{2}}\right)^2$

$x^2 + y^2 = 1$

直線群の通過領域

xy 平面上の **2** 点 $(t,\ t)$, $(t-1,\ 1-t)$ を通る直線を l_t とする。

(1) l_t の方程式を求めよ。

(2) t が，$0 \leqq t \leqq 1$ を動くとき，l_t の通り得る範囲を図示せよ。

ヒント！　(1) の直線 l_t の式は，$y = (2t-1)x - 2t^2 + 2t$ と簡単に求まるはずだ。問題は，(2) だね。l_t を，t の **2** 次方程式とみて，これが $0 \leqq t \leqq 1$ の範囲に少なくとも **1** つの実数解をもつとき，l_t の通過する領域に対応するんだね。

解答＆解説

(1) **2** 点 $(t,\ t)$, $(t-1,\ 1-t)$ を通る直線 l_t の方程式は，

$$y = \frac{t-(1-t)}{t-(t-1)}(x-t)+t \ \text{より，}\ y = (2t-1)(x-t)+t$$

$$l_t : y = (2t-1)x - 2t^2 + 2t \ \cdots\cdots ① \ \cdots\cdots\cdots\cdots\cdots\cdots\cdots\cdots\cdots\cdots\text{(答)}$$

Baba のレクチャー

①の l_t の式は，t が $0 \leqq t \leqq 1$ の範囲を動くとき無数の直線を表す。ここで，①を t の **2** 次方程式とみると，図アのように，t が，$0 \leqq t \leqq 1$ の範囲に

(ⅰ) 少なくとも **1** 実数解をもつとき：

　　l_t の通過する領域に対応し，

(ⅱ) 実数解を **1** つももたないとき：

　　l_t の通過しない領域に対応する。

この解法のパターンをシッカリ頭に入れておこう。

図ア　　　$t = t_1$　　$t = t_2$

$(x_1,\ y_1)$

$(x_2,\ y_2)$

$t = t_1, t_2$ の **2** 実数解をもつとき，l_t が通過する点

$t = t_1$ の **1** 実数解をもつとき，l_t が通過する点

(2) ①を t の方程式に書きかえて，

$$2t^2 - 2(x+1)t + x + y = 0 \ \cdots\cdots ② \quad \text{となる。}$$

テーマ

図形と方程式

10

テーマ

ベクトル・空間座標

11

テーマ

平面図形と立体図形

12

t が，$0 \leqq t \leqq 1$ の範囲を動くとき，直線 l_t の通過する領域は，②の t の方程式が，$0 \leqq t \leqq 1$ の範囲に少なくとも 1 つの実数解をもつ場合に対応する。

ここで，②を分解して，

定数扱い

$$\begin{cases} z = f(t) = \boxed{2}t^2 \boxed{-2(x+1)}t + \boxed{x+y} \\ z = 0 \ [\,t \text{ 軸}\,] \quad \text{とおく}\,。 \end{cases}$$

> x，y は定数扱いだから，z という変数を新たにもち込んで，$z = f(t)$ と t 軸が $0 \leqq t \leqq 1$ の範囲に少なくとも 1 つの共有点をもつ条件を求めればいいんだ。

(Ⅰ) $f(0) \times f(1) \leqq 0$ のとき，

$(y+x)\{2 - 2(x+1) + x + y\} \leqq 0$

$(y+x)(y-x) \leqq 0$ ……③

境界線：$\begin{cases} y = x \\ y = -x \end{cases}$

よって，③の表す領域を図 1 に網目部で示す。

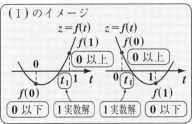

(Ⅰ) のイメージ

図 1 (Ⅰ) の領域

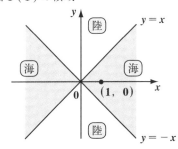

Baba のレクチャー

$(y+x)(y-x) \leqq 0$ …③の左辺に，xy 平面上の任意の点の座標を代入して，(i) ⊕ならば陸，(ii) ⊖ならば海と考える。

まず，$(y+x)(y-x) = 0$ とおいて，海抜 0m の海岸線 (境界線) $y = x$ と $y = -x$ を出す。次に，この境界上にない点，たとえば $(1,\ 0)$ を，③の左辺に代入して，$(0+1)(0-1) = -1 < 0$，つまり⊖となるので，この点は海に位置する。今回は，③より，海の部分を求めたいので，境界線を境に，海，陸，海，…と塗り分けて，③の表す領域を求めたんだよ。

（Ⅱ）$f(0) \times f(1) \geqq 0$ のとき

  （ⅰ）②の判別式を D とおくと，

$$\frac{D}{4} = (x+1)^2 - 2(x+y) \geqq 0$$

$$\therefore y \leqq \frac{1}{2}x^2 + \frac{1}{2}$$

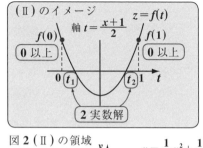

（Ⅱ）のイメージ

  （ⅱ）軸：$t = \dfrac{x+1}{2}$ より，

$$0 \leqq \frac{x+1}{2} \leqq 1 \quad \therefore -1 \leqq x \leqq 1$$

  （ⅲ）$f(0) = x + y \geqq 0 \quad \therefore y \geqq -x$

  （ⅳ）$f(1) = y - x \geqq 0 \quad \therefore y \geqq x$

  $\therefore$（Ⅱ）の領域を図 2 に網目部で示す。

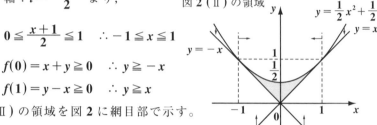

図 2（Ⅱ）の領域

以上（Ⅰ），（Ⅱ）より，t が

$0 \leqq t \leqq 1$ の範囲で動くとき，

直線 l_t が通過する領域は，

図 1 と図 2 の網目部を合わ

せたもので，それを図 3 に

網目部で示す。

（境界線はすべて含む）…(答)

図 3 l_t（$0 \leqq t \leqq 1$）の通過領域

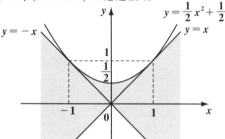

テーマ
図形と方程式
10

テーマ
ベクトル・空間座標
11

テーマ
平面図形と立体図形
12

曲線群の通過領域

| 演習問題 51 | 難易度 ★★★ | CHECK1 | CHECK2 | CHECK3 |

実数 a に対して，曲線 C_a を方程式 $(x-a)^2 + ay^2 = a^2 + 3a + 1$ によって定める。

(1) C_a は a の値と無関係に 4 つの定点を通ることを示し，その 4 定点の座標を求めよ。

(2) a が正の実数全体を動くとき，C_a が通過する範囲を図示せよ。(筑波大)

ヒント！ (1) は a でまとめて，a にかかる係数と a からみた定数項を **0** とおくことにより 4 定点が求まる。(2) も同様に a でまとめて，a の 1 次方程式とし，これが正の実数解をもつ条件を求めて，曲線 C_a の通過領域を求めればいいんだね。

解答＆解説

曲線 $C_a : (x-a)^2 + ay^2 = a^2 + 3a + 1$ ……①

①を変形して，a でまとめると，

$x^2 - 2ax + a^2 + ay^2 = a^2 + 3a + 1$

$a(2x - y^2 + 3) + (1 - x^2) = 0$ ……②

[a の 1 次方程式の形]

> $a > 0$ のとき，これは xy 座標平面上で点 $(a, 0)$ を中心とするだ円になる。
> ["数学 III" の範囲]
> よって，今回はだ円群 C_a の通過領域の問題だったんだ。もちろん，だ円については考える必要はないよ。文系数学の考え方のみで，曲線群の通過領域を調べていけばいいだけだからね。

(1) a の係数 $2x - y^2 + 3$ と，a からみた定数項 $1 - x^2$ が共に **0** のとき，a の値に関わらず②，すなわち①は成り立つ。これから，a の値とは無関係に，曲線 C_a の通る定点を求めるためには，

$2x - y^2 + 3 = 0$ ……③ かつ $1 - x^2 = 0$ ……④ とすればよい。

④より，$x = \pm 1$

(i) $x = 1$ のとき，③は，$y^2 = 5$ ∴ $y = \pm\sqrt{5}$

(ii) $x = -1$ のとき，③は，$y^2 = 1$ ∴ $y = \pm 1$

以上より，曲線 C_a は a の値とは無関係に 4 つの定点 $(1, \sqrt{5})$，$(1, -\sqrt{5})$，$(-1, 1)$，$(-1, -1)$ を通る。 ……………(答)

(2) a が正の範囲を動くとき，曲線 C_a の通過する領域は②の a の 1 次方程式が $a > 0$ の範囲に解をもつ場合に対応する。

[この考え方はすごく大事だ！]

x の 1 次方程式 $Ax+B=0$ …⑦　が正の実数解をもつ条件を求めよう。

（ⅰ）$A=0$ のとき，$B=0$ であれば，$0\cdot x+0=0$ となって，⑦は無数に解をもつ。（不定解）　よって，$x>0$ の解を必ずもつ。

（ⅱ）$A\neq0$ のとき，⑦より $x=-\dfrac{B}{A}$ となる。これが正であればいいので，$-\dfrac{B}{A}>0$，$\dfrac{B}{A}<0$，$A\cdot B<0$ となる。要領はつかめた？

> 両辺に A^2 をかけた。

②の a の 1 次方程式が，正の実数解をもつ条件を調べる。

（ⅰ）$2x-y^2+3=0$ のとき，②は

$1-x^2=0$

> ②は，$0\cdot a+0=0$ となって，不定解をもつ。

これは (1) の結果より，

4 定点 $(1,\ \sqrt5)$，$(1,\ -\sqrt5)$，$(-1,\ 1)$，$(-1,\ -1)$ を表す。

> つまり，曲線 C_a は，$a>0$ のときも必ずこの 4 つの定点を通る。

（ⅱ）$2x-y^2+3\neq0$ のとき，②の解 a は

$a=\dfrac{x^2-1}{2x-y^2+3}$ で，これが正となればいい。

よって，$\dfrac{x^2-1}{2x-y^2+3}>0$ より

> $\dfrac{B}{A}>0$ より
> $AB>0$

$(x+1)(x-1)(2x-y^2+3)>0$

境界線 $x=-1$，$x=1$，$x=\dfrac{1}{2}y^2-\dfrac{3}{2}$

> 境界線上にない点 $(0,\ 0)$ を代入すると，$1\times(-1)\times3=-3<0$ となって海となる。今回は陸を求めたいので，境界線を境に，海，陸，海，…と塗り分ければいい。

以上（ⅰ），（ⅱ）より，$a>0$ のとき曲線 C_a の通過する領域は，右の網目部のようになる。

$\left(\begin{array}{l}\text{境界は } 4 \text{ 点 } (1,\ \pm\sqrt5),\ (-1,\ \pm1)\\ \text{のみを含み，他は含まない。}\end{array}\right)$ …(答)

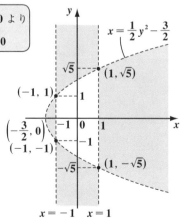

テーマ

10
図形と方程式

テーマ

11
ベクトル・空間座標

テーマ

12
平面図形と立体図形

領域と最大・最小問題の応用

a を正の実数とする。次の 2 つの不等式を同時にみたす点 (x, y) 全体からなる領域を D とする。

$$y \geqq x^2, \quad y \leqq -2x^2 + 3ax + 6a^2$$

領域 D における $x+y$ の最大値，最小値を求めよ。　　　　　（東京大）

ヒント！ 2 つの放物線で囲まれた領域 D 上の点 (x, y) について $x+y$ の最大値・最小値を求めればいいので，$x+y=k$ とおいて見かけ上の直線の式をつくり，これが領域 D とギリギリ共有点をもつ状態から，k の最大値・最小値を調べればいいんだね。でも今回は，a の値の範囲によって場合分けをしなければいけない。ここがポイントだよ。

解答＆解説

$$\begin{cases} y = f(x) = x^2 & \cdots\cdots\cdots\cdots\cdots\cdots① \\ y = g(x) = -2x^2 + 3ax + 6a^2 & \cdots\cdots② \end{cases} \quad (a > 0) \quad \text{とおくと，}$$

領域 D は，2 つの不等式 $y \geqq f(x)$ かつ $y \leqq g(x)$ で表される。

①，②より y を消去して，

$$x^2 = -2x^2 + 3ax + 6a^2$$
$$x^2 - ax - 2a^2 = 0$$
$$(x+a)(x-2a) = 0 \quad \text{より，}$$
$$x = -a, \; 2a \quad (-a < 0 < 2a)$$

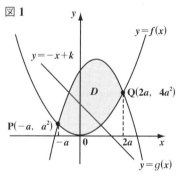

図1

よって，$y = f(x)$ と $y = g(x)$ の交点を P，Q とおくと，

$P(-a, a^2)$，$Q(2a, 4a^2)$ となる。

以上より，領域 D の概略図を図1に網目部で示す。

この領域 D 上の点 (x, y) について，$x+y$ の最大値・最小値を求めるために，$x+y=k$ ……③ とおくと，これは $y = -x + k$ ……③′ となるので傾き -1，y 切片 k の直線を表す。

③や③′の x，y はあくまでも領域 D 上の点 (x, y) のことなので，見かけ上直線の式と考える。そして，これが領域 D とギリギリ共有点をもつ状態から，k，すなわち $x+y$ の最大値・最小値を求めるんだね。

ここで，$y=g(x)=-2x^2+3ax+6a^2$ は文字定数 a を含むので，a の値により領域 D の形状が変化する。よって，k の最大値・最小値を求める際に，次のような場合分けが必要となる。

（Ⅰ）k の最大値を求める場合

　　$y=-x+k$ の傾き -1 が

　　（ⅰ）$-1\geqq g'(2a)$ のとき，

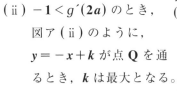

点 Q における $y=g(x)$ の接線の傾き

　　　　図ア（ⅰ）のように，

　　　　$y=-x+k$ が $y=g(x)$

　　　　と接するとき，k は最大

　　　　となる。

　　（ⅱ）$-1<g'(2a)$ のとき，

　　　　図ア（ⅱ）のように，

　　　　$y=-x+k$ が点 Q を通

　　　　るとき，k は最大となる。

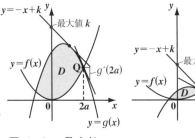

図ア　k の最大値
（ⅰ）$-1\geqq g'(2a)$ のとき　（ⅱ）$-1<g'(2a)$ のとき

（Ⅱ）k の最小値を求める場合

　　$y=-x+k$ の傾き -1 が

　　（ⅰ）$-1\geqq f'(-a)$ のとき，

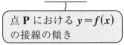

点 P における $y=f(x)$ の接線の傾き

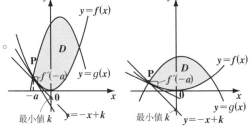

図イ　k の最小値
（ⅰ）$-1\geqq f'(-a)$ のとき　（ⅱ）$-1<f'(-a)$ のとき

　　　　図イ（ⅰ）のように，$y=-x+k$ が $y=f(x)$ と接するとき，k は最

　　　　小となる。

　　（ⅱ）$-1<f'(-a)$ のとき，

　　　　図イ（ⅱ）のように，$y=-x+k$ が点 P を通るとき．k は最小とな

　　　　る。

$y=g(x)$ と $y=f(x)$ をそれぞれ x で微分して，

$g'(x)=-4x+3a,\ f'(x)=2x$

よって，$g'(2a)=-5a,\ f'(-a)=-2a$ となる。

ここで，$k(=x+y)$ の最大値を M，最小値を m とおくことにする。

134

テーマ

図形と方程式
10

テーマ

ベクトル・空間座標
11

テーマ

平面図形と立体図形
12

（Ⅰ）最大値 M について，

（ⅰ）$-1 \geqq -5a$，すなわち $a \geqq \dfrac{1}{5}$ のとき，

（$g'(2a)$）

$y = -x + k$ と $y = g(x) = -2x^2 + 3ax + 6a^2$ が接するときに，k は最大となる。

よって，これから y を消去して，$-x + k = -2x^2 + 3ax + 6a^2$

$2x^2 - (3a + 1)x + k - 6a^2 = 0$ 　　この判別式を D_1 とおくと，

$D_1 = \boxed{(3a + 1)^2 - 8(k - 6a^2) = 0}$ 　$\therefore M = \dfrac{1}{8}(57a^2 + 6a + 1)$

　　　　　　　　↑
　　　　$\boxed{\text{このときの } k \text{ が最大値 } M}$

（ⅱ）$-1 < -5a$，すなわち $a < \dfrac{1}{5}$ のとき，

$y = -x + k$ が点 $Q(2a, \ 4a^2)$ を通るとき，k は最大となる。

$\therefore M = 2a + 4a^2$

（Ⅱ）最小値 m について，

（ⅰ）$-1 \geqq -2a$，すなわち $a \geqq \dfrac{1}{2}$ のとき，

（$f'(-a)$）

$y = -x + k$ と $y = f(x) = x^2$ が接するとき，k は最小となる。

よって，これから y を消去して，

$-x + k = x^2$ 　　$x^2 + x - k = 0$ 　$\boxed{\text{このときの } k \text{ が最小値 } m}$

この判別式を D_2 とおくと，$D_2 = \boxed{1 + 4k = 0}$ 　$\therefore m = -\dfrac{1}{4}$

（ⅱ）$-1 < -2a$，すなわち $a < \dfrac{1}{2}$ のとき，

$y = -x + k$ が点 $P(-a, \ a^2)$ を通るとき，k は最小となる。

$\therefore m = -a + a^2$

以上より k，すなわち $x + y$ の最大値 M と最小値 m は次のようになる。

$\begin{cases} (\text{ⅰ}) \ a \geqq \dfrac{1}{5} \text{ のとき，} M = \dfrac{1}{8}(57a^2 + 6a + 1) \\ (\text{ⅱ}) \ a < \dfrac{1}{5} \text{ のとき，} M = 2a + 4a^2 \end{cases}$ ···········(答)

$\begin{cases} (\text{ⅰ}) \ a \geqq \dfrac{1}{2} \text{ のとき，} m = -\dfrac{1}{4} \\ (\text{ⅱ}) \ a < \dfrac{1}{2} \text{ のとき，} m = -a + a^2 \end{cases}$ ···········(答)

テーマ⑪ ベクトル・空間座標

● ベクトル・空間座標の融合問題にチャレンジしよう！

さァ，これから "**ベクトル**"，"**空間座標**" の講義に入ろう。ベクトルや空間座標は，図形問題を解く上で非常に役に立つ手法で，これまでもみんな標準問題についてはよく勉強してきたと思う。でも，ここでは，他の分野との融合問題や応用問題を通して，さらに鍛えていくつもりだ。

それでは，今回のメインテーマを下に示そう。

(1) 三角形の外心の位置ベクトル
(2) 平面ベクトルと図形問題
(3) ベクトルの内積と不等式の証明
(4) 球面のベクトル方程式の応用
(5) 四面体とベクトルの融合問題
(6) 直線と平面の位置関係
(7) 球の平面上への射影

(1) の，円に内接する三角形の外心の位置ベクトルを求めさせる滋賀大の問題では，外心の性質をうまく利用して解くんだよ。
(2) は，東京大の問題で，平面ベクトルを使って，八角形の図形の面積を求める問題だ。図を描きながら考えていくといい。
(3) は横浜国立大の問題で，ベクトルの内積と不等式の証明を融合した応用問題だ。式をうまく変形していくことがポイントだね。
(4) は一橋大の問題で，球面のベクトル方程式の応用問題なんだね。
(5) の神戸大の問題は，空間上の点が三角形の周または内部にあるための，2つの媒介変数のみたす条件に帰着させる問題だよ。
(6) は，早稲田大の問題で，空間座標における平面と直線の位置関係を調べる標準問題だ。
(7) は，空間座標の応用問題で，球面とその接線に関する問題だ。これは物理的には，地面（xy 平面）に置かれた球体に上方から点光源による光を当てたとき，球面により出来る地面上の影の境界線の方程式を求める問題になっているんだよ。頑張って解いてみよう。

テーマ
図形と方程式
10

テーマ
ベクトル・空間座標
11

テーマ
平面図形と立体図形
12

三角形の外心の位置ベクトル

| 演習問題 53 | 難易度 ★★★ | CHECK1 | CHECK2 | CHECK3 |

$OA : OB = 3 : 2$, $\angle AOB = 60°$ である $\triangle OAB$ の外接円の中心を C とする。$\overrightarrow{OA} = \vec{a}$, $\overrightarrow{OB} = \vec{b}$ とするとき, $\overrightarrow{OC}$ を $\vec{a}$, $\vec{b}$ で表せ。 （滋賀大）

ヒント！ $\overrightarrow{OC} = \alpha\vec{a} + \beta\vec{b}$ とおき, C から辺 OA, OB に下した垂線の足を H, K として $\overrightarrow{HC} \perp \vec{a}$, $\overrightarrow{KC} \perp \vec{b}$ の垂直条件を使うといいよ。また, $|\vec{a}| = 3k$, $|\vec{b}| = 2k$ とおくんだよ。

解答 & 解説

$\overrightarrow{OC} = \alpha\vec{a} + \beta\vec{b}$ ……① （α, β : 定数）
とおく。右図のように点 H, K をとると,

$\overrightarrow{HC} = \overrightarrow{OC} - \underset{\underset{\frac{1}{2}\vec{a}}{\|}}{\overrightarrow{OH}} = \alpha\vec{a} + \beta\vec{b} - \frac{1}{2}\vec{a}$

$\qquad = \left(\alpha - \frac{1}{2}\right)\vec{a} + \beta\vec{b}$ ……②

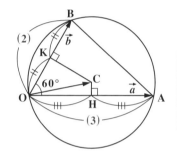

$\overrightarrow{KC} = \overrightarrow{OC} - \underset{\underset{\frac{1}{2}\vec{b}}{\|}}{\overrightarrow{OK}} = \alpha\vec{a} + \beta\vec{b} - \frac{1}{2}\vec{b}$

$\qquad = \alpha\vec{a} + \left(\beta - \frac{1}{2}\right)\vec{b}$ ……③

$\overrightarrow{HC} \perp \vec{a}$ より, $\overrightarrow{HC} \cdot \vec{a} = 0$ ……④

$\overrightarrow{KC} \perp \vec{b}$ より, $\overrightarrow{KC} \cdot \vec{b} = 0$ ……⑤

> 三角形の外心は，3 辺の垂直 2 等分線の交点だから，$\overrightarrow{HC} \perp \vec{a}$, $\overrightarrow{KC} \perp \vec{b}$ だ。

②を④に, そして③を⑤に代入して,

$\left\{\left(\alpha - \frac{1}{2}\right)\vec{a} + \beta\vec{b}\right\} \cdot \vec{a} = \boxed{\left(\alpha - \frac{1}{2}\right)|\vec{a}|^2 + \beta\vec{a} \cdot \vec{b} = 0}$ ……⑥

$\left\{\alpha\vec{a} + \left(\beta - \frac{1}{2}\right)\vec{b}\right\} \cdot \vec{b} = \boxed{\alpha\vec{a} \cdot \vec{b} + \left(\beta - \frac{1}{2}\right)|\vec{b}|^2 = 0}$ ……⑦

ここで, $|\vec{a}| = 3k$, $|\vec{b}| = 2k$, $\vec{a} \cdot \vec{b} = \underset{3k}{\boxed{|\vec{a}|}}\,\underset{2k}{\boxed{|\vec{b}|}}\,\underset{\frac{1}{2}}{\boxed{\cos 60°}} = 3k^2$ （k : 正の定数）

$\boxed{|\vec{a}| : |\vec{b}| = 3 : 2\,\text{だからね。}}$

とおいて, これらを⑥と⑦に代入すると,

$$\left(\alpha - \frac{1}{2}\right) \cdot 9k^2 + \beta \cdot 3k^2 = 0, \quad \alpha \cdot 3k^2 + \left(\beta - \frac{1}{2}\right) \cdot 4k^2 = 0$$

⑥より ⑦より

それぞれの両辺を k^2 で割ってまとめると，

$$6\alpha + 2\beta = 3 \quad \cdots\cdots ⑧ \qquad 3\alpha + 4\beta = 2 \quad \cdots\cdots ⑨$$

⑧，⑨を α，β について解いて，$\alpha = \dfrac{4}{9}$，$\beta = \dfrac{1}{6}$

これらを①に代入して，求める $\overrightarrow{OC}$ は，

$$\overrightarrow{OC} = \frac{4}{9}\vec{a} + \frac{1}{6}\vec{b} \quad \cdots\cdots\cdots\cdots\cdots\cdots\cdots\cdots\cdots\cdots\cdots\cdots\cdots\cdots\cdots (答)$$

別解

右図のように，座標平面を定めて，
解くこともできるよ。

$\vec{a} = (6, 0)$，$\vec{b} = (2, 2\sqrt{3})$ とおける。

$\overrightarrow{OC} = \alpha\vec{a} + \beta\vec{b}$ ……① とおくと，

$\overrightarrow{OC} = \alpha(6, 0) + \beta(2, 2\sqrt{3})$

$\qquad = (\underbrace{(6\alpha + 2\beta)}_{3}, 2\sqrt{3}\beta)$

> このとき，OA : OB = 3 : 2
> だから，これでいいね。

点 C は，直線 $x = 3$ 上にあるから，

$$6\alpha + 2\beta = 3 \quad \cdots\cdots ②$$

また，点 C は辺 OB の垂直 2 等分線
上にあるから，$|\overrightarrow{BC}| = |\overrightarrow{OC}|$

$\overrightarrow{BC} = \overrightarrow{OC} - \overrightarrow{OB} = (3, 2\sqrt{3}\beta) - (2, 2\sqrt{3}) = (1, 2\sqrt{3}(\beta - 1))$

$\therefore |\overrightarrow{BC}|^2 = 1^2 + \{2\sqrt{3}(\beta - 1)\}^2 = 1 + 12(\beta - 1)^2 \quad \cdots\cdots ③$

$|\overrightarrow{OC}|^2 = 3^2 + (2\sqrt{3}\beta)^2 = 9 + 12\beta^2 \quad \cdots\cdots ④$

$|\overrightarrow{BC}|^2 = |\overrightarrow{OC}|^2$ に③と④を代入して，

$$1 + 12(\beta - 1)^2 = 9 + 12\beta^2, \quad 1 + 12(\beta^2 - 2\beta + 1) = 9 + 12\beta^2$$

$\therefore \beta = \dfrac{1}{6}$ ②より，$\alpha = \dfrac{4}{9}$

よって，求める $\overrightarrow{OC}$ は，①より，$\overrightarrow{OC} = \dfrac{4}{9}\vec{a} + \dfrac{1}{6}\vec{b}$ ……………(答)

平面ベクトルと図形問題の融合

演習問題 54	難易度 ★★★★	CHECK1	CHECK2	CHECK3

自然数 k に対して，xy 平面上のベクトル $\vec{v_k} = (\cos 45°k, \sin 45°k)$ を考える。a，b を正の数とし，平面上の点 P_0，P_1，$\cdots\cdots$，P_8 を

$P_0 = (0, 0)$，

$\overrightarrow{P_{2n}P_{2n+1}} = a\vec{v_{2n+1}}$　　$(n = 0, 1, 2, 3)$

$\overrightarrow{P_{2n+1}P_{2n+2}} = b\vec{v_{2n+2}}$　　$(n = 0, 1, 2, 3)$

により定める。

(1) $P_8 = P_0$ であることを示せ。

(2) P_0，P_1，$\cdots\cdots$，P_8 を順に結んで得られる八角形の面積 S を a，b を用いて表せ。

(3) 面積 S が 7，線分 P_0P_4 の長さが $\sqrt{10}$ のとき，a，b の値を求めよ。

(東京大)

ヒント! (1) 単位円周上に 8 点 $\vec{v_1}$, $\vec{v_2}$, $\cdots$, $\vec{v_8}$ をとると，$\vec{v_k} + \vec{v_{k+4}} = \vec{0}$ ($k = 1, 2,$ 3, 4) となるね。(2) は，正方形の面積から 4 隅の三角形の面積を除けばいいよ。(3) は三平方の定理で求まるね。

解答 & 解説

(1) $\vec{v_k} = (\cos 45°k, \sin 45°k)$ とおくと，

$\vec{v_1}$, $\vec{v_2}$, $\cdots$, $\vec{v_8}$ は，図 1 のようになる。

よって，$\vec{v_k} = -\vec{v_{k+4}}$ より，

$\vec{v_k} + \vec{v_{k+4}} = \vec{0}$　$(k = 1, 2, 3, 4)$ ……①

$\begin{cases} \overrightarrow{P_{2n}P_{2n+1}} = a\vec{v_{2n+1}} & (n = 0, 1, 2, 3) \\ \overrightarrow{P_{2n+1}P_{2n+2}} = b\vec{v_{2n+2}} & (n = 0, 1, 2, 3) \end{cases}$ より，

$\boxed{P_0 = P_8 \text{ を示すには，} \overrightarrow{P_0P_8} = \vec{0} \text{ を示せばいいんだね。}}$

$\overrightarrow{P_0P_8} = \overrightarrow{P_0P_1} + \overrightarrow{P_1P_2} + \overrightarrow{P_2P_3} + \overrightarrow{P_3P_4} + \overrightarrow{P_4P_5} + \overrightarrow{P_5P_6} + \overrightarrow{P_6P_7} + \overrightarrow{P_7P_8}$

$= \underbrace{(\overrightarrow{P_0P_1})}_{a\vec{v_1}} + \underbrace{(\overrightarrow{P_2P_3})}_{a\vec{v_3}} + \underbrace{(\overrightarrow{P_4P_5})}_{a\vec{v_5}} + \underbrace{(\overrightarrow{P_6P_7})}_{a\vec{v_7}} + \underbrace{(\overrightarrow{P_1P_2})}_{b\vec{v_2}} + \underbrace{(\overrightarrow{P_3P_4})}_{b\vec{v_4}} + \underbrace{(\overrightarrow{P_5P_6})}_{b\vec{v_6}} + \underbrace{(\overrightarrow{P_7P_8})}_{b\vec{v_8}}$

$= a\vec{v_1} + a\vec{v_3} + a\vec{v_5} + a\vec{v_7} + b\vec{v_2} + b\vec{v_4} + b\vec{v_6} + b\vec{v_8}$

$= a(\vec{v_1} + \vec{v_3} + \vec{v_5} + \vec{v_7}) + b(\vec{v_2} + \vec{v_4} + \vec{v_6} + \vec{v_8})$

$= a\{\underbrace{(\vec{v_1} + \vec{v_5})}_{\vec{0}} + \underbrace{(\vec{v_3} + \vec{v_7})}_{\vec{0}}\} + b\{\underbrace{(\vec{v_2} + \vec{v_6})}_{\vec{0}} + \underbrace{(\vec{v_4} + \vec{v_8})}_{\vec{0}}\}$ ……②　$(\because ①)$

139

ここで，①より，$\overrightarrow{v_1}+\overrightarrow{v_5}=\overrightarrow{v_2}+\overrightarrow{v_6}=\overrightarrow{v_3}+\overrightarrow{v_7}=\overrightarrow{v_4}+\overrightarrow{v_8}=\overrightarrow{0}$ ……③

（$k=1$）（$k=2$）（$k=3$）（$k=4$）

③を②に代入して，

$\overrightarrow{P_0P_8}=\overrightarrow{0}$ $\therefore$ $P_8=P_0$ ……………………………………（終）

(2) $\left|\overrightarrow{v_k}\right|=1$ より，

$\left|\overrightarrow{P_{2n}P_{2n+1}}\right|=a\underset{1}{\underline{\left|\overrightarrow{v_{2n+1}}\right|}}=a$

$\left|\overrightarrow{P_{2n+1}P_{2n+2}}\right|=b\underset{1}{\underline{\left|\overrightarrow{v_{2n+2}}\right|}}=b$

よって，題意の八角形は図2のようになる。

図2

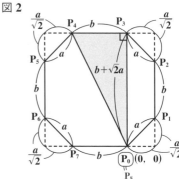

この八角形の面積 S は，4隅の三角形の面積を全体の正方形の面積から除いたものだから，

$$S=\left(b+2\times\frac{a}{\sqrt{2}}\right)^2-4\times\frac{1}{2}\cdot\left(\frac{a}{\sqrt{2}}\right)^2=2a^2+2\sqrt{2}ab+b^2-a^2$$

$$=a^2+2\sqrt{2}ab+b^2 \text{ ……④} \cdots\cdots（答）$$

(3) 図2の直角三角形 $P_0P_3P_4$ に三平方の定理を用いて，

$$P_0P_4{}^2=b^2+(b+\sqrt{2}a)^2=2a^2+2\sqrt{2}ab+2b^2 \text{ ……⑤}$$

ここで，$S=7$，$P_0P_4{}^2=10$ より，④，⑤は，

$$\begin{cases}a^2+2\sqrt{2}ab+b^2=7 & \text{……④'}\\a^2+\sqrt{2}ab+b^2=5 & \text{……⑤'}\end{cases} \text{ となる。}$$

④'，⑤'は，a と b の対称式だから，これからまず，基本対称式 $a+b$, ab の値を求めると，スッキリ a, b の値が求まるよ。

④'－⑤'より，$\sqrt{2}ab=2$ $\therefore$ $ab=\sqrt{2}$

⑤'より，$(a+b)^2+(\sqrt{2}-2)\underset{\sqrt{2}}{\underline{(ab)}}=5$

$$(a+b)^2=5-\sqrt{2}(\sqrt{2}-2)=3+2\sqrt{2}$$

$$a+b=\sqrt{\underset{\text{たして}}{\boxed{3}}+2\underset{\text{かけて}}{\sqrt{\boxed{2}}}}=\sqrt{2}+\sqrt{1} \ (\because a+b>0)$$

以上より，$a+b=\sqrt{2}+1$，$ab=\sqrt{2}\times1$

$\therefore$ 求める a, b の値の組は，$(a, b)=(\sqrt{2}, 1),\ (1, \sqrt{2})$ ……………（答）

ベクトルの内積と不等式の証明

| 演習問題 55 | 難易度 ★★★★ | CHECK1 | CHECK2 | CHECK3 |

$\triangle ABC$ において $\overrightarrow{AB} \cdot \overrightarrow{AC} = x$, $\overrightarrow{BC} \cdot \overrightarrow{BA} = y$, $\overrightarrow{CA} \cdot \overrightarrow{CB} = z$ とおく。

ここで・は内積を表す。次の問いに答えよ。

(1) 各辺の長さをそれぞれ x, y, z を用いて表せ。

(2) $xy + yz + zx > 0$ が成り立つことを証明せよ。　　　　　（横浜国立大）

ヒント！　(1)(2) 共に解法の糸口を見つけるのに，意外と時間がかかるかも知れないね。$\triangle ABC$ において，まず x は A を始点，y は B を始点，そして z は C を始点とするベクトルの内積になっていることに気を付けよう。(2) は，すべて A を始点とするベクトルに書き換えると話が見えてくるはずだ。粘り強く頑張ろう！

解答＆解説

$\triangle ABC$ において，

$\overrightarrow{AB} \cdot \overrightarrow{AC} = x$ ……① 　（A が始点）　　$\overrightarrow{BC} \cdot \overrightarrow{BA} = y$ ……② 　（B が始点）

$\overrightarrow{CA} \cdot \overrightarrow{CB} = z$ ……③ 　（C が始点のベクトルの内積）　　①, ②, ③ を用いて，

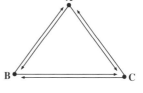

(1)（ⅰ）辺 AB の長さについて，

$$AB^2 = |\overrightarrow{AB}|^2 = \overrightarrow{AB} \cdot \overrightarrow{AB} = \overrightarrow{AB} \cdot \underbrace{(\overrightarrow{AC} + \overrightarrow{CB})}_{(\overrightarrow{AC}+\overrightarrow{CB})}$$

（たし算形式のまわり道の原理）

$$= \underbrace{\overrightarrow{AB} \cdot \overrightarrow{AC}}_{x} + \underbrace{\overrightarrow{AB} \cdot \overrightarrow{CB}}_{(-\overrightarrow{BA}) \cdot (-\overrightarrow{BC}) = \overrightarrow{BA} \cdot \overrightarrow{BC} = y}$$

これで，B 始点の内積 y になった！

$$= \overrightarrow{AB} \cdot \overrightarrow{AC} + \overrightarrow{BC} \cdot \overrightarrow{BA} = x + y$$

（ⅱ）辺 BC の長さについても同様に，

$$BC^2 = |\overrightarrow{BC}|^2 = \overrightarrow{BC} \cdot \overrightarrow{BC} = \overrightarrow{BC} \cdot (\overrightarrow{BA} + \overrightarrow{AC}) = \underbrace{\overrightarrow{BC} \cdot \overrightarrow{BA}}_{y} + \underbrace{\overrightarrow{CA} \cdot \overrightarrow{CB}}_{z}$$

（$\overrightarrow{BC} \cdot \overrightarrow{AC}$）

$$= y + z$$

（ⅲ）辺 CA の長さについても同様に，

$$CA^2 = |\overrightarrow{CA}|^2 = \overrightarrow{CA} \cdot \overrightarrow{CA} = \overrightarrow{CA} \cdot (\overrightarrow{CB} + \overrightarrow{BA}) = \underbrace{\overrightarrow{CA} \cdot \overrightarrow{CB}}_{z} + \underbrace{\overrightarrow{AB} \cdot \overrightarrow{AC}}_{x}$$

（$\overrightarrow{CA} \cdot \overrightarrow{BA}$）

$$= z + x$$

以上 (i) $AB^2 = x + y$, (ii) $BC^2 = y + z$, (iii) $CA^2 = z + x$ より,

$AB = \sqrt{x+y}$, $BC = \sqrt{y+z}$, $CA = \sqrt{z+x}$ となる。………………(答)

($\because$ $AB > 0$, $BC > 0$, $CA > 0$)

Baba のレクチャー

(2) の $xy + yz + zx > 0$ ……($*$) の証明では, すべての関係を A を始点とするベクトルで表すことにしてみよう。

まず, $\overrightarrow{AB} = \vec{b}$, $\overrightarrow{AC} = \vec{c}$ とおき, $\vec{b} \cdot \vec{c} = x$ より ($*$) の左辺を $\vec{b}$ と $\vec{c}$ と x のみで表すことにより, 話が見えてくるはずだ。

(2) $\overrightarrow{AB} = \vec{b}$, $\overrightarrow{AC} = \vec{c}$ とおくと, ← 平面ベクトルの問題なので, 1 次独立な (平行でなく $\vec{0}$ でもない) 2 つのベクトルですべて表す。

$\vec{b} \cdot \vec{c} = x$ となる。このとき,

$$\begin{cases} y = \overrightarrow{BA} \cdot \overrightarrow{BC} = -\overrightarrow{AB} \cdot (\overrightarrow{AC} - \overrightarrow{AB}) = -\vec{b} \cdot (\vec{c} - \vec{b}) = -x + |\vec{b}|^2 \\ z = \overrightarrow{CA} \cdot \overrightarrow{CB} = -\overrightarrow{AC} \cdot (\overrightarrow{AB} - \overrightarrow{AC}) = -\vec{c} \cdot (\vec{b} - \vec{c}) = -x + |\vec{c}|^2 \end{cases}$$ より

$xy + yz + zx$

$= x(-x + |\vec{b}|^2) + (-x + |\vec{b}|^2)(-x + |\vec{c}|^2) + (-x + |\vec{c}|^2)x$

$= -x^2 + x|\vec{b}|^2 + x^2 - x|\vec{c}|^2 - x|\vec{b}|^2 + |\vec{b}|^2|\vec{c}|^2 - x^2 + x|\vec{c}|^2$

$= |\vec{b}|^2|\vec{c}|^2 - x^2$ となる。

ここで, $\vec{b}$ と $\vec{c}$ のなす角を A とおく。

$x = \vec{b} \cdot \vec{c} = |\vec{b}||\vec{c}|\cos A$ より,

$xy + yz + zx = |\vec{b}|^2|\vec{c}|^2 - |\vec{b}|^2|\vec{c}|^2\cos^2 A$

$= |\vec{b}|^2|\vec{c}|^2(1 - \cos^2 A) = |\vec{b}|^2|\vec{c}|^2\sin^2 A > 0$ となる。

($\because$ $|\vec{b}| > 0$, $|\vec{c}| > 0$, $\sin A > 0$)

以上より, $xy + yz + zx > 0$ ……($*$) は成り立つ。…………………(終)

テーマ

図形と方程式

10

テーマ

ベクトル・空間座標

11

テーマ

平面図形と立体図形

12

球面のベクトル方程式の応用

演習問題 56	難易度 ★★★★	CHECK*1*	CHECK*2*	CHECK*3*

t を正の定数とする。原点を O とする空間内に，2 点 A$(2t, 2t, 0)$，
B$(0, 0, t)$ がある。また動点 P は $\overrightarrow{OP} \cdot \overrightarrow{AP} + \overrightarrow{OP} \cdot \overrightarrow{BP} + \overrightarrow{AP} \cdot \overrightarrow{BP} = 3$ ……①
を満たすように動く。OP の最大値が 3 となるような t の値を求めよ。

(一橋大)

ヒント! ①のベクトル方程式をまとめると，球面の方程式 $|\overrightarrow{OP} - \overrightarrow{OC}| = r$ の形
にもち込める。動点 P は，中心 C，半径 r の球面上の点なので，これから OP の
最大値が 3 となるような，t の値を求めることができるんだね。

解答＆解説

A$(2t, 2t, 0)$，B$(0, 0, t)$ （t：正の定数）から，

$\overrightarrow{OA} = (2t, 2t, 0)$，$\overrightarrow{OB} = (0, 0, t)$ （$t > 0$）とおける。

動点 P は，次のベクトル方程式：

$$\overrightarrow{OP} \cdot \overrightarrow{AP} + \overrightarrow{OP} \cdot \overrightarrow{BP} + \overrightarrow{AP} \cdot \overrightarrow{BP} = 3 \quad \cdots \cdots ① \quad \text{をみたす。}$$

$(\overrightarrow{OP} - \overrightarrow{OA})$ $(\overrightarrow{OP} - \overrightarrow{OB})$ $(\overrightarrow{OP} - \overrightarrow{OB})$ ← まわり道の原理

$(\overrightarrow{OP} - \overrightarrow{OA})$

①を変形すると，

$$\overrightarrow{OP} \cdot (\overrightarrow{OP} - \overrightarrow{OA}) + \overrightarrow{OP} \cdot (\overrightarrow{OP} - \overrightarrow{OB}) + (\overrightarrow{OP} - \overrightarrow{OA}) \cdot (\overrightarrow{OP} - \overrightarrow{OB}) = 3$$

$$|\overrightarrow{OP}|^2 - \overrightarrow{OA} \cdot \overrightarrow{OP} + |\overrightarrow{OP}|^2 - \overrightarrow{OB} \cdot \overrightarrow{OP} +$$

$$|\overrightarrow{OP}|^2 - \overrightarrow{OA} \cdot \overrightarrow{OP} - \overrightarrow{OB} \cdot \overrightarrow{OP} + \underset{\boxed{0}}{\overrightarrow{OA} \cdot \overrightarrow{OB}} = 3$$

ここで，$\overrightarrow{OA} \cdot \overrightarrow{OB} = (2t, 2t, 0) \cdot (0, 0, t) = 2t \times 0 + 2t \times 0 + 0 \times t = 0$ より，

$$3|\overrightarrow{OP}|^2 - 2(\overrightarrow{OA} + \overrightarrow{OB}) \cdot \overrightarrow{OP} = 3 \qquad \text{両辺を 3 で割って，}$$

$$|\overrightarrow{OP}|^2 - 2 \cdot \underset{\boxed{\overrightarrow{OC}}}{\frac{\overrightarrow{OA} + \overrightarrow{OB}}{3}} \cdot \overrightarrow{OP} = 1 \quad \cdots \cdots ①'$$

ここで，$\overrightarrow{OC} = \dfrac{1}{3}(\overrightarrow{OA} + \overrightarrow{OB})$ ……② とおくと，①' は，

$$|\overrightarrow{\mathrm{OP}}|^2 - 2\,\overrightarrow{\mathrm{OC}} \cdot \overrightarrow{\mathrm{OP}} = 1 \quad \cdots\cdots ③$$

となる。よって，③の両辺に $|\overrightarrow{\mathrm{OC}}|^2$ をたすと，

$$\underbrace{|\overrightarrow{\mathrm{OP}}|^2 - 2\,\overrightarrow{\mathrm{OC}} \cdot \overrightarrow{\mathrm{OP}} + |\overrightarrow{\mathrm{OC}}|^2}_{|\overrightarrow{\mathrm{OP}} - \overrightarrow{\mathrm{OC}}|^2} = 1 + \underbrace{|\overrightarrow{\mathrm{OC}}|^2}_{t^2}$$

$$\cdots\cdots ④$$

> $$\begin{cases} \overrightarrow{\mathrm{OA}} = (2t,\ 2t,\ 0) \\ \overrightarrow{\mathrm{OB}} = (0,\ 0,\ t) \end{cases}$$
> $$|\overrightarrow{\mathrm{OP}}|^2 - 2 \cdot \dfrac{\overrightarrow{\mathrm{OA}} + \overrightarrow{\mathrm{OB}}}{3} \cdot \overrightarrow{\mathrm{OP}} = 1 \quad \cdots ①'$$
> $$\overrightarrow{\mathrm{OC}} = \dfrac{1}{3}(\overrightarrow{\mathrm{OA}} + \overrightarrow{\mathrm{OB}}) \quad \cdots\cdots\cdots\cdots ②$$

ここで，②より，$\overrightarrow{\mathrm{OC}} = \dfrac{1}{3}(\overrightarrow{\mathrm{OA}} + \overrightarrow{\mathrm{OB}}) = \dfrac{1}{3}\{(2t,\ 2t,\ 0) + (0,\ 0,\ t)\}$

$$= \left(\dfrac{2}{3}t,\ \dfrac{2}{3}t,\ \dfrac{1}{3}t\right) \quad \text{よって，}$$

$$|\overrightarrow{\mathrm{OC}}|^2 = \left(\dfrac{2}{3}t\right)^2 + \left(\dfrac{2}{3}t\right)^2 + \left(\dfrac{1}{3}t\right)^2 = \dfrac{4+4+1}{9}t^2 = t^2 \quad \text{より，}$$

④は，

$$|\overrightarrow{\mathrm{OP}} - \overrightarrow{\mathrm{OC}}|^2 = 1 + t^2$$

よって，両辺の正の平方根をとると，

$$|\overrightarrow{\mathrm{OP}} - \overrightarrow{\mathrm{OC}}| = \sqrt{1+t^2}$$

球面の方程式：$|\overrightarrow{\mathrm{OP}} - \overrightarrow{\mathrm{OC}}| = r$ の形が導けた！

となる。よって，動点 P は，中心 C，半径 $\sqrt{1+t^2}$ の球面上を動くので，**OP** が最大値をとるのは，**3 点 O，C，P** が この順に右上図のように一直線上にあるときである。

OP を最大にする P の位置

(これは，あくまでもイメージだ！)

$$\therefore \text{最大値 } \mathrm{OP} = \underbrace{\mathrm{OC}}_{t} + \sqrt{1+t^2} = t + \sqrt{1+t^2} \quad \text{である。}$$

よって，これが **3** となるときの **t** の値を求めると，

$$t + \sqrt{1+t^2} = 3 \qquad \sqrt{1+t^2} = 3 - t \quad (t < 3) \qquad \text{両辺を 2 乗して，}$$

$$1 + \cancel{t^2} = 9 - 6t + \cancel{t^2} \qquad 6t = 8$$

$$\therefore t = \dfrac{4}{3} \quad \text{である。(これは，} 0 < t < 3 \text{ をみたす。)} \cdots\cdots\cdots\cdots\cdots\cdots (答)$$

テーマ
図形と方程式
10

テーマ
ベクトル・空間座標
11

テーマ
平面図形と立体図形
12

四面体の側面上に点が存在する条件

四面体 OABC があり，$\angle$AOB $= \angle$AOC $= 90°$，$\angle$BOC $= 60°$，
辺 OA，OB，OC の長さはそれぞれ a，a，2 である。

このとき，点 O から三角形 ABC を含む平面に下した垂線とその平面
との交点を P とするとき，P が三角形 ABC の内部 (辺上を含む) にあ
るための a の条件を求めよ。 （神戸大）

■ Baba のレクチャー

図 (i) のように，

$$\overrightarrow{OP} = \overrightarrow{OA} + \overrightarrow{AP}$$
$$= \overrightarrow{OA} + s\overrightarrow{AB} + t\overrightarrow{AC}$$

とおけるね。

ここで，$\overrightarrow{AP} = s\overrightarrow{AB} + t\overrightarrow{AC}$ ……⑦

より，点 P が△ ABC の内部
(周を含む) にあるための条件は，

$s + t \leqq 1$，$s \geqq 0$，$t \geqq 0$ ……④

だね。これを s，t がみたすような
a の範囲を求めればいいんだよ。

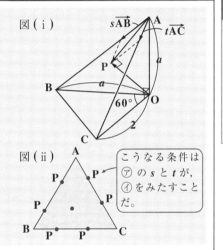

図 (i)

図 (ii)

こうなる条件は
⑦ の s と t が，
④ をみたすこと
だ。

解答＆解説

$\overrightarrow{OA} = \vec{a}$，$\overrightarrow{OB} = \vec{b}$，$\overrightarrow{OC} = \vec{c}$ とおくと，
$|\vec{a}| = |\vec{b}| = a$，$|\vec{c}| = 2$，$\vec{a} \cdot \vec{b} = \vec{a} \cdot \vec{c} = 0$
また，$\vec{b} \cdot \vec{c} = \underset{a}{|\vec{b}|} \underset{2}{|\vec{c}|} \underset{\frac{1}{2}}{\cos 60°} = a$

点 P は平面 ABC 上の点より，

$$\overrightarrow{OP} = \overrightarrow{OA} + \overrightarrow{AP} = \overrightarrow{OA} + s\overrightarrow{AB} + t\overrightarrow{AC}$$
$$= \overrightarrow{OA} + s(\overrightarrow{OB} - \overrightarrow{OA}) + t(\overrightarrow{OC} - \overrightarrow{OA})$$
$$\therefore \overrightarrow{OP} = (1 - s - t)\vec{a} + s\vec{b} + t\vec{c} \quad \text{……①}$$

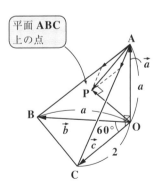

平面 ABC
上の点

$\overrightarrow{\mathrm{OP}} \perp$ 平面 ABC より，$\overrightarrow{\mathrm{OP}} \perp \overrightarrow{\mathrm{AB}}$ かつ $\overrightarrow{\mathrm{OP}} \perp \overrightarrow{\mathrm{AC}}$

$\therefore \overrightarrow{\mathrm{OP}} \cdot (\vec{b} - \vec{a}) = 0$ ……② $\quad \overrightarrow{\mathrm{OP}} \cdot (\vec{c} - \vec{a}) = 0$ ……③

(i) ①を②に代入して，

$$\{(1 - s - t)\vec{a} + s\vec{b} + t\vec{c}\} \cdot (\vec{b} - \vec{a}) = 0$$

$-(1 - s - t) \cdot \underset{a^2}{\underbrace{|\vec{a}|^2}} + s\underset{a^2}{\underbrace{|\vec{b}|^2}} + t\underset{a}{\underbrace{\vec{b} \cdot \vec{c}}} = 0 \quad (\because \vec{a} \cdot \vec{b} = \vec{a} \cdot \vec{c} = 0)$

> 両辺を a で割った。

$(s + t - 1)a^2 + sa^2 + ta = 0, \quad (s + t - 1)a + sa + t = 0$

$\therefore \boxed{2as + (a + 1)t = a}$ ……④

(ii) ①を③に代入して，同様に，

$$\{(1 - s - t)\vec{a} + s\vec{b} + t\vec{c}\} \cdot (\vec{c} - \vec{a}) = 0$$

$-(1 - s - t) \cdot \underset{a^2}{\underbrace{|\vec{a}|^2}} + s\underset{a}{\underbrace{\vec{b} \cdot \vec{c}}} + t\underset{2^2}{\underbrace{|\vec{c}|^2}} = 0$

$\boxed{a(a + 1)s + (a^2 + 4)t = a^2}$ ……⑤

⑤×2 − ④×($a + 1$) より，

$\{2(a^2 + 4) - (a + 1)^2\}t = 2a^2 - a(a + 1)$

> $a^2 - 2a + 7 = (a - 1)^2 + 6 > 0$ だ

$\therefore t = \dfrac{a(a - 1)}{a^2 - 2a + 7}$ ……⑥ $\quad$ これを④に代入して，s を求めると，

> $2as + \dfrac{a(a^2 - 1)}{a^2 - 2a + 7} = a$
>
> $2s = 1 - \dfrac{a^2 - 1}{a^2 - 2a + 7}$
>
> $2s = \dfrac{-2a + 8}{a^2 - 2a + 7}$
>
> $s = \dfrac{4 - a}{a^2 - 2a + 7}$

$s = \dfrac{4 - a}{a^2 - 2a + 7}$ ……⑦ $\quad$ ⑥，⑦を条件 (i)(ii)(iii) に代入する。

題意より，(i) $s + t \leqq 1$ かつ (ii) $s \geqq 0$ かつ (iii) $t \geqq 0$

> $0 < a^2 - 2a + 4 \leqq a^2 - 2a + 7$ より

(i) $s + t = \dfrac{a^2 - a + 4 - a}{a^2 - 2a + 7} = \boxed{\dfrac{a^2 - 2a + 4}{a^2 - 2a + 7}} \leqq 1$ は，常に成り立つ。

$\quad \therefore \underline{\text{すべての正の実数 } a}$

(ii) $s = \dfrac{4 - a}{\boxed{a^2 - 2a + 7}} \geqq 0$ より，$4 - a \geqq 0$ $\quad \therefore \underline{\underline{a \leqq 4}}$

(iii) $t = \dfrac{a(a - 1)}{\boxed{a^2 - 2a + 7}} \geqq 0$ より，$a - 1 \geqq 0$ $\quad \therefore \underline{\underline{a \geqq 1}}$

以上 (i)(ii)(iii) より，求める a の値の範囲は，$\underline{\underline{1 \leqq a \leqq 4}}$ ……(答)

テーマ
図形と方程式 10

テーマ
ベクトル・空間座標 11

テーマ
平面図形と立体図形 12

直線と平面の関係

2 つの平面 $\alpha : 2x + y + z - 3 = 0$ ……① と，$\beta : x + 2y - z + 6 = 0$ ……②
について，次の問いに答えよ。

(1) 2 つの平面 α，β のなす角を鋭角で求めよ。

(2) 2 つの平面 α，β の交線 l の方程式を求めよ。

(3) 平面 α 上の点 $A(1, 2, -1)$ を通り，平面 β と垂直な直線 m の方程式を求めよ。また，m と β との交点 B の座標を求めよ。さらに，直線 m を含み，直線 l と垂直な平面 γ の方程式を求めよ。(早稲田大 *)

Baba のレクチャー

(I) 平面の方程式

点 $A(x_1, y_1, z_1)$ を通り，法線ベクトル
$\vec{h} = (a, b, c)$ の平面 α の方程式は，

$$a(x - x_1) + b(y - y_1) + c(z - z_1) = 0$$

となる。これをさらにまとめると，

$$ax + by + cz \boxed{- ax_1 - by_1 - cz_1} = 0$$

これを定数 d とおいて

$$ax + by + cz + d = 0 \quad となる。$$

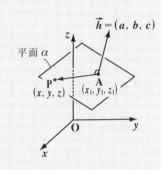

平面 α

$\vec{h} = (a, b, c)$

P
(x, y, z)

A
(x_1, y_1, z_1)

(II) 直線の方程式

点 $A(x_1, y_1, z_1)$ を通り，方向ベクトル
$\vec{d} = (l, m, n)$ の直線 L の方程式は，

$$\frac{x - x_1}{l} = \frac{y - y_1}{m} = \frac{z - z_1}{n} \ (= t) \quad と　な$$

媒介変数

る。　　　※　※　※

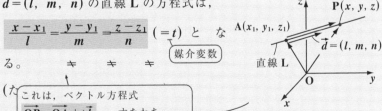

（た これは，ベクトル方程式
$$\overrightarrow{OP} = \overrightarrow{OA} + t\vec{d}$$　，すなわち
$$(x, y, z) = (x_1, y_1, z_1) + t(l, m, n)$$
から導ける。　　　媒介変数

$A(x_1, y_1, z_1)$

$P(x, y, z)$

$\vec{d} = (l, m, n)$

直線 L

(1) $\begin{cases} \text{平面}\,\alpha : 2x + 1\cdot y + 1\cdot z - 3 = 0 & \cdots\cdots\text{①} \\ \text{平面}\,\beta : 1\cdot x + 2y - 1\cdot z + 6 = 0 & \cdots\cdots\text{②} \end{cases}$ とおく。

2 平面 α, β の法線ベクトルをそれぞれ，$\vec{\alpha}$, $\vec{\beta}$ とおくと，①，②より，

$\begin{cases} \vec{\alpha} = (2,\ 1,\ 1) \\ \vec{\beta} = (1,\ 2,\ -1) \end{cases}$ となる。

よって，2 平面 α と β のなす角を θ(鋭角)とおくと，これは右図に示すようにそれぞれの法線ベクトル $\vec{\alpha}$ と $\vec{\beta}$ のなす角に等しい。

よって，

$|\vec{\alpha}| = \sqrt{2^2 + 1^2 + 1^2} = \sqrt{6}$

$|\vec{\beta}| = \sqrt{1^2 + 2^2 + (-1)^2} = \sqrt{6}$

$\vec{\alpha}\cdot\vec{\beta} = 2\cdot 1 + 1\cdot 2 + 1\cdot(-1) = 3$ より，

$\cos\theta = \dfrac{|\vec{\alpha}\cdot\vec{\beta}|}{|\vec{\alpha}|\cdot|\vec{\beta}|} = \dfrac{3}{\sqrt{6}\cdot\sqrt{6}} = \dfrac{1}{2}$ $\quad\therefore\ \theta = \dfrac{\pi}{3}$ $\cdots\cdots\cdots\cdots\cdots$(答)

平面 α 〔イメージ〕

交線 l

平面 β

視点（Ⅰ）

視点（Ⅰ）から見たもの

平面 α

交線 l

> 分子の $\vec{\alpha}\cdot\vec{\beta}$ に絶対値を付けるのは，θ を $0 \le \theta \le \dfrac{\pi}{2}$ の範囲に押さえるためだ。たとえば，$\cos\theta = -\dfrac{1}{2}$ のときは，$\theta = \dfrac{2}{3}\pi$ だけど，これを $\cos\theta = \left|-\dfrac{1}{2}\right| = \dfrac{1}{2}$ として $\theta = \dfrac{\pi}{3}$ (鋭角)と答えさせるために必要なものなんだね。

(2) ①＋②より，$3x + 3y + 3 = 0$ ← これで，z を消去した。

$x + y + 1 = 0$ $\quad\therefore\ x = \dfrac{y+1}{-1}$ $\cdots\cdots$③

①×2－②より，$3x + 3z - 12 = 0$ ← これで，y を消去した。

$x + z - 4 = 0$ $\quad\therefore\ x = \dfrac{z-4}{-1}$ $\cdots\cdots$④

> このようにして，2 平面の交線の方程式を求めるんだよ！

以上③，④より，2 平面 α, β の交線 l の方程式は，

交線 $l : \dfrac{x}{1} = \dfrac{y+1}{-1} = \dfrac{z-4}{-1}$ $\cdots\cdots$⑤ となる。$\cdots\cdots\cdots\cdots\cdots$(答)

⑤から，直線 *l* は点 $(0, -1, 4)$ を通り，方向ベクトル $\vec{l} = (1, -1, -1)$ の直線であることが分かる。

(3) 平面 α 上の点 $A(1, 2, -1)$ を通り，平

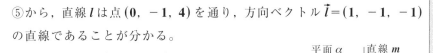

> 点 A の座標 $(1, 2, -1)$ を α の方程式①に代入すると，
> $2 \cdot 1 + 1 \cdot 2 + 1 \cdot (-1) - 3 = 0$ をみたす。よって，点 A は，間違いなく平面 α 上の点だね！

面 β と垂直な直線 *m* は，その方向ベクトルとして $\vec{\beta} = (1, 2, -1)$ をもつ。

よって，直線 *m* の方程式は，

直線 $m : \dfrac{x-1}{1} = \dfrac{y-2}{2} = \dfrac{z+1}{-1}$ ……⑥ ……(答)

> 点 $A(1, 2, -1)$ を通り，方向ベクトル $\vec{\beta} = (1, 2, -1)$ の直線

直線 *m* と平面 β との交点を B とおく。

(i) 点 B は直線 *m* 上の点より，⑥ $= t$ とおくと，

> $\dfrac{x-1}{1} = \dfrac{y-2}{2} = \dfrac{z+1}{-1} = t$ とおく。 　媒介変数

$x = t+1, \ y = 2t+2, \ z = -t-1$ より，

$\boxed{\dfrac{x-1}{1} = t \text{ より}}$ $\boxed{\dfrac{y-2}{2} = t \text{ より}}$ $\boxed{\dfrac{z+1}{-1} = t \text{ より}}$

$B(t+1, \ 2t+2, \ -t-1)$ ……⑦ となる。

(ii) 点 B は，平面 β 上の点でもあるので，この座標を②に代入して，

$\quad t+1+2(2t+2) - (-t-1) + 6 = 0, \qquad 6t+12 = 0$

$\quad \therefore t = -2 \qquad$ これを⑦に代入すれば，

直線 *m* と平面 β との交点 B の座標は，$B(-1, -2, 1)$ となる。………(答)

次に，直線 *m* を含み，直線 *l* と垂直な平面 γ は，右図に示すように，

点 $A(1, 2, -1)$ を通り，法線ベクトル $\vec{l} = (1, -1, -1)$ をもつ平面となる。

よって，

$1 \cdot (x-1) - 1 \cdot (y-2) - 1 \cdot (z+1) = 0$

$\therefore$ 平面 $\gamma : x - y - z = 0$ となる。………(答)

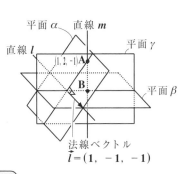

> 点 $B(-1, -2, 1)$ を通るとしてもいい。
> $1 \cdot (x+1) - 1 \cdot (y+2) - 1 \cdot (z-1) = 0, \ x - y - z = 0$
> と，同じ結果になるのが分かるね。

球の平面上への射影

空間に，点 $A(0, 0, 6)$ と球面 $S : x^2 + y^2 + z^2 - 2y - 2z + 1 = 0$ がある。点 A から球面 S へ接線を引き，その接点を P とする。また，その接線が xy 平面と交わる点を Q とする。接点 P が球面 S 上を動くとき，点 Q の軌跡を表す方程式を求めよ。

Baba のレクチャー

空間ベクトルと空間座標の絡んだ一見難しそうな問題だけど，具体的に考えてみるよ。これは，xy 平面という地面の上に，半径 1 の球面が置かれているとイメージしてくれ。そして，その上方の点 $A(0, 0, 6)$ の点光源から出た光を球面がさえぎって出来る xy 平面上の影の外周が，点 Q の軌跡になるんだよ。(図ア)

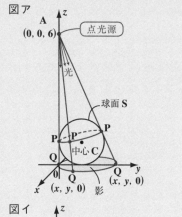

図ア

当然，点 $Q(x, y, 0)$ の軌跡だから，x と y の関係式を求めればいいんだね。そのためには，例えばこれを yz 平面で切った切り口 (図イ) で考えるよ。

$\angle CAQ = \theta$ とおくと，接点 P が球面上を動いても，常にこの角 θ は一定だということに気付けば，話は早いよ。

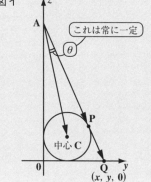

図イ

解答 & 解説

球面 $S : x^2 + (y^2 - 2y + 1) + (z^2 - 2z + 1) = -1 + 2$

$\qquad x^2 + (y - 1)^2 + (z - 1)^2 = 1$

よって，S は，中心 C(0, 1, 1)，半径 $r=1$ の球面である。

図1に示すように，点 A(0, 0, 6) と中心 C(0, 1, 1) を通る yz 平面で切った球面 S の断面で考える。

△ACP に着目し，∠CAQ $=\theta$ とおく。

△ACP は，∠P $=90°$ の直角三角形で，

$$\begin{cases} CP = r = 1 \\ AC = \sqrt{0^2 + (1-0)^2 + (1-6)^2} = \sqrt{26} \end{cases}$$

より，三平方の定理を用いると，

$$AP = \sqrt{AC^2 - CP^2} = \sqrt{26-1} = 5 \quad となる。$$

以上より，$\cos\theta = \dfrac{AP}{AC} = \dfrac{5}{\sqrt{26}}$

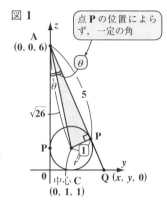

図1

点 P の位置によらず，一定の角

Baba のレクチャー

θ は，$\overrightarrow{AC} = \overrightarrow{OC} - \overrightarrow{OA} = (0, 1, -5)$ と $\overrightarrow{AQ} = \overrightarrow{OQ} - \overrightarrow{OA} = (x, y, -6)$ のなす角度で，これは点 P，すなわち点 Q の位置によらず一定だから，

$$\overrightarrow{AC} \cdot \overrightarrow{AQ} = |\overrightarrow{AC}| \cdot |\overrightarrow{AQ}| \cdot \boxed{\cos\theta} \quad の式を立てれば，もう x と y の$$
$$\underset{\dfrac{5}{\sqrt{26}}(一定)}{}$$

関係式，すなわち動点 Q の軌跡の方程式が求まっているんだよ。

$$\begin{cases} \overrightarrow{AC} = \overrightarrow{OC} - \overrightarrow{OA} = (0, 1, 1) - (0, 0, 6) = (0, 1, -5) \\ \overrightarrow{AQ} = \overrightarrow{OQ} - \overrightarrow{OA} = (x, y, 0) - (0, 0, 6) = (x, y, -6) \end{cases}$$

θ は，$\overrightarrow{AC}$ と $\overrightarrow{AQ}$ のなす角より，次の内積の式が成り立つ。

$$\overrightarrow{AC} \cdot \overrightarrow{AQ} = |\overrightarrow{AC}||\overrightarrow{AQ}|\underset{\dfrac{5}{\sqrt{26}}}{\boxed{\cos\theta}}$$

$$\cancel{0 \times x} + 1 \times y + (-5) \times (-6) = \cancel{\sqrt{26}} \cdot \sqrt{x^2 + y^2 + (-6)^2} \times \dfrac{5}{\cancel{\sqrt{26}}}$$

$$y + 30 = 5\sqrt{x^2 + y^2 + 36} \qquad 両辺を 2 乗して，$$

$$(y+30)^2 = 25(x^2 + y^2 + 36)$$

$$y^2 + 60y + \cancel{900} = 25x^2 + 25y^2 + \cancel{900}$$

以上より，点 Q(x, y, 0) の描く図形の方程式は，

$$25x^2 + 24y^2 - 60y = 0 \quad (z = 0) \quad \cdots\cdots(答)$$

実は，これはだ円なんだけれど，文系の人は単なる x と y の関係式と考えてくれたらいいんだよ。

テーマ⑫ 平面図形と立体図形

● 様々な平面図形，立体図形の解法をマスターしよう！

難関大が好んで出題してくる数学の問題として，"**論証問題**" と "**図形問題**" が挙げられるわけだけれど，今回は後者のテーマについて解説しよう。具体的には "**平面図形**" と "**立体図形**" の問題について，チャレンジしてみよう。これらの問題も苦手意識をもっている人も多いと思う。しかし，今回も選りすぐりの良問ばかりを対象に，詳しく分かりやすく解説していくので，図形問題についても，かなり自信が持てるようになるはずだ。まわりの人達の得点力が落ちる図形問題でも，これからの講義でシッカリ練習しておけば，かなり得点力をアップできるようになるから，楽しみながら学習していこう。

それでは，今回扱うメインテーマを下に列挙しておこう。

(1) 平面図形と最大・最小問題の融合
(2) 正五角形の性質
(3) 2変数関数の最小値問題
(4) 三角すいと三角比の融合
(5) 正二十面体と体積計算

(1) は京都大の問題で，平面図形と三角関数と3次関数の最大・最小問題の融合形式の問題なんだね。難度はそれ程高くはないけれど，連続的にテクニックを使って解いていく，標準的な良問だ。これで，ウォーミングアップしよう！
(2) は東京都立大の問題で，正五角形の性質についての問題だ。正五角形を対角線で分割すると，2通りのタイプの2等辺三角形がたく山現れることになるんだね。
(3) は東京大の問題で，文系数学としてはかなりの難問だと思う。2変数関数 $f(x, y)$ の最小値問題なんだけれど，2つの変数の内，1つを変数として動かすとき，もう1つの変数は定数扱いにして考えるとうまくいくんだね。
(4) は一橋大の問題で，三角すいと三角比の融合形式の問題だ。レベルは高いけれど，これで立体図形の解法の実力アップがはかれると思う。
(5) は，正二十面体の1部の立体の体積を求める問題だ。これは **(2)** の正五角形のテーマとも関連していて，立体図形についての思考力を養うことができるはずだ。

テーマ
図形と方程式
10

テーマ
ベクトル・空間座標
11

テーマ
平面図形と立体図形
12

平面図形と最大・最小問題の融合

演習問題 60	難易度 ★★★	CHECK*1*	CHECK*2*	CHECK*3*

1辺の長さが 1 の正方形 ABCD において，辺 BC 上に B とは異なる点 P を取り，線分 AP の垂直 2 等分線が辺 AB，辺 AD またはその延長と交わる点をそれぞれ Q，R とする。

(1) 線分 QR の長さを sin∠BAP を用いて表せ。

(2) 点 P が動くときの線分 QR の長さの最小値を求めよ。 　　　（京都大）

ヒント！ 平面図形と三角関数と 3 次関数の最大最小問題の融合問題なんだね。**(1)** ではまず，図を描いて，線分 QR を $\sin\theta\ (\theta=\angle\text{BAP})$ で表そう。**(2)** では，**(1)** の結果を用いて，$\sin\theta=t$ とおいて，QR の式の分母を t の関数 $f(t)$ と考えて，この正の最大値を求めて，QR の最小値を求めればいいんだね。頑張ろう！

解答＆解説

(1) 右図に示すように，∠BAP $=\theta$ とおく。

点 P は辺 BC 上の点で，点 B とは一致

しないので，$0<\theta\leq\dfrac{\pi}{4}$ となる。

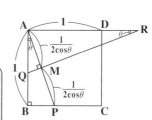

・直角三角形 ABP について，

$\dfrac{1}{\text{AP}}=\cos\theta$ より，$\text{AP}=\dfrac{1}{\cos\theta}$

線分 AP の中点を M とおくと

$\text{AM}=\dfrac{1}{2}\text{AP}=\dfrac{1}{2\cos\theta}$ ……① となる。

・直角三角形 AQM について，$\dfrac{\text{QM}}{\text{AM}}=\tan\theta$ より，

$\text{QM}=\text{AM}\cdot\tan\theta$ ……② となる。

・直角三角形 RAM について，$\angle\text{ARM}=\dfrac{\pi}{2}-\underbrace{\angle\text{RAM}}_{\left(\frac{\pi}{2}-\theta\right)}=\dfrac{\pi}{2}-\left(\dfrac{\pi}{2}-\theta\right)=\theta$ より，

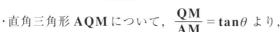

$\dfrac{\text{AM}}{\text{MR}}=\tan\theta$ となるので，$\text{MR}=\dfrac{\text{AM}}{\tan\theta}$ ……③ となる。

よって②, ③より, 線分 QR の長さは,

$$\text{QR} = \underset{\sim\sim}{\text{QM}} + \underline{\text{MR}} = \text{AM}\tan\theta + \frac{\text{AM}}{\tan\theta}$$

$$= \underline{\underline{\text{AM}}}\left(\tan\theta + \frac{1}{\tan\theta}\right)$$

$$= \frac{1}{\underline{\underline{2\cos\theta}}}\left(\frac{\sin\theta}{\cos\theta} + \frac{\cos\theta}{\sin\theta}\right) = \frac{1}{2\cos\theta}\cdot\frac{\overset{1}{\overbrace{\sin^2\theta + \cos^2\theta}}}{\sin\theta\cdot\cos\theta} \quad (①より)$$

$$= \frac{1}{2\sin\theta\cdot\cos^2\theta} = \frac{1}{2\sin\theta(1-\sin^2\theta)} \quad \cdots\cdots④ \quad となる。$$

$$\boxed{\begin{array}{l} \text{AM} = \dfrac{1}{2\cos\theta} \ \cdots\cdots① \\[2mm] \text{QM} = \text{AM}\cdot\tan\theta \ \cdots\cdots② \\[2mm] \text{MR} = \dfrac{\text{AM}}{\tan\theta} \ \cdots\cdots③ \end{array}}$$

ここで, $\theta = \angle\text{BAP}$ より,

$$\text{QR} = \frac{1}{2\sin\angle\text{BAP}(1-\sin^2\angle\text{BAP})} \quad \cdots\cdots④' \ \left(0 < \angle\text{BAP} \leqq \frac{\pi}{4}\right) である。$$

$$\cdots\cdots(答)$$

(2) ④より, $\text{QR} = \dfrac{1}{2\cdot\boxed{\sin\theta\cdot(1-\sin^2\theta)}} \quad \left(0 < \theta \leqq \dfrac{\pi}{4}\right)$

$\boxed{これを, f(\sin\theta) とおき, これが正ならば, これが最大のとき, \text{QR} は最小値をとる。}$

この分母の $\sin\theta(1-\sin^2\theta)$ を $f(\sin\theta)$ とおき, さらに $\sin\theta = t$ とおくと,

$\theta : 0 \to \dfrac{\pi}{4}$ のとき, $t : 0 \to \dfrac{1}{\sqrt{2}}$ より,

$f(t) = t(1-t^2) = -t(t+1)(t-1) \quad \left(0 < t \leqq \dfrac{1}{\sqrt{2}}\right)$

$f(t) = -t^3 + t$ を t で微分して,

$f'(t) = -3t^2 + 1$ より,

$f'(t) = \boxed{-3t^2 + 1 = 0}$ のとき, $t = \dfrac{1}{\sqrt{3}}$

$\left(t = -\dfrac{1}{\sqrt{3}} は, 0 < t \leqq \dfrac{1}{\sqrt{2}} には存在しない。\right)$

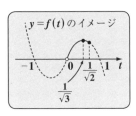

よって, $f(t)$ の増減表は右のようになり,

$t = \dfrac{1}{\sqrt{3}}$ のとき, $f(t)$ は最大値

$f\left(\dfrac{1}{\sqrt{3}}\right) = \dfrac{1}{\sqrt{3}}\cdot\left(1-\dfrac{1}{3}\right) = \dfrac{2}{3\sqrt{3}}$ をとる。

よって, このとき, QR は, ④より,

$f(t) \left(0 < t \leqq \dfrac{1}{\sqrt{2}}\right)$ の増減表

t	(0)		$\dfrac{1}{\sqrt{3}}$		$\dfrac{1}{\sqrt{2}}$
$f'(t)$		$+$	0	$-$	
$f(t)$	(0)	↗		↘	

最小値 $\text{QR} = \dfrac{1}{2}\cdot\dfrac{3\sqrt{3}}{2} = \dfrac{3\sqrt{3}}{4}$ をとる。 $\cdots\cdots\cdots\cdots\cdots\cdots\cdots\cdots\cdots$(答)

テーマ

図形と方程式

10

テーマ

ベクトル・空間座標

11

テーマ

平面図形と立体図形

12

正五角形の性質

演習問題 61　難易度 ★★★　CHECK*1*　CHECK*2*　CHECK*3*

1 辺の長さが 1 の正五角形 ABCDE を考える。

(1) 対角線 AC と BD の交点を F とするとき，三角形 ACD と三角形 DFC は相似であることを証明せよ。

(2) 対角線 AC の長さを求めよ。

(3) ∠CAD の大きさを θ とするとき，$\cos\theta$ を求めよ。　　（東京都立大）

Baba のレクチャー

　　正五角形の問題は，受験では頻出なので，ここで，正五角形を極めておくのもいいと思うよ。

　　正五角形は，図アのように 3 つの三角形に分割されるので，その内角の総和は，$180° \times 3 = 540°$ となる。よって，正五角形の 1 つの頂角 (内角) は，これを 5 で割った，$108°$ になるんだね。

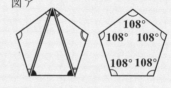

図ア

108°
108°　108°
108° 108°

　　次に，図イのように，正五角形 ABCDE の外接円を考えるよ。3 つの円弧 $\overset{\frown}{BC}$, $\overset{\frown}{CD}$, $\overset{\frown}{DE}$ の長さは等しいので，同じ円弧に対する円周角は等しいね。それを，図イでは "○" で示した。この "○" は頂角 ∠A = $108°$ を 3 等分した $36°$ を表すんだよ。

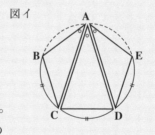

図イ

A

B　　　E

C　　D

　　正五角形 ABCDE に各対角線を引いて，同様に $36°$ を "○" で表したものが，図ウだよ。これから，⟨三角形⟩ と ⟨三角形⟩ の 2 つのタイプの相似な三角形がウジャウジャ出てくるのが分かるね。この性質を利用すると，問題が解けるようになるんだよ。

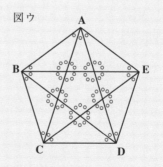

図ウ

A

B　　　E

C　　D

(1) 正五角形 ABCDE の 1 つの頂角 A は 108° である。

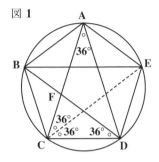

図1

ここで，図1のようにこの正五角形の外接円を考えると，同じ長さの弧に対する円周角は等しいので，

$\angle CAD = 36° (= \angle BAC = \angle DAE)$

同様に，

$\angle ACD = \angle ACE + \angle ECD$

$= 36° + 36° = 72°$

∴△ACD は，$\angle CAD = 36°$，$\angle ACD = \angle ADC = 72°$ の二等辺三角形である。

また，△DFC も，同様に $\angle CDF = 36°$，$\angle DFC = \angle DCF = 72°$ の二等辺三角形。　これは，相似記号

よって，△ACD ∽ △DFC である。 ‥‥‥‥‥‥‥‥‥‥‥(終)

(2) 図2のように AC $= x$ とおく。

CD $= 1$

△DFC は，CD $=$ FD の二等辺三角形である。

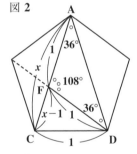

図2

また△FDA も，

$\angle FDA = \angle FAD = 36°$ より，

FD $=$ FA の二等辺三角形である。

よって，CD $=$ FD $=$ FA $= 1$　　∴ FC $= x - 1$

ここで，△ACD ∽ △DFC より，AC : CD $=$ DF : FC

$x : 1 = 1 : x - 1$，$x(x-1) = 1^2$，$x^2 - x - 1 = 0$

∴ $x =$ AC $= \dfrac{1+\sqrt{5}}{2}$　$(\because x > 0)$ ‥‥‥‥‥‥‥‥‥‥(答)

(3) $\triangle$ FDA は，FD＝FA の二等辺三角形
より，F から辺 AD に下ろした垂線の
足を M とおくと，

$$AM = DM = \frac{x}{2}\ \text{となる。}$$

よって，直角三角形 FAM について考
えると，

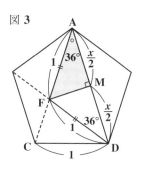

図3

$$\cos\underset{\underset{\angle\,\text{FAM}=36^\circ}{\|}}{\theta} = \frac{\frac{x}{2}}{1} = \frac{\overset{\frac{1+\sqrt{5}}{2}}{x}}{2} = \frac{1+\sqrt{5}}{4}\ \text{...................（答）}$$

Baba のレクチャー

正五角形の図形的な性質から $\cos 36^\circ$ を求めたけれど，この値は，図
を用いなくても，次の **2 倍角・3 倍角の公式**を使って求められること
も当然知っておいてくれ。

$\theta = 36^\circ$ とおくと，$5\theta = 180^\circ$　　よって，$3\theta = 180^\circ - 2\theta$
この両辺の <u>sin</u> をとって，

> なんで，cos じゃなくて sin かって？
> 後で，ドンデン返しがあるからね。

$$\sin 3\theta = \underset{\sin 2\theta}{\underline{\sin(180^\circ - 2\theta)}},\quad \overset{\boxed{3\sin\theta - 4\sin^3\theta\,(\text{3 倍角の公式})}}{\underset{}{\|}}\ \sin 3\theta = \underset{\boxed{2\sin\theta\cos\theta\,(\text{2 倍角の公式})}}{\sin 2\theta}$$

$3\sin\theta - 4\sin^3\theta = 2\sin\theta\cdot\cos\theta$　　この両辺を $\sin\theta\,(>0)$ で割って，

$3 - 4\underset{\boxed{1-\cos^2\theta}\ \longleftarrow\ \boxed{\text{ドンデン返しで，}\cos\theta\,\text{の方程式になる！}}}{\underline{\sin^2\theta}} = 2\cos\theta$

$3 - 4(1 - \cos^2\theta) = 2\cos\theta,\quad 4\cos^2\theta - 2\cos\theta - 1 = 0$

$\therefore \cos\theta = \dfrac{1+\sqrt{5}}{4}\ (\because \cos\theta > 0)$ となって，同じ答えだ！

この問題は，後の**演習問題 64（P164）**と深く関連しているので，まとめ
て勉強するといいよ。

2 変数関数の最小値問題

xy 平面内の領域 $-1 \leqq x \leqq 1$，$-1 \leqq y \leqq 1$ において，

$1 - ax - by - axy$ の最小値が正となるような定数 a，b を座標とする点

(a, b) の存在範囲を図示せよ。　　　　　　　　　　　　　　（東京大）

ヒント！ 与えられた式は，x と y の 2 変数関数になっているので，これを

まず，$z = f(x, y) = 1 - ax - by - axy$ とおこう。これは 2 つの変数 x と y の

> x と y の 2 つの変数の関数という意味

関係なので，どうしていいかわからないと思っている人もいると思う。でも，

これは，たとえば，まず変数 y を定数として固定して，x のみの関数として

考えると話が見えてくるんだよ。この考え方は，2 変数関数の定積分ではお

馴染みのはずだ。頑張ろう！

解答 & 解説

与えられた x と y の式を，$z = f(x, y)$ とおいて，x と y の 2 変数関数と考える。

$$z = f(x, y) = 1 - ax - by - axy \quad \cdots\cdots① \quad (-1 \leqq x \leqq 1, \quad -1 \leqq y \leqq 1)$$

そして，この最小値が正となるような，定数 a，b の条件を導いて，ab

座標平面上に点 (a, b) の存在範囲を示す。

ここで，まず，$-1 \leqq y_1 \leqq 1$ をみたす定数 y_1 を考え，$\underline{y = y_1}$ のとき，z の最

> $y = y_1$（定数）とおいて，y を定数に固定して，まず z の最小値を求め，さらに，今度は y_1 を $-1 \leqq y_1 \leqq 1$ の範囲を動く変数と考えて，本当の z の最小値を求める。このように，2 段構えで解くといいんだよ。

小値を調べる。このとき①は，

$$z = f(x, y_1) = 1 - a\underline{x} - by_1 - ax\underline{y_1}$$

> x のみ変数

$$= (-a - ay_1)x + 1 - by_1 \quad (-1 \leqq x \leqq 1) \text{ となるので，}$$

> 定数　　　　定数

z は傾き $-a-ay_1$, z 切片 $1-by_1$ の線分となる。よって，$-a-ay_1$ の正・負により，z は $x=-1$ または 1 のときに最小になる。よって，$y=y_1$ のときの z の最小値は，

最小値 $z=f(-1,\ y_1)=a+ay_1+1-by_1$

$$=(a-b)y_1+1+a \quad\cdots\cdots\text{②}$$

または，$z=f(1,\ y_1)=-a-ay_1+1-by_1$

$$=(-a-b)y_1+1-a \quad\cdots\cdots\text{③} \quad \text{となる。}$$

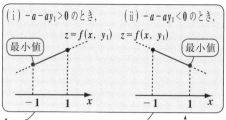

(ⅰ) $-a-ay_1>0$ のとき，　　　(ⅱ) $-a-ay_1<0$ のとき，

$z=f(x,\ y_1)$　$z=f(x,\ y_1)$

最小値　　　　　　　　　　　　　　　最小値

$a-ay_1=0$ のときは，$f(-1,\ y_1)=f(1,\ y_1)$ となって，いずれも最小値になる。

これらは，$y=y_1$（ある定数）のときの最小値だから，まだ地区大会(?)の最小値みたいなものだ。この後，y_1 を $-1\le y_1\le 1$ の範囲で動かして，いよいよ全国大会(?)の，つまり本当の最小値がわかるんだね。

次に，y を $-1\le y_1\le 1$ の範囲で動く変数と考えると，

(ⅰ) ②の場合，

$z=f(-1,\ y_1)=(a-b)y_1+1+a$

$(-1\le y_1\le 1)$ は，傾き $a-b$，z 切片 $1+a$ の線分となる。よって，傾き $a-b$ の正・負により，z は $y_1=-1$ または 1 のときに最小になる。

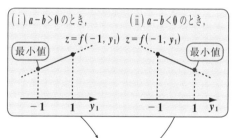

(ⅰ) $a-b>0$ のとき，　　　(ⅱ) $a-b<0$ のとき，

$z=f(-1,\ y_1)$　$z=f(-1,\ y_1)$

最小値　　　　　　　　　　　　　　　最小値

$\therefore$ 最小値 $z=f(-1,\ -1)=-a+b+1+a=\underline{b+1}$

　　　または，$z=f(-1,\ 1)=a-b+1+a=\underline{2a-b+1}$ となる。

(ⅱ) ③の場合，

$z=f(1,\ y_1)=(-a-b)y_1+1-a$ $(-1\le y_1\le 1)$ は，傾き $-a-b$，z 切片 $1-a$ の線分となる。よって，同様に，傾き $-a-b$ の正・負により，z は $y_1=-1$ または 1 のときに最小になる。

$\therefore$ 最小値 $z=f(1,\ -1)=a+b+1-a=\underline{b+1}$

　　　または，$z=f(1,\ 1)=-a-b+1-a=\underline{-2a-b+1}$ となる。

以上（ⅰ）（ⅱ）より，$z = f(x, y)$（$-1 \leqq x \leqq 1$，$-1 \leqq y \leqq 1$）の最小値は，

$f(-1, -1) = f(1, -1) = \underline{b+1}$，または $f(-1, 1) = \underline{2a-b+1}$，または

$f(1, 1) = \underline{-2a-b+1}$　である。

よって，$z = f(x, y)$ の最小値が正となるための必要十分条件は，この 3 つの値がすべて正であることである。よって，

　・$b+1 > 0$ より，$b > -1$ ……④　かつ

　・$2a-b+1 > 0$ より，$b < 2a+1$ ……⑤　かつ

　・$-2a-b+1 > 0$ より，$b < -2a+1$ ……⑥　である。

④，⑤，⑥より，ab 座標平面における点 (a, b) の存在領域を右図に網目部で示す。

（ただし，境界線はすべて含まない。）

　　　　　　　　…………(答)

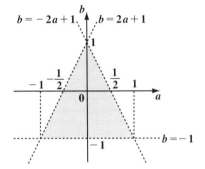

テーマ
図形と方程式
10

テーマ
ベクトル・空間座標
11

テーマ
平面図形と立体図形
12

三角すいと三角比の融合

演習問題 63　　難易度 ★★★★　　CHECK1　CHECK2　CHECK3

三角すい ABCD において辺 CD は底面 ABC に垂直である。
AB = 3 で，辺 AB 上の 2 点 E, F は，AE = EF = FB = 1 をみたし，
∠DAC = 30°，∠DEC = 45°，∠DBC = 60° である。
(1) 辺 CD の長さを求めよ。
(2) θ = ∠DFC とおくとき，cos θ を求めよ。　　　　　　　（一橋大）

ヒント！　(1) まず，図を描いて，条件より，CD = x とおくと，CA, CE,
CB を x で表せるから，後は △ABC と △EBC に余弦定理を用いるといいよ。
(2) では，中線定理も役に立つよ。

解答 & 解説

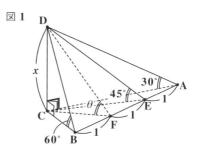
図 1

三角すい ABCD について，
与えられた条件を下に，その
概形図を図 1 に示す。

(1) CD = x とおくと，

3 つの直角三角形 DCA，
DCE，DCB の辺 CA，CE，CB は，図 2 より，それぞれ

（ i ）$CA = \sqrt{3}x$　　　　（ ii ）$CE = x$　　　　（ iii ）$CB = \dfrac{x}{\sqrt{3}}$　　となる。

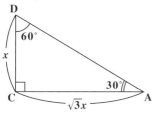
図 2 (i)

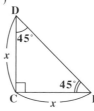
(ii)

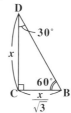
(iii)

以上より，底面の三角形 ABC
を図 3 に示す。

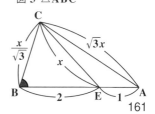
図 3 △ABC

（ i ）△ABC に余弦定理を用いて，

$$(\sqrt{3}x)^2 = \left(\frac{x}{\sqrt{3}}\right)^2 + 3^2 - 2 \cdot \frac{x}{\sqrt{3}} \cdot 3 \cdot \cos B$$

$$2\sqrt{3}x\cos B = 9 - \frac{8}{3}x^2 \quad \cdots\cdots ①$$

(ⅱ) △EBC に余弦定理を用いて，

$$x^2 = \left(\frac{x}{\sqrt{3}}\right)^2 + 2^2 - 2 \cdot \frac{x}{\sqrt{3}} \cdot 2 \cdot \cos B$$

$$\frac{4\sqrt{3}}{3} x \cos B = 4 - \frac{2}{3} x^2 \cdots\cdots ②$$

①×2 − ②×3 より， $2\left(9 - \frac{8}{3} x^2\right) - 3\left(4 - \frac{2}{3} x^2\right) = 0$

$$6 - \frac{10}{3} x^2 = 0, \qquad x^2 = \frac{9}{5}$$

$$\therefore CD = x = \sqrt{\frac{9}{5}} = \frac{3}{\sqrt{5}} \cdots\cdots\cdots\cdots\cdots\cdots\cdots\cdots\cdots(答)$$

■ Baba のレクチャー

(2) では，"中線定理" を使うよ。ここで，中線定理についても，復習しておこう。

■ 中線定理

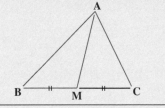

△ABC の辺 BC の中点を M とおくと，中線定理：

$$\mathbf{AB^2 + AC^2 = 2(AM^2 + BM^2)}$$

が成り立つ。

この他，"方べきの定理"，"トレミーの定理" など，意外と "平面図形" の知識って，役に立つんだよ。数学 A で，"平面図形" を選択してなかった人も，「合格！数学 Ⅰ・A」(マセマ) で勉強しておくことを勧める。センター対策も，もちろんこれで万全になるし，このように 2 次試験でも，結構重要な役割を演じるんだよ。

テーマ
図形と方程式
10

テーマ
ベクトル・空間座標
11

テーマ
平面図形と立体図形
12

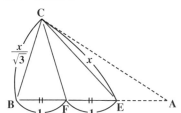

(2) $BF = FE = 1$ より，$\triangle CBE$ に
中線定理を用いると，

$$\left(\frac{x}{\sqrt{3}}\right)^2 + x^2 = 2(1^2 + CF^2)$$

$$\frac{4}{3} \cdot \overset{\overset{\frac{9}{5}}{\frown}}{\boxed{x^2}} = 2(CF^2 + 1)$$

$$CF^2 = \frac{2}{3} \cdot \frac{9}{5} - 1 = \frac{1}{5} \qquad \therefore CF = \frac{1}{\sqrt{5}}$$

図4 中線定理

別解

中線定理を使わない場合，①，②より，$\cos B = \dfrac{7\sqrt{5}}{10\sqrt{3}}$ を求め，さらに

$\triangle CBF$ に余弦定理を用いて，

$$CF^2 = \left(\frac{x}{\sqrt{3}}\right)^2 + 1^2 - 2 \cdot \frac{x}{\sqrt{3}} \cdot 1 \cdot \underline{\underline{\cos B}} = \frac{1}{3} \cdot \frac{9}{5} + 1 - \frac{2}{\sqrt{3}} \cdot \frac{3}{\sqrt{5}} \cdot \underline{\underline{\frac{7\sqrt{5}}{10\sqrt{3}}}}$$

$$= \frac{3}{5} + 1 - \frac{7}{5} = \frac{1}{5} \qquad \text{と求めることができるんだよ。}$$

$\angle DFC = \theta$ とおくと，図5より

$$\tan\theta = \frac{CD}{CF} = \frac{\dfrac{3}{\sqrt{5}}}{\dfrac{1}{\sqrt{5}}} = 3 \quad \longleftarrow$$

$\therefore$ 図6より，$\cos\theta = \dfrac{1}{\sqrt{10}} = \dfrac{\sqrt{10}}{10}$ ……(答)

図5

図6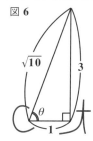

注意

実は，右図のように，$CF = y$ とおくと，
$\triangle CBE$，$\triangle CFA$ に中線定理を用いて，

$$\begin{cases} 2(y^2 + 1) = \dfrac{x^2}{3} + x^2 = \dfrac{4}{3}x^2 \cdots \cdots \text{⑦} \\ 2(x^2 + 1) = y^2 + 3x^2 \cdots \cdots \cdots \text{⑦} \end{cases} \quad \text{⑦，⑦より } x = \dfrac{3}{\sqrt{5}}, \; y = \dfrac{1}{\sqrt{5}}$$

と，中線定理だけでケリがつくんだね。

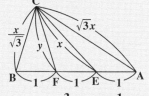

正二十面体の1部の正五角すいの体積

右図に示すような1辺の長さ1の正二十面体につ
いて，次の問いに答えよ。

(1) 正五角形 ABCDE の面積 S を求めよ。

(2) 正五角すい OABCDE の体積 V を求めよ。

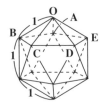

ヒント！ (1) 1辺の長さ1の正五角形 ABCDE の面積 S は，
$S = \triangle ABC + \triangle ACD + \triangle ADE$ として求めればいい。その際に，演習問題
61(P155) で求めた結果を使うので，今回の問題は演習問題**61**の続きの形になっ
ているんだね。(2) は，頂点 O から正五角形 ABCDE に下した垂線の足を O′
とすると，$OO′ = h$（正五角すいの高さ）となるので，これを求めて，この正五角
すいの体積 V は $V = \dfrac{1}{3} \cdot S \cdot h$ と計算できるんだね。頑張ろう！

解答 & 解説

(1) 図1に示すように，正二十面体の断面の五角形 ABCDE は，1辺の長
さが1の正五角形である。よって，CD = 1

であり，また，AC = x とおいて，これを求める。

$\triangle$DFC は，$\angle$CDF = 36°，CD = FD の二等辺

三角形である。

また$\triangle$FDA も，

$\angle$FDA = $\angle$FAD = 36° より，

FD = FA の二等辺三角形である。

よって，CD = FD = FA = 1 ∴ FC = $x - 1$

ここで，$\triangle$ACD ∽ $\triangle$DFC より，AC : CD = DF : FC

$x : 1 = 1 : x - 1$，$x(x-1) = 1^2$，$x^2 - x - 1 = 0$

∴ $x = AC = \dfrac{1 + \sqrt{5}}{2}$ ……① となる。 （∵ $x > 0$）

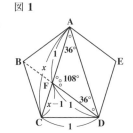

図1

さらに，図 2 に示すように，二等辺三角形 FDA の頂点 F から辺 AD に下した垂線の足を M とおくと，

$AM = \dfrac{x}{2}$ となる。

ここで，$\theta = 36°$ とおき，直角三角形 FAM で考えると，

図 2
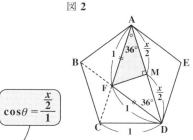

$\cos\theta = \dfrac{\frac{x}{2}}{1}$

$\cos\theta = \cos 36° = \dfrac{x}{2} = \dfrac{1+\sqrt{5}}{4}$ ……② となる。

よって②より，$\sin\theta \ (>0)$ は

$$\sin\theta = \sqrt{1-\cos^2\theta} = \sqrt{1 - \left(\dfrac{1+\sqrt{5}}{4}\right)^2}$$

$$1 - \dfrac{6+2\sqrt{5}}{16} = \dfrac{16-6-2\sqrt{5}}{16} = \dfrac{10-2\sqrt{5}}{16}$$

$$= \sqrt{\dfrac{10-2\sqrt{5}}{16}} = \dfrac{\sqrt{10-2\sqrt{5}}}{4} \ \ \cdots\cdots ③$$

図 3
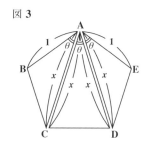

図 3 に示すように，正五角形 ABCDE は，3 つの三角形 ABC，ACD，ADE から成るので，正五角形 ABCDE の面積 S は，

$$S = \underline{\triangle ABC} + \underline{\triangle ACD} + \underline{\triangle ADE}$$

$\dfrac{1}{2}\cdot 1\cdot x\cdot\sin\theta$ 　 $\dfrac{1}{2}\cdot x^2\cdot\sin\theta$ 　 $\dfrac{1}{2}\cdot 1\cdot x\cdot\sin\theta$

$$= x\cdot\sin\theta + \dfrac{1}{2}x^2\sin\theta = \dfrac{1}{2}x(x+2)\cdot\sin\theta$$

$$= \dfrac{1}{2}\cdot\dfrac{1+\sqrt{5}}{2}\cdot\left(\dfrac{1+\sqrt{5}}{2}+2\right)\cdot\dfrac{\sqrt{10-2\sqrt{5}}}{4}$$

$$= \dfrac{1}{8}(1+\sqrt{5})(5+\sqrt{5})\cdot\dfrac{\sqrt{10-2\sqrt{5}}}{4}$$

$$= \dfrac{1}{16}(5+3\sqrt{5})\cdot\sqrt{10-2\sqrt{5}} \ \ \cdots\cdots(答)$$

$$S = \dfrac{1}{8}(1+\sqrt{5})(\sqrt{5}+5)\cdot\dfrac{\sqrt{10-2\sqrt{5}}}{4}$$

$$\sqrt{5}(1+\sqrt{5})^2 = \sqrt{5}(6+2\sqrt{5})$$

$$= \dfrac{\sqrt{5}(6+2\sqrt{5})}{8}\cdot\dfrac{\sqrt{10-2\sqrt{5}}}{4}$$

$$= \dfrac{1}{16}(5+3\sqrt{5})\cdot\sqrt{10-2\sqrt{5}}$$

(2) 図4に示すように，正五角すいの頂点 **O** から正五角形 **ABCDE** に下した垂線の足を **O′** とおくと，**O′** は正五角形 **ABCDE** の中心であり，直線 **AO′** と辺 **CD** との交点を **N** とおくと，$\angle \mathbf{ANC} = 90°$ となる。

ここで，$\mathbf{O′N} = u$，$\mathbf{AO′} = v$ とおく。

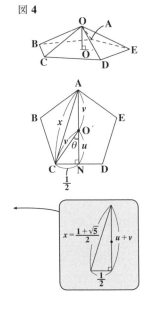

図4

(ⅰ) 直角三角形 **ACN** に三平方の定理を用いると，

$$u + v = \sqrt{x^2 - \left(\frac{1}{2}\right)^2}$$
$$= \sqrt{\left(\frac{1 + \sqrt{5}}{2}\right)^2 - \left(\frac{1}{2}\right)^2}$$
$$= \sqrt{\frac{6 + 2\sqrt{5} - 1}{4}}$$
$$= \frac{\sqrt{5 + 2\sqrt{5}}}{2} \quad \cdots\cdots ④ \quad \text{となる。}$$

(ⅱ) 次に，直角三角形 **O′CN** について，$\angle \mathbf{CO′N} = \theta = 36°$ より

$$\frac{u}{v} = \cos\theta \quad \therefore v = \frac{u}{\cos\theta} \quad \cdots\cdots ⑤$$

以上 (ⅰ)(ⅱ) より，⑤を④に代入して，

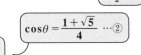

$$u\left(1 + \frac{1}{\cos\theta}\right) = \frac{\sqrt{5 + 2\sqrt{5}}}{2}$$

$$\cos\theta = \frac{1 + \sqrt{5}}{4} \cdots ②$$

$$1 + \frac{4}{1 + \sqrt{5}} = \frac{5 + \sqrt{5}}{1 + \sqrt{5}} = \frac{\sqrt{5}(\sqrt{5} + 1)}{\sqrt{5} + 1} = \sqrt{5}$$

$$\sqrt{5}\, u = \frac{\sqrt{5 + 2\sqrt{5}}}{2}$$

$$\therefore u = \frac{\sqrt{5 + 2\sqrt{5}}}{2\sqrt{5}} = \frac{1}{2}\sqrt{\frac{5 + 2\sqrt{5}}{5}}$$

よって，図 5 に示すように，直角三角形
ONO′ について考えると，

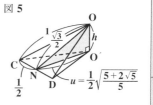

$ON = \dfrac{\sqrt{3}}{2}$，$NO' = u = \dfrac{1}{2}\sqrt{\dfrac{5+2\sqrt{5}}{5}}$ より，

$OO' = h$ とおいて，三平方の定理を用いると，

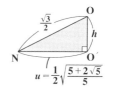

$$h = \sqrt{\left(\dfrac{\sqrt{3}}{2}\right)^2 - u^2} = \sqrt{\dfrac{5-\sqrt{5}}{10}}$$

← これが高さになる。

$$\dfrac{3}{4} - \left(\dfrac{1}{2}\sqrt{\dfrac{5+2\sqrt{5}}{5}}\right)^2 = \dfrac{3}{4} - \dfrac{1}{4}\cdot\dfrac{5+2\sqrt{5}}{5}$$
$$= \dfrac{15-(5+2\sqrt{5})}{20} = \dfrac{10-2\sqrt{5}}{20} = \dfrac{5-\sqrt{5}}{10}$$

となる。

(1) より，正五角形 ABCDE (底面) の面積 $S = \dfrac{1}{16}(5+3\sqrt{5})\cdot\sqrt{10-2\sqrt{5}}$
より，求める正五角すい OABCDE の体積 V は，

$$V = \dfrac{1}{3}\cdot S\cdot h = \dfrac{1}{3}\cdot\dfrac{1}{16}(5+3\sqrt{5})\sqrt{10-2\sqrt{5}}\cdot\sqrt{\dfrac{5-\sqrt{5}}{10}}$$

$$\sqrt{\dfrac{(10-2\sqrt{5})(5-\sqrt{5})}{10}} = \sqrt{\dfrac{(5-\sqrt{5})^2}{5}} = \dfrac{5-\sqrt{5}}{\sqrt{5}} = \sqrt{5}-1$$

$$= \dfrac{1}{48}(5+3\sqrt{5})(\sqrt{5}-1) = \dfrac{5\sqrt{5}-5+15-3\sqrt{5}}{48}$$

$$= \dfrac{10+2\sqrt{5}}{48} = \dfrac{5+\sqrt{5}}{24} \quad である。\dotfill(答)$$

計算が結構メンドウだったけれど，五角すいの体積 $V = \dfrac{1}{3}\cdot S\cdot h$ より，

底面積　高さ

S と h を求めるべく，工夫したんだね。この解法の流れをシッカリつかみ
とってくれ。この問題を反復練習すれば，計算力も含めて，立体図形に対
する実践力を鍛えることができると思うよ。シッカリマスターしよう！

テーマ⑬ 微分法の応用

● 3次関数の頻出テーマの応用に注意しよう！

では，これから，"**微分法の応用**"の講義に入ろう。微分法について単純な計算問題ならば得意だけれど，その応用になると難しくて得点できないという人がほとんどと思う。難関大も，図形的な問題など，様々な分野と組み合わせて出題してくるので，微分法の応用になると，かなりレベルが高くなるんだね。したがって，微分法の応用問題を解きこなすには，これまでよりもワンランク上の学力が必要となる。ここでは，難関大が狙ってくる様々なテーマの問題について，詳しく学習していこう。

それでは，今回のメインテーマを下に列挙して示そう。

(1) 3次方程式の解の条件
(2) 図形と3次関数の最大値の問題
(3) 3次関数のグラフに3本の接線が引ける条件
(4) 2次関数のグラフに3本の法線が引ける条件
(5) パラメータを含む3次関数の通過領域
(6) パラメータを含む直線の通過領域

(1) は，東京大の問題で，3次方程式が異なる3つの解 α, β, γ をもち，さらにこれに条件が加えられたときの係数の組 (a, b) の存在範囲を求める問題なんだね。
(2) は，名古屋大の問題で，図形と3次関数の最大値の融合問題になっている。変数の置き換えなど，計算上の高度なテクニックも，この問題でマスターしよう。
(3) は，3次関数に対して，3本の接線が引ける領域を求める問題だね。これについては，予め結果は分かっている。 Baba のレクチャー で確認して解いていこう。
(4) は，名古屋大の問題で，2次関数のグラフに3本の法線が引ける条件を求める問題だね。この解法パターンは，**(3)** のものと同様なんだね。
(5) は，慶応大の問題で，パラメータを含む3次関数のグラフの通過領域を求める問題なんだね。うまく場合分けをして，解いていくことがポイントだ。
(6) は，東京大の問題で，パラメータを含む直線のグラフの通過領域を求める問題だ。この解法パターンは，前問と同様なので，まとめて学習してマスターしよう。

テーマ

微分法の応用

13

テーマ

積分法の応用

14

テーマ

面積計算の応用

15

3次方程式の解の条件

$a > 0$ とし，$f(x) = x^3 - 3a^2x$ とおく。次の 2 条件を満たす点 (a, b) の動きうる範囲を求め，座標平面上に図示せよ。

条件 1：方程式 $f(x) = b$ は相異なる 3 実数解をもつ。

条件 2：更に，方程式 $f(x) = b$ の解を $\alpha < \beta < \gamma$ とすると $\beta > 1$ である。

(東京大)

ヒント！ 3次方程式 $f(x) = b$ が，異なる 3 実数解 α, β, γ をもち，$\alpha < 1 < \beta < \gamma$ となるための条件は，3 次関数 $y = f(x)$ と直線 $y = b$ のグラフを描いて考えればいいんだね。

解答＆解説

題意より，3 次方程式：$x^3 - 3a^2x = b$ ……① $(a, b$：実数定数，$a > 0)$ が，相異なる 3 実数解 α, β, γ をもち，かつ $\alpha < \beta < \gamma$ かつ $1 < \beta$ となるための a, b の条件を求める。

①を分解して，

$$\begin{cases} y = f(x) = x^3 - 3a^2x & \cdots\cdots ② \quad (a > 0) \\ y = b & \cdots\cdots\cdots\cdots\cdots\cdots ③ \end{cases}$$ とおくと，①の実数解 α, β, γ は，

曲線 $y = f(x)$ ……② と直線 $y = b$ ……③ の交点の x 座標と一致する。

$y = f(x)$ を x で微分して，

$f'(x) = 3x^2 - 3a^2 = 3(x+a)(x-a)$ より，

$f'(x) = 0$ のとき $x = -a$, a から，

$y = f(x)$ の増減表は右のようになる。

ここで，極小値 $f(a) = a^3 - 3a^3 = -2a^3$，

極大値 $f(-a) = -a^3 + 3a^3 = 2a^3$ であり，

また，$f(1) = 1 - 3a^2$ である。

ここで，$0 < a \leq 1$ とすると，$x \geq 1$ のとき，

$y = f(x)$ は単調に増加するので，①の方程式の解が，$x > 1$ の範囲に 2 つの実数解 β, γ をもつことはない。

よって，$a > 1$ であり，右図のグラフより，

$y = f(x)$ の増減表

x		$-a$		a	
$f'(x)$	$+$	0	$-$	0	$+$
$f(x)$	↗	$2a^3$	↘	$-2a^3$	↗

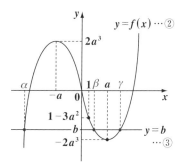

①の解 α, β, γ が $\alpha < \beta < \gamma$ かつ $\beta > 1$ となるための条件は，

$a > 1$ ……④ ，かつ $\underset{f(a)}{-2a^3} < b < \underset{f(1)}{1-3a^2}$ ……⑤ である。よって，ここで，

$$\begin{cases} b = g(a) = -2a^3 & \cdots\cdots ⑥ \\ b = h(a) = -3a^2 + 1 & \cdots\cdots ⑦ \end{cases} \text{ とおく。}$$

⑥を a で微分すると，$g'(a) = -6a^2$ より，

$a = 0$ のときのみ $g'(0) = 0$ で，$a \neq 0$ のとき，$g'(a) < 0$ となって単調に減少する。

また，⑥，⑦から b を消去して，

$-2a^3 = -3a^2 + 1$

$2a^3 - 3a^2 + 1 = 0$

$(a-1)^2(2a+1) = 0$ より，

$a = 1(\text{重解})$，$-\dfrac{1}{2}$ となる。

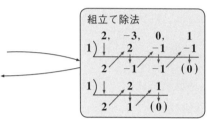

よって，$b = g(a)$ ……⑥ と

$b = h(a)$ ……⑦ は，

$a = -\dfrac{1}{2}$ で交わり，$a = 1$ で接

する右図のような曲線である。

$\begin{pmatrix} b = g(a) \text{ のグラフは点線で} \\ b = h(a) \text{ のグラフは実線で} \\ \text{示した。} \end{pmatrix}$

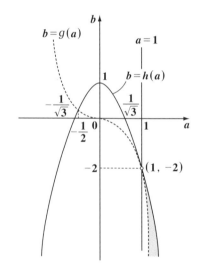

以上より，④，⑤で表される

点 (a, b) の存在領域を ab 座

標平面上に網目部で示す。

(ただし，境界線はすべて含

まない。) ………………(答)

テーマ

微分法の応用 13

テーマ

積分法の応用 14

テーマ

面積計算の応用 15

図形と3次関数の最大値

放物線 $R : y = -x^2 + 6$ と直線 $l : y = x$ との交点を A, B とする。
直線 $m : y = x + t$ $(t > 0)$ は放物線 R と相異なる2点 C, D で交わるものとする。4つの点 A, B, C, D を頂点とする台形の面積を $S(t)$ とおく。
$S(t)$ の最大値を求めよ。　　　　　　　　　　　　　　　（名古屋大*）

ヒント！　放物線により切り取られる線分の長さは，交点の x 座標の差と直線の傾きから簡単に求めることができる。また，台形 ABCD の面積 $S(t)$ は，うまく変数を置換することにより，3次関数の形にもち込めるんだよ。頑張れ！

解答&解説

放物線 $R : y = -x^2 + 6$ …①
直線 l 　　$: y = x$ …………②
直線 m 　$: y = x + t$ ……③ $(t > 0)$ とおく。

・①，②より y を消去して，

$-x^2 + 6 = x$, $x^2 + x - 6 = 0$

$(x+3)(x-2) = 0$ $\therefore x = -3, 2$ ← ［α と β の値が分かった！］

$\therefore$ ①と②の交点を A, B とおくと，線分 AB の長さは，

$$AB = \sqrt{2}\{2 - (-3)\} = 5\sqrt{2}$$

・①，③より y を消去して，

$-x^2 + 6 = x + t$, $x^2 + x + t - 6 = 0$ ……④

この判別式を D とおくと，

$D = 1^2 - 4(t-6) = 25 - 4t > 0$ でなければならない。［異なる2交点 C, D が存在するからね。］

$$\therefore 0 < t < \frac{25}{4}$$

④を解いて，

$$x = \frac{-1 \pm \sqrt{D}}{2}$$ ← ［α と β の値が分かった！］

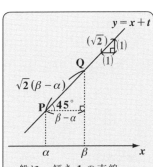

一般に，傾き1の直線 $y = x + t$ 上の2点 P, Q の x 座標が α, β $(\alpha < \beta)$ のとき，直角三角形の辺の比の関係から線分 $PQ = \sqrt{2}(\beta - \alpha)$ と，すぐに計算できる。

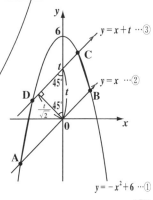

$y = -x^2 + 6$ …①

∴①と③の交点を **C, D** とおくと，線分 **CD** の長さは，

$$CD = \sqrt{2}\left(\frac{-1+\sqrt{D}}{2} - \frac{-1-\sqrt{D}}{2}\right) = \sqrt{2}\sqrt{D} = \sqrt{2}\sqrt{25-4t}$$

以上より，四角形 **ABCD** は，上底 $\sqrt{2}\sqrt{25-4t}$，

下底 $5\sqrt{2}$，高さ $\dfrac{t}{\sqrt{2}}$ の台形なので，その面積を

$S(t)$ とおくと，

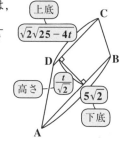

$$S(t) = \frac{1}{2} \cdot \underset{\text{高さ}}{\frac{t}{\sqrt{2}}}(\sqrt{2}\sqrt{25-4t}+5\sqrt{2})$$

$$= \frac{1}{2}t(5+\underset{X}{\sqrt{25-4t}}) \quad \cdots\cdots ⑤ \quad \left(0 < t < \frac{25}{4}\right) \text{ となる。}$$

> $S(t)$ の関数は，t の無理関数まで入ってるので，ビビるって？ ここで，ひるんじゃだめだ！ $\sqrt{25-4t}=X$ とおくと，$S(t)$ は，X の3次関数になるんだよ。後一歩だ！

ここで，$\sqrt{25-4t}=X$ $\cdots\cdots⑥$ とおくと，$\underset{t=\frac{25}{4} \text{のとき}}{0} < X < \underset{t=0 \text{のとき}}{5}$ となる。

また，$25-4t=X^2$ より，$t=\dfrac{25-X^2}{4}$ $\cdots\cdots⑦$ となる。

> $f(X)$ は，〜 の形の3次関数

⑥，⑦を⑤に代入して，さらに $S(t)=f(X)$ とおくと，

$$f(X) = \frac{1}{2} \cdot \frac{25-X^2}{4}(5+X) = -\frac{1}{8}(X^3+5X^2-25X-125) \quad (0 < X < 5)$$

となる。ここで，$f(X)$ を X で微分して，

$$f'(X) = -\frac{1}{8}(3X^2+10X-25) = -\frac{1}{8}(3X-5)(X+5)$$

$$\begin{matrix} 3 & \diagdown\diagup & -5 \\ 1 & \diagup\diagdown & 5 \end{matrix}$$

$f'(X)=0$ のとき，$X=\dfrac{5}{3}$ $(\because 0 < X < 5)$

増減表 $(0 < X < 5)$

X	(0)		$\frac{5}{3}$		(5)
$f'(X)$		$+$	0	$-$	
$f(X)$		↗	最大	↘	

右の増減表より，$X=\dfrac{5}{3}$ のとき，$f(X)$ すなわち $S(t)$ は，

最大値 $S(t)=f\left(\dfrac{5}{3}\right) = \dfrac{1}{8}\left(25-\dfrac{25}{9}\right)\cdot\left(5+\dfrac{5}{3}\right) = \dfrac{1}{8}\times\dfrac{200}{9}\times\dfrac{20}{3} = \dfrac{500}{27}$

をとる。$\cdots\cdots\cdots\cdots\cdots\cdots\cdots\cdots\cdots\cdots\cdots\cdots\cdots\cdots\cdots\cdots\cdots$(答)

172

テーマ
微分法の応用
13

テーマ
積分法の応用
14

テーマ
面積計算の応用
15

3次関数のグラフに3本の接線が引ける条件

演習問題 67	難易度 ★★★	CHECK1	CHECK2	CHECK3

xy 平面上の点 (a, b) から曲線 $y = x^3 - x$ に 3 本の相異なる接線が引けるための条件を求め，その条件を満たす点 (a, b) の存在範囲を ab 座標平面上に図示せよ。

(関西大, 鹿児島大*)

Baba のレクチャー

・3次関数に引ける接線の本数

3 次 関 数 $y = f(x) = ax^3 + bx^2 + cx + d$ ($a \neq 0$) と，その変曲点 $(\alpha, f(\alpha))$ における接線 l を図アに示すよ。

> この接線は，アルファベットの x のように，$y = f(x)$ とクロスする不思議な形の接線だね。

図ア

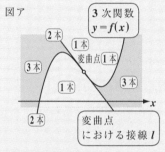

3次関数 $y = f(x)$ と，この接線 l により，xy 座標平面は，$y = f(x)$ に，接線が 1 本引ける領域, 2 本引ける領域, 3 本引ける領域に分類できるんだよ。

(i) 接線が 1 本引ける領域
   (上下の領域と変曲点)
   図 (i) のように，この領域上の 1 点 A からは，$y = f(x)$ に 1 本しか接線が引けないね。変曲点も，変曲点における接線が 1 本引けるだけだ。

図 (i)

(ii) 接線が 2 本引ける領域
   ($y = f(x)$ と接線 l のはりがね部分)
   図 (ii) のように，$y = f(x)$ 上の点 B や，変曲点における接線 l 上の点 C からは，$y = f(x)$ に 2 本の接線が引けるね。

図 (ii)

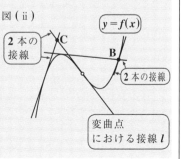

図（ⅲ）

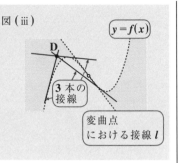

$y = f(x)$

D

3 本の接線

変曲点における接線 l

解答＆解説

$y = f(x) = x^3 - x$ とおく。

$f'(x) = 3x^2 - 1$

$y = f(x)$ 上の点 $(t, f(t))$ における接線の方程式は，

$y = (3t^2 - 1)(x - t) + t^3 - t$

$[y = f'(t) \cdot (x - t) + f(t)]$

$y = (3t^2 - 1)x - 2t^3$

これが点 (a, b) を通るとき，これを上式に代入してまとめると，

$b = (3t^2 - 1)a - 2t^3$

$2t^3 - 3at^2 + a + b = 0$ ……① となる。

①の t の **3** 次方程式が，相異なる **3** 実数解 t_1，t_2，t_3 をもつとき，図 **2** に示すように，**3** 個の異なる接点が存在するので，点 (a, b) から $y = f(x)$ に異なる **3** 本の接線が引ける。

ここで，①を分解して，

図 1

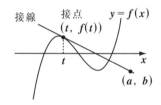

接線　接点 $(t, f(t))$　$y = f(x)$

t　x

(a, b)

曲線上の点 $(t, f(t))$ における接線の方程式を立て，これが曲線外の点 (a, b) を通ることから，t の **3** 次方程式が出来る。

図 2

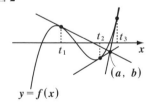

t_2 t_3

t_1　x

(a, b)

$y = f(x)$

174

$$\begin{cases} u = g(t) = 2t^3 - 3at^2 + a + b \\ u = 0 \quad [\,t\,軸\,] \end{cases} \quad \text{とおくと,}$$

$g'(t) = 6t^2 - 6at = 6t(t - a)$

$g'(t) = 0$ のとき, $t = 0$, または a

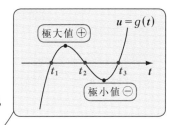

よって, 方程式 $g(t) = 0$ ……① が相異なる

3 実数解をもつための条件は,

「(i) $\underline{a \neq 0}$ かつ (ii) $\underline{g(0) \times g(a) < 0}$」 ……②

極大値と極小値が存在し,　　　かつ (極値) × (極値) < 0 だ！

②より, $\underbrace{(a + b)}_{g(0)}\underbrace{(-a^3 + a + b)}_{g(a)} < 0$ ……③ ……………………(答)

③の表す領域の境界線は,

$$\begin{cases} b = -a \quad \leftarrow \boxed{変曲点における接線} \\ b = a^3 - a \quad \leftarrow \boxed{b = f(a) \text{ のこと}} \end{cases}$$

であり, 境界線上にない点 $(2,\ 0)$ を③に代入

すると, $(2 + 0) \cdot (-2^3 + 2 + 0) < 0$ となって

みたす。よって, ③の表す領域を ab 座標平面

上に網目部で図示すると, 図3のようになる。

ただし, 境界線はすべて含まない。………(答)

図3

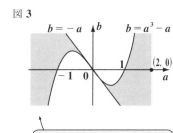

海・陸・海・陸と塗り分ける！

　この結果になることは初めから分かっていたんだね。しかし, 記述式の
答案には, 解答＆解説で示したように, キチンとそうなることを示さない
といけない。面白かっただろう？

2次関数のグラフに3本の法線が引ける条件

平面上の放物線 $y = x^2$ と直線 $l : y = 1$ を考える。

(1) 放物線上の点 (a, a^2) での法線と直線 l との交点を P とし，その x 座標を b とする。b を a で表せ。ただし，放物線上の点 Q での法線とは，Q を通り Q での接線と直交する直線のことである。

(2) 放物線の異なる 3 法線が直線 l 上の 1 点 P$(b, 1)$ を通るような b の値の範囲を求めよ。

(名古屋大)

ヒント! 今回は，法線の問題だけど，接線のときと同様に解けるよ。まず，放物線上の点 (a, a^2) における法線の方程式を立て，それが，点 P$(b, 1)$ を通ることから，a の 3 次方程式を導くんだよ。

解答 & 解説

(1) $y = f(x) = x^2$ とおく。

$f'(x) = 2x$

$y = f(x)$ 上の点 $(a, \overset{a^2}{f(a)})$ における法線の方程式は，

$2a \cdot (\underset{\doubleunderline}{y - a^2}) = -(\underset{\wave}{x} - a)$ ……①

$[f'(a)\{y - f(a)\} = -(x - a)]$

図1のように，①は点 P$(\underset{\wave}{b}, \underset{\doubleunderline}{1})$ を通るので，

$2a(\underset{\doubleunderline}{1} - a^2) = -(\underset{\wave}{b} - a)$

$\therefore b = 2a^3 - a$ ……② …………(答)

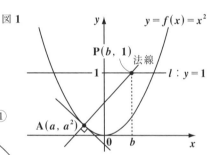

図1

法線の公式
$y = -\dfrac{1}{f'(a)}(x - a) + f(a)$ だと，$f'(a) = 0$ のときが定義できないので，公式 : $f'(a)\{y - f(a)\} = -(x - a)$ の形のものを使った!

Baba のレクチャー

点 P$(b, 1)$ に法線を引くことのできる，放物線上の点の x 座標が a だから，②を a の 3 次方程式とみて，これが相異なる 3 実数解 a_1, a_2, a_3 をもつとき，点 P$(b, 1)$ を異なる 3 本の法線が通るんだね。これって，演習問題 67 と同じ考え方だね。

(2) ②の a の3次方程式：

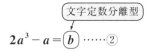

$$2a^3 - a = \boxed{b} \cdots\cdots ②$$

が相異なる3実数解 a_1, a_2, a_3 をもつとき，図2に示すように放物線の異なる3本の法線が点 $\mathrm{P}(b, 1)$ を通る。

②を分解して，

$$\begin{cases} u = g(a) = 2a^3 - a \\ u = b \quad [a \text{ 軸に平行な直線}] \end{cases}$$

とおく。

$$g'(a) = 6a^2 - 1$$

$g'(a) = 0$ のとき，

$$a^2 = \frac{1}{6} \qquad \therefore a = \pm\frac{1}{\sqrt{6}}$$

極大値 $g\left(-\frac{1}{\sqrt{6}}\right) = -2 \cdot \frac{1}{6\sqrt{6}} + \frac{1}{\sqrt{6}}$

$$= \frac{2}{3\sqrt{6}} = \frac{\sqrt{6}}{9}$$

極小値 $g\left(\frac{1}{\sqrt{6}}\right) = -\frac{\sqrt{6}}{9}$

> $y = g(a)$ は奇関数より，
> 原点に関して対称。
> $\therefore (\text{極小値}) = -(\text{極大値})$

図3より，放物線の異なる3法線が点 $\mathrm{P}(b, 1)$ を通るような b のとり得る値の範囲は，

$$-\frac{\sqrt{6}}{9} < b < \frac{\sqrt{6}}{9} \cdots\cdots\cdots\cdots\cdots\cdots\cdots\cdots\cdots\cdots(\text{答})$$

図2

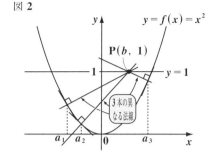

P$(b, 1)$

$y = f(x) = x^2$

$y = 1$

3本の異なる法線

図3

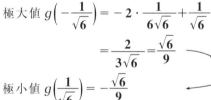
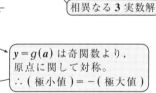

$u = g(a)$

$u = b$

相異なる3実数解

演習問題 69 　難易度 ★★★★ 　CHECK1 　CHECK2 　CHECK3

$y = x^3 + 3t^2x + t^3$ ……① 　とする。

(1) ①の右辺を t の関数とみなして $f(t)$ とおく。x が正の数の場合，関数 $f(t)$ の極値を求めよ。

(2) t が $t > 0$ の範囲で変化するとき，x の 3 次関数①のグラフが通過する領域を xy 平面上に図示せよ。　　　　　　　　（慶応大）

ヒント！ **(2)** $t > 0$ の範囲で，3 次関数 $y = x^3 + 3t^2x + t^3$ のグラフが通過する領域を求めるには，これを t の 3 次方程式と考えて，$t > 0$ の範囲に少なくとも 1 実数解をもつようにするんだね。頑張ろう！

解答 & 解説

$y = x^3 + 3t^2x + t^3$ ………①

(1) ①の右辺を t の関数とみなして，$f(t)$ とおくと，

$f(t) = t^3 + \underline{3x}t^2 + \underline{x^3}$ ←──[t の 3 次関数]　$(x > 0)$

（定数扱い）

$f'(t) = 3t^2 + 6xt = 3t(t + 2x)$

$f'(t) = 0$ のとき，$t = -2x, \ 0$

右の増減表より，

増減表

t		$-2x$		0	
$f'(t)$	$+$	0	$-$	0	$+$
$f(t)$	↗	極大	↘	極小	↗

$$\begin{cases} \text{極大値 } f(-2x) = -8x^3 + 12x^3 + x^3 = 5x^3 \\ \text{極小値 } f(0) = x^3 \end{cases}$$ ……………………（答）

(2) t が $t > 0$ の範囲で変化するとき，x の 3 次関数①のグラフが xy 座標平面上を通過する領域は，①を t の 3 次方程式とみて，これが $0 < t$ の範囲に少なくとも 1 実数解をもつことに対応する。

①を分解して，

（定数扱い）

$$\begin{cases} z = f(t) = t^3 + \boxed{3x}t^2 + \boxed{x^3} \\ z = \boxed{y} \end{cases}$$

（定数扱い）

今，x と y は定数扱いなので，$z = f(t)$ のように，新たな z という変数をもち込んで，tz 座標平面上で考えるよ。

$z = f(t)$ と，直線 $z = y$ との交点の t 座標が，①の t の 3 次方程式の実数解なんだね。だから，この 2 つのグラフを $t > 0$ の範囲で交わらせるようにするんだよ。

(i) $x > 0$ のとき，[このときの $z=f(t)$ は，(1) で既に求めている。]

$z = f(t)$ と $z = y$ が，$t > 0$ の範囲で共有点をもつための条件は，

$\underline{\underline{y > x^3}}$ [等号がない！]

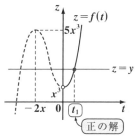

図1　$x > 0$ のとき

(ii) $x < 0$ のとき，

$z = f(t)$ は，

$$\begin{cases} 極大値 \quad f(0) = x^3 \\ 極小値 \quad f(-2x) = 5x^3 \end{cases}$$

をもつ。よって，$z = f(t)$ と $z = y$ が，$t > 0$ の範囲に少なくとも1つの共有点をもつための条件は，

$\underline{\underline{y \geqq 5x^3}}$ [等号がある！]

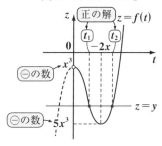

図2　$x < 0$ のとき

(iii) $x = 0$ のとき，

$z = f(t) = t^3$ と $z = y$ が，$t > 0$ の範囲で共有点をもつための条件は，

$\underline{\underline{y > 0}}$ [等号がない！]

これは，(i) の条件 $y > x^3$ で $x = 0$ としたものより，$x = 0$ は，(i) に含める。

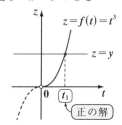

図3　$x = 0$ のとき

以上 (i)(ii)(iii) より，t が $t > 0$ の範囲で変化するとき，x の3次関数①のグラフの通過する領域は，

$$\begin{cases} (i) \ x \geqq 0 \ のとき \quad y > x^3 \\ (ii) \ x < 0 \ のとき \quad y \geqq 5x^3 \end{cases}$$

と表される。これを図4に網目部で示す。 ……………………………(答)

$\left(\begin{array}{l} 境界は実線を含み，破線と白丸 \\ は含まない。 \end{array}\right)$

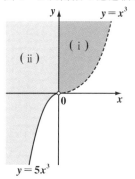

図4　3次関数の通過領域

演習問題 70	難易度 ★★★★		CHECK1	CHECK2	CHECK3

実数 t が，$0 \leq t \leq 1$ の範囲で変化するとき，

直線 $l : y = 3(t^2 - 1)x - 2t^3$ が通過する領域を xy 座標平面上に図示せ

よ。　　　　　　　　　　　　　　　　　　　　　　　　（東京大）

ヒント！ 直線 l の式を t の 3 次方程式とみて，これが，$0 \leq t \leq 1$ の範囲に少なくとも 1 つの実数解をもつようにすれば，l の xy 平面での通過領域がわかるんだね。これも，グラフを使って考えるんだよ。

解答 & 解説

直線 $l : y = 3(t^2 - 1)x - 2t^3$ ……① について，t が $0 \leq t \leq 1$ の範囲で変化するとき，xy 平面上で l の通過する領域は，①を t の 3 次方程式：

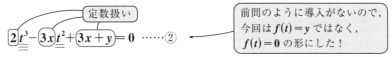

定数扱い

$$2\underline{\underline{t^3}} - 3x\,\underline{\underline{t^2}} + \underline{\underline{3x + y}} = 0 \quad \cdots\cdots ②$$

> 前間のように導入がないので，今回は $f(t) = y$ ではなく，$f(t) = 0$ の形にした！

とみて，②が $0 \leq t \leq 1$ の範囲に少なくとも 1 つの実数解をもつようにすることから求められる。

②を分解して，

$$\begin{cases} z = f(t) = 2t^3 - 3xt^2 + 3x + y \\ z = 0 \quad [t\,軸] \end{cases} \quad とおく。$$

> $z = f(t)$ と t 軸との共有点の t 座標が，②の実数解となる。

$f'(t) = 6t^2 - 6xt = 6t(t - x)$

$f'(t) = 0$ のとき，$t = 0$ または x

> これから，(ⅰ) $x \leq 0$，(ⅱ) $0 < x < 1$ (ⅲ) $1 \leq x$ の 3 通りに場合分けする！

(ⅰ) $\underline{x \leq 0}$ のとき，

　　図 1 より，②が $0 \leq t \leq 1$ の範囲に

　　実数解をもつための条件は，

　　$f(0) = \boxed{3x + y \leq 0}$ 　かつ

　　$f(1) = \boxed{2 + y \geq 0}$

　　$\therefore \underline{y \leq -3x}$ かつ $\underline{y \geq -2}$

図 1

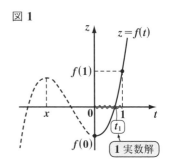

(ⅱ) $0 < x < 1$ のとき,

$$\begin{cases} \text{極大値 } f(0) = 3x + y \\ \text{極小値 } f(x) = y - x^3 + 3x \end{cases}$$

図2より, ②が $0 \le t \le 1$ の範囲に実数解をもつための条件は,

$$f(x) = \boxed{y - x^3 + 3x \le 0}$$

かつ

$$\begin{cases} f(0) = \boxed{3x + y \ge 0} \\ \text{または} \\ f(1) = \boxed{2 + y \ge 0} \end{cases}$$

$$\therefore \underline{\underline{y \le x^3 - 3x}} \text{ かつ } \begin{cases} \underline{y \ge -3x} \\ \text{または} \\ \underline{y \ge -2} \end{cases}$$

(ⅲ) $\underline{1 \le x}$ のとき,

図3より, ②が $0 \le t \le 1$ の範囲に実数解をもつための条件は,

$$f(0) = \boxed{3x + y \ge 0} \quad \text{かつ}$$
$$f(1) = \boxed{2 + y \le 0}$$

$$\therefore \underline{y \ge -3x} \quad \text{かつ} \quad \underline{y \le -2}$$

以上をまとめて,

(ⅰ) $x \le 0$ のとき,

$y \le -3x$ かつ $y \ge -2$

(ⅱ) $0 < x < 1$ のとき,

$y \le x^3 - 3x$ かつ $\begin{cases} y \ge -3x \\ \text{または} \\ y \ge -2 \end{cases}$

(ⅲ) $1 \le x$ のとき,

$y \ge -3x$ かつ $y \le -2$

(ⅰ)(ⅱ)(ⅲ) より, 直線 l の通過領域を図4に網目部で示す。
(境界はすべて含む。) ………(答)

図2

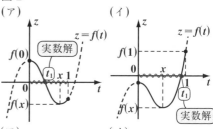

(ア)
$$\begin{cases} f(x) \le 0 \\ \text{かつ} \\ f(0) \ge 0 \end{cases} \quad \text{または} \quad \begin{cases} f(x) \le 0 \\ \text{かつ} \\ f(1) \ge 0 \end{cases}$$

$f(x) \le 0$ は絶対だけれど, $f(0)$ と $f(1)$ は, いずれか一方が 0 以上であればいい!

図3

$y = g(x) = x^3 - 3x$ とおくと,
$g'(x) = 3(x + 1)(x - 1)$
極大値 $g(-1) = 2$ 極小値 $g(1) = -2$

図4 ($y = g(x)$ の原点における接線)

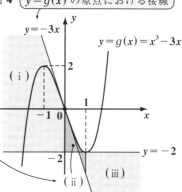

要注意

テーマ⑭ 積分法の応用

● 積分も他分野との融合問題で，実力を磨こう！

　さァ，いよいよ "**積分法の応用**" に入ろう。一般に，数学 **Ⅱ** の積分で
は "面積計算" が中心で，それ程難問はないと思っているかも知れないね。
でも，難関大では，"最大・最小問題" や "**2** 次方程式" や "漸化式" など，
他の分野との融合形式で出題してくるから，単なる積分計算の力だけでな
く，思考力や応用力が試されることになるんだよ。今回も，かなりレベル
の高い良問を選んでおいたから，ジックリ取り組んでみてくれ。

　それでは，今回の主要テーマを下に列挙しよう。

(1) 定積分と最小値の問題 (Ⅰ)，(Ⅱ)
(2) 定積分と **2** 次方程式の融合
(3) 定積分と漸化式の融合

(1) は，一橋大と東京大の問題で，定積分と最小値問題を融合させた問題に
なっている。ただし，前者の問題では，相加・相乗平均の不等式を用いて最
小値を求めるのに対して，後者の問題では，平方完成を行うことにより最小
値を算出する。また，難関大の問題なので，複数の変数をうまく取り扱うこ
ともポイントになるんだね。
(2) は，京都大の問題で，定積分と **2** 次方程式の解の個数を求める融合問題
になっている。この **2** 次方程式は，$f(x) = k$(定数)の形をしているため，場
合分けをしながら，グラフを利用して解いていくことになる。かなりレベ
ルは高いけれど，思考力を鍛える良問なので，シッカリ練習してマスターし
よう。
(3) は，京都大の問題で，定積分と数列の漸化式との融合問題になっている。
定積分をうまく行って，**2** つの漸化式を導き出せばよい。漸化式の解法では，
等比関数列型漸化式 $F(n+1) = r \cdot F(n)$ を利用して解いていこう。

テーマ
微分法の応用
13
テーマ
積分法の応用
14
テーマ
面積計算の応用
15

定積分と最小値の問題（Ⅰ）

演習問題 71	難易度 ★★★★		CHECK1	CHECK2	CHECK3

$x > 0$ に対し，$F(x) = \dfrac{1}{x}\displaystyle\int_{2-x}^{2+x}|t-x|dt$ と定める。$F(x)$ の最小値を求めよ。

(一橋大)

ヒント！ $F(x)$ は，t での定積分なので，まず x は定数として扱い，(i) $0 < x \leqq 1$ と (ii) $1 < x$ の 2 通りに場合分けして計算することになるんだね。$F(x)$ が求まれば，後はこの増減を考えて，$F(x)$ の最小値を求めよう。その際，相加・相乗平均の不等式を利用する。

解答 & 解説

$F(x) = \dfrac{1}{x}\displaystyle\int_{2-x}^{2+x}|t-x|dt$ ……① とおく。

積分後は変数 x の関数 $F(x)$ になる。

（変数）（まず，定数扱い）（t で微分）

$y = |t-x|$ のグラフ

$y = -t+x$　$y = t-x$

①の被積分関数を

$F(t) = |t-x| = \begin{cases} t-x & (t \geqq x) \\ -t+x & (t < x) \end{cases}$ と表すと，

右図より，①の定積分は，

(ii) $2-x$　$2+x$
(i) $2-x$　$2+x$

(i) $x \leqq 2-x$ または (ii) $2-x < x$ の 2 通りに場合分けして求めればよい。

$\begin{array}{l} 2x \leqq 2 \\ 0 < x \leqq 1 \end{array}$　　$\begin{array}{l} 2 < 2x \\ 1 < x \end{array}$

$x < 2+x$ は常に成り立つので，この 2 通りでよい。

(i) $x \leqq 2-x$，すなわち $0 < x \leqq 1$ のとき，

$F(x) = \dfrac{1}{x}\displaystyle\int_{2-x}^{2+x}(t-x)dt$

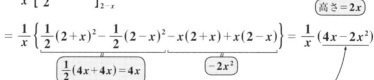

上底 $= 2-2x$

下底 $= 2$

高さ $= 2x$

$= \dfrac{1}{x}\left[\dfrac{1}{2}t^2 - x\cdot t\right]_{2-x}^{2+x}$

$= \dfrac{1}{x}\left\{\dfrac{1}{2}(2+x)^2 - \dfrac{1}{2}(2-x)^2 - x(2+x) + x(2-x)\right\} = \dfrac{1}{x}(4x - 2x^2)$

$\underbrace{\dfrac{1}{2}(4x+4x) = 4x}$　　$\underbrace{-2x^2}$

$\therefore F(x) = -2x + 4$

これは，$\dfrac{1}{2}\underbrace{(2-2x+2)}_{\text{上底}}\cdot \underbrace{2x}_{\text{高さ}}$ と求めてもいい。（下底）

（ⅱ）$2-x<x$，すなわち $1<x$ のとき，

$$F(x) = \frac{1}{x}\int_{2-x}^{2+x}|t-x|dt$$

$$= \frac{1}{x}\left\{\underbrace{\int_{2-x}^{x}(-t+x)dt}_{\frac{1}{2}(2x-2)^2} + \underbrace{\int_{x}^{2+x}(t-x)dt}_{\frac{1}{2}\cdot 2^2}\right\}$$

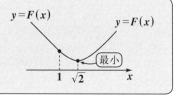

$\leftarrow$ 2つの三角形の面積の和として求めていい

$$\therefore F(x) = \frac{1}{x}(2x^2 - 4x + 2 + 2) = 2x + \frac{4}{x} - 4$$

以上（ⅰ）（ⅱ）より，

$$F(x) = \begin{cases} -2x+4 & （0<x\leqq 1 \text{ のとき}） \\ 2x+\dfrac{4}{x}-4 & （1<x \text{ のとき}） \end{cases}$$ となる。よって，

（ⅰ）$0<x\leqq 1$ のとき，$F(x)$ は，負の傾きの直線より，

　　　$x=1$ のとき，最小値 $F(1)=-2+4=\underline{2}$ をとる。

（ⅱ）$1<x$ のとき，$F(x)$ の最小値は，相加・相乗平均の不等式を用いて，

$$F(x) = \underwavy{2x} + \underwavy{\frac{4}{x}} - 4 \geqq 2\sqrt{2x\times\frac{4}{x}} - 4$$

相加・相乗平均の不等式
$a>0$，$b>0$ のとき，
$a+b\geqq 2\sqrt{ab}$ が成り立つ。
（等号成立条件：$a=b$）

$$= 4\sqrt{2} - 4$$

$4\times 1.4 - 4 = 1.6 < \underwavy{2}$

　　　等号成立条件：$2x=\dfrac{4}{x}$　$x^2=2$　$\therefore x=\sqrt{2}$　（これは $x>1$ をみたす。）

$x=-\sqrt{2}$ は，$x>1$ の条件より，不適

以上（ⅰ）（ⅱ）より，$F(x)$ は，$x=\sqrt{2}$ のとき，

最小値 $F(\sqrt{2})=4\sqrt{2}-4$ をとる。 $\cdots\cdots\cdots\cdots\cdots\cdots\cdots\cdots\cdots\cdots\cdots$（答）

参考

この $F(x)$ のグラフのイメージは右のように
なるんだね。

$y=F(x)$　　　$y=F(x)$

最小

1　$\sqrt{2}$　x

定積分と最小値の問題 (Ⅱ)

$f(x)$ を $f(0) = 0$ をみたす 2 次関数とする。a, b を実数として、

関数 $g(x)$ を次で与える。

$$g(x) = \begin{cases} ax & (x \leqq 0) \\ bx & (x > 0) \end{cases}$$

a, b をいろいろ変化させ

$$\int_{-1}^{0}\{f'(x)-g'(x)\}^2dx+\int_{0}^{1}\{f'(x)-g'(x)\}^2dx$$ が最小になるようにする。

このとき、$g(-1)=f(-1)$, $g(1)=f(1)$ であることを示せ。（東京大）

ヒント！　題意より、まず 2 次関数 $f(x)=px^2+qx$ $(p \neq 0)$ とおいて、

$f'(x)=2px+q$ とする。また、$g'(x)$ は、(ⅰ) $x \leqq 0$ のとき a で、(ⅱ) $x>0$ のと

き b となるね。そして、定積分を実行した結果、a, b, p, q の式になるけれど、こ

こで、p, q は定数、a, b は変数とみるんだよ。よって、この定積分を a と b の関

数 $I(a, b)$ とみて、これを最小にする a, b の値を求めればいい。少し難しそうだ

けれど、これで解ける。頑張って、結果を出してごらん。

解答 & 解説

$f(x)$ は $f(0)=0$ をみたす 2 次関数より、

　　　　　　└─ 定数項が 0

$f(x)=px^2+qx$ ……① $(p, q:$定数, $p \neq 0)$ とおける。①を x で微分すると、

$f'(x)=2px+q$ ……② となる。

次に、$g(x) = \begin{cases} ax & (x \leqq 0) \\ bx & (x > 0) \end{cases}$ ……③ より、これを x で微分すると、

$g'(x) = \begin{cases} a & (x \leqq 0) \\ b & (x > 0) \end{cases}$ ……④ となる。

ここで、与えられた定積分は積分後 a, b, p, q の式になるが、題意より p, q

は定数、a, b は変数とみなせるので、これを a と b の関数 $I(a, b)$ とおく。

よって、

185

$$I(a,\,b)=\int_{-1}^{0}\{\underbrace{f'(x)}_{2px+q}-\underbrace{g'(x)}_{a}\}^2dx+\int_{0}^{1}\{\underbrace{f'(x)}_{2px+q}-\underbrace{g'(x)}_{b}\}^2dx$$

$$=\int_{-1}^{0}\underbrace{\{2px+(q-a)\}^2}_{4p^2x^2+4p(q-a)x+(q-a)^2}dx+\int_{0}^{1}\underbrace{\{2px+(q-b)\}^2}_{4p^2x^2+4p(q-b)x+(q-b)^2}dx\quad(\text{②,④より})$$

$$=\left[\frac{4}{3}p^2x^3+2p(q-a)x^2+(q-a)^2x\right]_{-1}^{0}$$
$$\quad+\left[\frac{4}{3}p^2x^3+2p(q-b)x^2+(q-b)^2x\right]_{0}^{1}$$

$$=-\underbrace{\left\{-\frac{4}{3}p^2+2p(q-a)-(q-a)^2\right\}}_{\frac{4}{3}p^2-2pq+2pa+q^2-2qa+a^2}+\underbrace{\frac{4}{3}p^2+2p(q-b)+(q-b)^2}_{\frac{4}{3}p^2+2pq-2pb+q^2-2qb+b^2}$$

$$=\underline{\underline{a^2}}+2(p-q)\underline{a}+\underline{\underline{b^2}}-2(p+q)\underline{b}+\frac{8}{3}p^2+2q^2$$

> 文字がたく山出てきたけれど，これは a と b の 2 次式と見て，それぞれ平方完成して，$I(a,\,b)$ を最小とする a と b の値を求めればいい。p，q は定数だよ。惑わされないように！

$$=\{a^2+\underbrace{2(p-q)a}+\underbrace{(p-q)^2}\}+\{b^2-\underbrace{2(p+q)b}+\underbrace{(p+q)^2}\}$$

2で割って2乗　　　　　　2で割って2乗

$$\quad+\frac{8}{3}p^2+2q^2-\underline{\underline{(p-q)^2}}-\underline{\underline{(p+q)^2}}$$

$$=\underline{\{a+(p-q)\}^2}+\underline{\{b-(p+q)\}^2}+\underbrace{\frac{2}{3}p^2}_{I(a,\,b)\text{ の最小値}}$$

0以上　　　　　　0以上

以上より，

$a = -(p - q)$ ……⑤

$b = p + q$ …………⑥ のとき，

$I(a, b)$ は最小値 $\dfrac{2}{3}p^2$ をとる。

$$f(x) = px^2 + qx \cdots\cdots ①$$
$$f'(x) = 2px + q \cdots\cdots ②$$
$$g(x) = \begin{cases} ax & (x \leqq 0) \\ bx & (x > 0) \end{cases} \cdots\cdots ③$$
$$g'(x) = \begin{cases} a & (x \leqq 0) \\ b & (x > 0) \end{cases} \cdots\cdots ④$$

ここで，③より，$g(-1) = a \cdot (-1) = -a$

$$g(1) = b \cdot 1 = b$$

①より，$f(-1) = p \cdot (-1)^2 + q \cdot (-1) = p - q$

$$f(1) = p \cdot 1^2 + q \cdot 1 = p + q$$

よって，⑤は，$\underset{\boxed{a}}{-g(-1)} = \underset{\boxed{-(p-q)}}{-f(-1)}$ より，$g(-1) = f(-1)$ となる。

⑥は，$\underset{\boxed{b}}{g(1)} = \underset{\boxed{p+q}}{f(1)}$ となる。

以上より，$I(a, b)$ が最小となるとき，

$g(-1) = f(-1)$，$g(1) = f(1)$ が成り立つ。………………………………(終)

定積分と 2 次方程式の融合

a を実数とする。x の 2 次方程式 $x^2 - ax = 2\displaystyle\int_0^1 |t^2 - at|\,dt$ は

$0 \leqq x \leqq 1$ の範囲にいくつの解をもつか。　　　　　　　　（京都大）

Baba のレクチャー

$x^2 - ax = 2\displaystyle\int_0^1 |t^2 - at|\,dt$ の右辺の定積分を

$2\displaystyle\int_0^1 \underbrace{|t^2 - at|}_{\text{0 以上}}\,dt = \underbrace{k}_{\text{正の定数}}$ (定数) とおくと，被積分関数 $|t^2 - at|$ は 0 以上な

ので，k は常に正の定数ということに気をつけてくれ。

積分区間：$0 \leqq t \leqq 1$ から，当然，（Ⅰ）$a \leqq 0$，（Ⅱ）$0 < a < 1$，

（Ⅲ）$1 \leqq a$ の 3 通りの場合分けが必要となるのも大丈夫だね。

解答＆解説

$f(x) = x^2 - ax = x(x - a)$ とおくと，与えられた方程式は，

$f(x) = 2\displaystyle\int_0^1 |f(t)|\,dt \quad\cdots\cdots① \quad (0 \leqq x \leqq 1)$

ここで，$k = 2\displaystyle\int_0^1 |f(t)|\,dt$ とおくと，①は，

　　　　　　文字定数・分離のパターンだ！

$f(x) = k \quad\cdots\cdots② \quad (0 \leqq x \leqq 1)$ となり，これを分解して，

$\begin{cases} y = f(x) = x^2 - ax \quad (0 \leqq x \leqq 1) \\ y = k \end{cases}$ とおくと，　← これで，グラフを使ってヴィジュアルに解ける！

$y = f(x)$ と $y = k$ のグラフの交点の x 座標が，①（②）の方程式の実数解になる。

ここで，$f(t)$ の不定積分を，

$F(t) = \displaystyle\int f(t)\,dt = \int (t^2 - at)\,dt = \frac{1}{3}t^3 - \frac{1}{2}at^2 + C$ （C：積分定数）とおく。

（Ⅰ） <u>$a \le 0$ のとき</u>，図 1 －（ ⅰ ）より，

$$k = 2\int_0^1 f(t)\,dt = 2\big[F(t)\big]_0^1$$

$$= 2\left[\frac{1}{3}t^3 - \frac{1}{2}at^2\right]_0^1$$

$$= 2\left(\frac{1}{3} - \frac{1}{2}a\right)$$

$$= \frac{2}{3} - a$$

ここで，$k > 0$ であることに注意して，

$$f(1) - k = 1 - a - \left(\frac{2}{3} - a\right) = \frac{1}{3} > 0$$

$$\therefore \quad 0 < k < f(1)$$

図 1 －（ ⅱ ）から明らかに，$0 \le x \le 1$ の範囲に，方程式：$f(x) = k$ ……② は，<u>1 実数解をもつ。</u>

（Ⅱ） <u>$0 < a < 1$ のとき</u>，図 2 －（ ⅰ ）より，

$$k = 2\left\{-\int_0^a f(t)\,dt + \int_a^1 f(t)\,dt\right\}$$

$$= 2\left\{-\big[F(t)\big]_0^a + \big[F(t)\big]_a^1\right\}$$

$$= 2\{F(1) + F(0) - 2F(a)\}$$

$$= 2\left\{\frac{1}{3} - \frac{1}{2}a - 2\left(\frac{1}{3}a^3 - \frac{1}{2}a^3\right)\right\}$$

$$= \frac{2}{3}a^3 - a + \frac{2}{3} \quad (k > 0)$$

図 1 －（ ⅰ ） $y = |f(t)|$ のグラフ

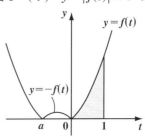

図 1 －（ ⅱ ）

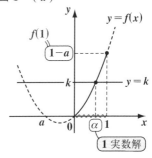

図 2 －（ ⅰ ） $y = |f(t)|$ のグラフ

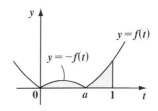

$$f(1) - k = 1 - a\!\!\!/ - \left(\frac{2}{3}a^3 - a\!\!\!/ + \frac{2}{3}\right) = \frac{1}{3}(1 - 2a^3)$$

よって，

（ア）$f(1) - k = \boxed{\dfrac{1}{3}(1 - 2a^3) \geqq 0}$

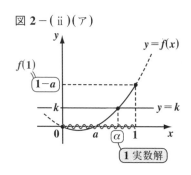

図 2 －（ⅱ）（ア）

$a^3 \leqq \dfrac{1}{2}$，すなわち

$0 < a \leqq \dfrac{1}{\sqrt[3]{2}}$ のとき，$0 < k \leqq f(1)$

図 2 －（ⅱ）（ア）より②は <u>1 実数</u>

<u>解</u>をもつ。

（イ）$f(1) - k = \boxed{\dfrac{1}{3}(1 - 2a^3) < 0}$

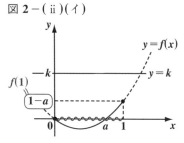

図 2 －（ⅱ）（イ）

$\dfrac{1}{2} < a^3$，すなわち

$\dfrac{1}{\sqrt[3]{2}} < a < 1$ のとき，$f(1) < k$

図 2 －（ⅱ）（イ）より②は <u>実数解</u>

<u>をもたない</u>。

（Ⅲ）<u>$1 \leqq a$ のとき</u>，$0 \leqq x \leqq 1$ の範囲で，

$y = k > 0$，$y = f(x) \leqq 0$

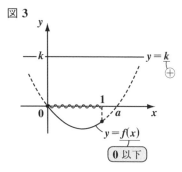

図 3

となるので，図 3 に示すように②の

方程式は，$0 \leqq x \leqq 1$ の範囲に <u>実数</u>

<u>解をもたない</u>。

以上（Ⅰ）（Ⅱ）（Ⅲ）より，方程式 $f(x) = k$ ……② は，$0 \leqq x \leqq 1$ の範囲に，

$\begin{cases} (\text{i})\ a \leqq \dfrac{1}{\sqrt[3]{2}}\ \text{のとき，1 実数解をもつ。} \\[4mm] (\text{ⅱ})\ \dfrac{1}{\sqrt[3]{2}} < a\ \text{のとき，実数解をもたない。} \end{cases}$ ……………………………（答）

テーマ
微分法の応用
13

テーマ
積分法の応用
14

テーマ
面積計算の応用
15

定積分と漸化式の融合

演習問題 74　難易度 ★★★★　CHECK1　CHECK2　CHECK3

関数 $f_n(x)$ $(n = 1, 2, 3, \cdots)$ は

$$f_1(x) = 4x^2 + 1$$

$$f_n(x) = \int_0^1 \{3x^2 t f'_{n-1}(t) + 3f_{n-1}(t)\}dt \quad (n = 2, 3, 4, \cdots)$$

で，帰納的に定義されている。この $f_n(x)$ を求めよ。　　　　（京都大）

■ Baba のレクチャー

$$f_n(x) = \int_0^1 \{\underbrace{3x^2}_{\text{定数扱い}} \cdot t f'_{n-1}(t) + 3f_{n-1}(t)\}\underbrace{dt}_{t \text{での積分}}$$ は，t での積分だから，$3x^2$

は定数扱いとなって，3と同様に，積分記号の外に出せるね。すると，

$$f_n(x) = x^2 \cdot \underbrace{3\int_0^1 t \cdot f'_{n-1}(t)dt}_{a_n} + \underbrace{3\int_0^1 f_{n-1}(t)dt}_{b_n}$$ となり，今度は，

$\int_0^1 t \cdot f'_{n-1}(t)dt$ や，$\int_0^1 f_{n-1}(t)dt$ の方が，積分区間が $0 \leqq t \leqq 1$ な

ので，定数みたいなものと分かるんだね。これは実は，n の式にな

るはずだから，それぞれ 3 倍も含めて a_n，b_n とおける。よって，

$f_n(x) = a_n x^2 + b_n$ $(n = 1, 2, \cdots)$ となるんだね。

後は，漸化式を導いて，a_n と b_n の一般項を求めればいいんだよ。

解答 & 解説

$f'_{n-1}(t)$ や $f_{n-1}(t)$ の $n-1$ じゃなく，左辺の $f_n(x)$ の n に合わせた！

$$\begin{cases} f_1(x) = \overset{a_1}{\boxed{4}}x^2 + \overset{b_1}{\boxed{1}} \quad \boxed{a_n} \qquad\qquad\qquad \boxed{b_n} \\ f_n(x) = x^2 \cdot \boxed{3\int_0^1 t \cdot f'_{n-1}(t)dt} + \boxed{3\int_0^1 f_{n-1}(t)dt} \quad (n = 2, 3, \cdots) \cdots\cdots① \end{cases}$$

よって，$\begin{cases} a_n = 3 \displaystyle\int_0^1 tf'_{n-1}(t)dt \ \cdots\cdots② \\ b_n = 3 \displaystyle\int_0^1 f_{n-1}(t)dt \ \cdots\cdots\cdots③ \end{cases}$ $(n = 2, 3, \cdots)$

とおくと，①は，

$f_n(x) = a_n x^2 + b_n \quad (n = 2, 3, \cdots)$

ここで，$f_1(x)$ の式より，$a_1 = 4$，$b_1 = 1$ とおくと，

$f_n(x) = \underline{a_n x^2 + b_n} \quad (n = \underset{\smile}{1}, 2, \cdots) \cdots\cdots④$ $\longleftarrow$ $n = \underline{1}$ から定義できた！

後は，a_n，b_n を n の式で表して（一般項を求めて），④に代入すれば，$f_n(x)$ が完全に求まるんだね。さあ，漸化式作りに入るよ。

④を x で微分して，$f_n'(x) = \underset{\sim}{2a_n x} \cdots\cdots⑤$

（ i ）②より，$a_{n+1} = 3 \displaystyle\int_0^1 t\underset{\sim}{f_n'(t)}dt \quad (n = 1, 2, \cdots) \cdots\cdots②'$

n の代わりに $n+1$ を代入した。よって，$n = 1$ スタート！

⑤を②′に代入して，

$a_{n+1} = 3 \displaystyle\int_0^1 t \cdot \underset{\sim}{2a_n t}dt = 6a_n\left[\dfrac{1}{3}t^3\right]_0^1 = 2a_n$

$\therefore a_{n+1} = 2a_n \cdots\cdots⑥$ $\longleftarrow$ 1 つ目の漸化式が出来た！

（ ii ）③より，$b_{n+1} = 3 \displaystyle\int_0^1 \underline{\underline{f_n(t)}}dt \quad (n = 1, 2, \cdots) \cdots\cdots③'$

④を③′に代入して，

$b_{n+1} = 3 \displaystyle\int_0^1 \underline{(a_n t^2 + b_n)}dt = 3\left[\dfrac{1}{3}a_n t^3 + b_n t\right]_0^1$

$\qquad = a_n + 3b_n \cdots\cdots⑦$ $\longleftarrow$ 2 つ目の漸化式も出来た！

（ア）$\begin{cases} a_1 = 4 \\ a_{n+1} = 2a_n \ \cdots\cdots⑥ \end{cases}$ $(n = 1, 2, \cdots)$

よって，$a_n = a_1 \cdot 2^{n-1} = 4 \cdot 2^{n-1} = 2^{n+1} \cdots\cdots⑧$

テーマ

13

微分法の応用

テーマ

14

積分法の応用

テーマ

15

面積計算の応用

(イ) ⑧を⑦に代入して,

$$\begin{cases} b_1 = 1 \\ b_{n+1} = 3b_n + \underbrace{2^{n+1}}_{a_n} \cdots\cdots ⑦´ \quad (n=1, 2, \cdots) \end{cases}$$

■ Baba のレクチャー

⑦´ の b_n の係数が $\underline{3}$ より, $F(n+1) = \underline{3}F(n)$ の形にもち込むよ。

右辺に 2^{n+1} の形があるので, 係数 α を用いて,

$F(n) = b_n + \alpha \cdot 2^n$ とおくと, $F(n+1) = b_{n+1} + \alpha \cdot 2^{n+1}$ となる。

これをみたす α が存在すればいいんだね。

$$b_{n+1} + \alpha \cdot 2^{n+1} = \underline{3}\overbrace{(b_n + \alpha \cdot 2^n)} \cdots\cdots ⑦$$

$$[\quad F(n+1) \quad = \underline{3} \cdot \quad F(n) \quad]$$

⑦をまとめて, $b_{n+1} = 3b_n + \underset{2}{\underbrace{\alpha}} \cdot 2^n$

これと⑦´を比較して, $\alpha = 2$ と出てきたね。サァ, これで一気に解ける。

⑦´ を変形して,

$$\underline{b_{n+1} + 2 \cdot 2^{n+1}} = 3(\underline{b_n + 2 \cdot 2^n})$$

$$[\quad \underline{F(n+1)} \quad = 3 \cdot \quad \underline{F(n)} \quad]$$

アッという間！

$$\underline{b_n + 2 \cdot 2^n} = (\underset{1}{(\underline{b_1})} + 2 \cdot 2^1) \cdot 3^{n-1}$$

$$[\quad \underline{F(n)} \quad = \quad \underline{\underline{F(1)}} \quad \cdot 3^{n-1}]$$

$$\therefore b_n = 5 \cdot 3^{n-1} - 2^{n+1}$$

以上 (ア)(イ) より, $a_n = 2^{n+1}$, $b_n = 5 \cdot 3^{n-1} - 2^{n+1}$

これらを④に代入して, 求める $f_n(x)$ は,

$$f_n(x) = \underbrace{2^{n+1}}_{a_n}x^2 + \underbrace{5 \cdot 3^{n-1} - 2^{n+1}}_{b_n} \quad (n=1, 2, \cdots) \quad \cdots\cdots\cdots\cdots(答)$$

面積計算の応用

● 他分野との融合問題までマスターすれば，完璧だ！

　いよいよ，最後の講議になったね。最後のテーマは "**面積計算**" だよ。エッ？　面積公式だったら，もう飽きたって？　確かに，これまで面積公式を使う問題は，マセマの参考書でも，たく山解説してきたからね。でも，難関大が出題してくる面積公式の問題は応用度の高いものもあるから，これもワンランク上の練習が必要なんだね。

　それでは今回扱うメインテーマを下に書いておこう。

(1) 面積計算と最大・最小問題の融合
(2) 面積計算と 3 次関数の決定
(3) 面積公式の応用
(4) 絶対値の入った 2 次関数と面積計算
(5) 線分の通過領域の面積計算

(1) は，東北大の問題で，放物線と直線で囲まれた図形の面積公式：$S = \dfrac{|a|}{6}(\beta-\alpha)^3$ を 2 回利用する問題だ。さらに，面積の最大最小問題でもあるんだけれど，難度はそれ程高くはないよ。

(2) は，名古屋大の問題だ。3 次関数を決定する問題なんだけれど，その際に面積公式も利用することになる面白い問題なんだね。

(3) は，東北大の問題で，平行移動した 2 つの 3 次関数で囲まれる図形の面積を求める問題だ。しかし，ここでも放物線と直線とで囲まれる図形の面積公式を利用することになるんだね。さらに，これは面積の最大値問題でもあるんだね。

(4) は，横浜国立大の問題で，絶対値の入った 2 次関数と面積計算の融合問題だ。ここでは，面積計算を無理して使うよりも，実際に積分計算した方がいいかも知れない。面積公式が使いづらい問題では，正確に定積分を行う強い腕力も必要なんだよ。頑張ってくれ！

(5) は，東北大の問題で，線分の通過領域の面積を求める問題だ。直線の通過領域ではないので，一工夫が必要となるよ。最後の面積の積分計算は簡単だから，そのまま積分しても，面積公式を使っても，どちらでもいいよ。

テーマ

微分法の応用 **13**

テーマ

積分法の応用 **14**

テーマ

面積計算の応用 **15**

面積計算と最大・最小問題

演習問題 75　　難易度 ★★★　　CHECK*1*　　CHECK*2*　　CHECK*3*

a を $-2 \leqq a \leqq 3$ を満たす実数とする。次の性質をもつ関数 $f(x)$ を考える。

$$f(x) = \begin{cases} 0 & (x < -2 \text{ のとき}) \\ (x-a)(x+2) & (-2 \leqq x \leqq a \text{ のとき}) \\ 2(x-a)(x-3) & (a \leqq x \leqq 3 \text{ のとき}) \\ 0 & (x > 3 \text{ のとき}) \end{cases}$$

曲線 $y = f(x)$ と x 軸で囲まれる図形の面積を $S(a)$ とおく。

(1) $S(a)$ を求めよ。

(2) $S(a)$ が最大となる a の値を求めよ。また，$S(a)$ が最小となる a の値を求めよ。

(東北大)

ヒント！ (1) $S(a)$ は，放物線と直線で囲まれる図形の面積公式：$S = \dfrac{|a|}{6}(\beta - \alpha)^3$ を2回使うことにより求められる。(2) $S(a)$ は，a の3次関数となる。この増減表を求めよう。

解答＆解説

(1) 関数 $y = f(x)$ と x 軸とで囲まれる図形の面積 $S(a)$ は，右図に示すように，$y = (x-a)(x+2)$ と x 軸とで囲まれる図形の面積 S_1 と，$y = 2(x-a)(x-3)$ と x 軸とで囲まれる図形の面積 S_2 との和で表される。よって，

面積公式：$S = \dfrac{|a|}{6}(\beta - \alpha)^3$

$S_1 = \dfrac{1}{6}(a+2)^3$　　$S_2 = \dfrac{2}{6}(3-a)^3$

$f(x) = 0$　　　　　　$f(x) = 0$

$f(x)$　　$f(x)$
$= (x-a)(x+2)$　$= 2(x-a)(x-3)$

(ただし，$-2 \leqq a \leqq 3$)

$$S(a) = \underbrace{-\int_{-2}^{a}(x-a)(x+2)dx}_{\boxed{\frac{1}{6}\{a-(-2)\}^3}} \underbrace{-\int_{a}^{3}2(x-a)(x-3)dx}_{\boxed{\frac{2}{6}(3-a)^3}}$$

$$= \frac{1}{6}(a^3 + 6a^2 + 12a + 8) + \frac{1}{3}(27 - 27a + 9a^2 - a^3)$$

$$= \frac{1}{6}(-a^3 + 24a^2 - 42a + 62)$$

$$\therefore S(a) = -\frac{1}{6}a^3 + 4a^2 - 7a + \frac{31}{3} \quad (-2 \leqq a \leqq 3) \text{ である。} \quad \cdots\cdots\cdots\cdots (\text{答})$$

(2) $S(a) = -\dfrac{1}{6}a^3 + 4a^2 - 7a + \dfrac{31}{3}$ ……① $(-2 \leqq a \leqq 3)$ とおいて,

$S(a)$ が最大,および最小となるときの a の値を求める。

①を a で微分して,

$$S'(a) = -\dfrac{1}{2}a^2 + 8a - 7 = -\dfrac{1}{2}(a^2 - 16a + 14) \text{ となる。}$$

∴ $S'(a) = 0$ のとき,$a^2 - 16a + 14 = 0$ より,

$$a = 8 \pm \sqrt{64 - 14} = 8 \pm \sqrt{50} = \underline{8 \pm 5\sqrt{2}} \text{ となる。}$$

$\boxed{8 \pm 5 \times 1.4 = 15 \text{ または } 1 \quad \therefore a = 8 - 5\sqrt{2} \text{ は} -2 \leqq a \leqq 3 \text{ をみたす。}}$

よって,$S(a)$ の増減表は下のようになる。

$S(a)$ $(-2 \leqq a \leqq 3)$ の増減表

a	-2		$8 - 5\sqrt{2}$		3
$S'(a)$		$-$	0	$+$	0
$S(a)$	$\dfrac{125}{3}$	↘	極小	↗	$\dfrac{125}{6}$

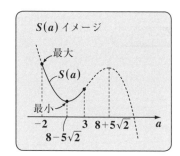

$S(a)$ イメージ

よって,

$$S(-2) = \dfrac{4}{3} + 16 + 14 + \dfrac{31}{3} = \dfrac{35}{3} + 30$$

$$= \dfrac{125}{3}$$

$$S(3) = -\dfrac{9}{2} + 36 - 21 + \dfrac{31}{3} = \dfrac{62 - 27}{6} + 15 = \dfrac{35}{6} + 15 = \dfrac{125}{6}$$

以上より,

$S(a)$ が最大となる a の値は,$a = -2$ であり,

$S(a)$ が最小となる a の値は,$a = 8 - 5\sqrt{2}$ である。 ………………(答)

テーマ

13
微分法の応用

テーマ

14
積分法の応用

テーマ

15
面積計算の応用

面積計算と3次関数の決定

演習問題 76	難易度 ★★★		CHECK1	CHECK2	CHECK3

次の3つの条件を満たす3次関数 $f(x)$ を求めよ。

(i) $f(0) = 1$ 　　　　(ii) $f'(0) = f'(1) = -3$

(iii) 極大値と極小値が存在して，それらの差が極値をとる x の値の差

に等しい。　　　　　　　　　　　　　　　　　　　（名古屋大＊）

ヒント！ 3次関数 $f(x)$ を決定する上で，（ i ）（ ii ）の条件は，そのまま計算すればいいだけだね。（ iii ）の極大値と極小値の差の問題には，実は面積公式が使えるんだよ。これは，まともにやるより，ずっと省エネなんだ。

解答＆解説

3次関数 $f(x) = ax^3 + bx^2 + cx + d \quad (a \neq 0)$ 　とおく。

$f'(x) = 3ax^2 + 2bx + c$

条件（ i ）より，$f(0) = \boxed{d = 1}$ 　　　　　　　　$\therefore d = 1$

条件（ ii ）より，$f'(0) = \boxed{c = -3}$ 　　　　　　　$\therefore c = -3$

$$f'(1) = 3a + 2b + \underset{-3}{\textcircled{c}} = -3 \quad \therefore b = -\frac{3}{2}a$$

以上より，$f(x) = ax^3 - \dfrac{3}{2}ax^2 - 3x + 1$

> これは $f(x)$ が極値をもつ条件だ。

$f'(x) = \boxed{3a}x^2 \overset{b}{\boxed{-3a}} x \overset{c}{\boxed{-3}} = 0$ が，相異なる2実数解

$\alpha, \beta (\alpha < \beta)$ をもつとき，判別式 $D = \boxed{(-3a)^2 - 4 \cdot 3a \cdot (-3) > 0}$

　$a^2 + 4a > 0, \ a(a+4) > 0$ 　　　$\therefore a < -4, \ 0 < a$ 　……①

また，解と係数の関係より，

$$\begin{cases} \alpha + \beta = 1 \\ \alpha \cdot \beta = -\dfrac{1}{a} \end{cases} \cdots\cdots②$$

> 解と係数の関係
> $\alpha + \beta = -\dfrac{b}{a}, \ \alpha\beta = \dfrac{c}{a}$
> を使った！

条件より，$|f(\alpha) - f(\beta)| = \beta - \alpha$ 　……③

ここで，$|f(\alpha) - f(\beta)| = \left| -\displaystyle\int_\alpha^\beta f'(x)dx \right| = \dfrac{|a|}{2}(\beta - \alpha)^3$ 　……④

197

$a>0$ のときの $f'(x)$ と $f(x)$ のグラフのイメージを図アに示すよ。

ここで，極大値 $f(\alpha)$ と極小値 $f(\beta)$ の差は，

$$f(\alpha) - f(\beta) = [f(x)]_\beta^\alpha$$

$$= \int_\beta^\alpha f'(x)dx$$

逆にたどると分かりやすいよ

$$= -\int_\alpha^\beta f'(x)dx$$

結局これは $f'(x)$ と x 軸とで囲まれる部分の面積 S になるので，面積公式を使って，

$$f(\alpha) - (\beta) = S = \frac{|3a|}{6}(\beta-\alpha)^3 = \frac{|a|}{2}(\beta-\alpha)^3$$ となるんだね。

a の符号は未定なので，④の左辺に絶対値をつけた。

図ア　$a>0$ のときの $f'(x)$ と $f(x)$ のグラフのイメージ

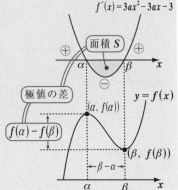

$f'(x) = 3ax^2 - 3ax - 3$

面積 S

$(\alpha, f(\alpha))$

$y = f(x)$

極値の差

$f(\alpha) - f(\beta)$

$(\beta, f(\beta))$

$\beta - \alpha$

③を④に代入して，

両辺を $\beta - \alpha$ で割った！

$$\frac{|a|}{2}(\beta-\alpha)^3 = \beta-\alpha, \quad \frac{|a|}{2}\underbrace{(\beta-\alpha)^2}_{(\alpha+\beta)^2 - 4\alpha\beta} = 1$$

対称式は基本対称式で表せる！

$$|a|\{(\underset{1}{(\alpha+\beta)})^2 - 4(\underset{-\frac{1}{a}}{\alpha\beta})\} = 2, \quad |a|\left(1 + \frac{4}{a}\right) = 2 \quad (②より)$$

(i) $a>0$ のとき，$a\left(1 + \frac{4}{a}\right) = 2$，$a = -2$ となって，不適。

(ii) $a<0$ のとき，$-a\left(1 + \frac{4}{a}\right) = 2$ $\therefore a = -6$ （①をみたす）

以上（ i ）（ ii ）より，$a = -6$　　よって，求める関数 $f(x)$ は，

$$f(x) = \underset{a}{(-6)}x^3 + \underset{-\frac{3}{2}a}{(9)}x^2 - 3x + 1 \quad\cdots\cdots\text{(答)}$$

放物線と直線の囲む部分の面積公式の応用

3 次曲線 $y = x^3 - 3x$ を C_1 とする。a を正の実数とし，C_1 を x 軸方向へ a だけ平行移動した曲線を C_2 とする。

(1) C_1 と C_2 が異なる 2 点で交わるような a の範囲を求めよ。

　また，このとき C_1 と C_2 で囲まれる図形の面積 $S(a)$ を求めよ。

(2) a が (1) の範囲を動くとき，面積 $S(a)$ の最大値を求めよ。　(東北大)

ヒント！　(1) 3 次関数のグラフとそれを平行移動した関数のグラフとで囲まれる図形の面積計算は，放物線と直線とで囲まれる図形の面積計算に帰着する。(2) の $S(a)$ の最大値は，$\sqrt{}$ 内に，a の式をすべて入れ，$12 - a^2 = X$ と置き換えるといいよ。

解答＆解説

(1) 曲線 $C_1 : y = f(x) = x^3 - 3x$ ……① とおき，

これを x 軸の正方向に $a \, (>0)$ だけ平行移動した曲線を

曲線 $C_2 : y = g(x) = (x-a)^3 - 3(x-a)$ ……② とおく。

①，②より y を消去して，

図 1

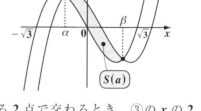

$x^3 - 3x = (x-a)^3 - 3(x-a)$

$\cancel{x^3} - \cancel{3x} = \cancel{x^3} - 3ax^2 + 3a^2x - a^3 - \cancel{3x} + 3a$

$\underline{3ax^2 - 3a^2x + a^3 - 3a = 0}$

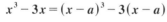
$f(x) - g(x)$ のこと

$a > 0$ より，両辺を a で割って，

$3x^2 - 3ax + a^2 - 3 = 0$ ……③

図 1 に示すように，C_1 と C_2 が異なる 2 点で交わるとき，③の x の 2 次方程式は相異なる 2 実数解 α，β $(\alpha < \beta)$ をもつ。③の判別式を D とおくと，

$D = 9a^2 - 12(a^2 - 3) = \boxed{-3a^2 + 36 > 0}$

$a^2 - 12 < 0$，$(a + 2\sqrt{3})(a - 2\sqrt{3}) < 0$　∴$-2\sqrt{3} < a < 2\sqrt{3}$

これと，$a > 0$ の条件より，求める a の値の範囲は，$0 < a < 2\sqrt{3}$ …(答)

このとき，$\alpha = \dfrac{3a - \sqrt{D}}{6}$，$\beta = \dfrac{3a + \sqrt{D}}{6}$ $(D = 3(12 - a^2))$ となる。

Baba のレクチャー

図アに示すように，$y = f(x)$ と，これを a だけ平行移動した $y = g(x)$ とで囲まれる図形の面積 $S(a)$ は，

$$S(a) = \int_{\alpha}^{\beta} \{\underbrace{g(x)}_{\text{上側}} - \underbrace{f(x)}_{\text{下側}}\}dx$$

$$= \int_{\alpha}^{\beta} \underbrace{(-3ax^2 + 3a^2x - a^3 + 3a)}_{\boxed{h(x) \text{ とおく}}}dx$$

となる。

ここで，$h(x) = g(x) - f(x)$ とおくと，$S(a)$ は，2 次関数 $y = h(x)$ と x 軸とで囲まれる図イの網目部の面積になる。

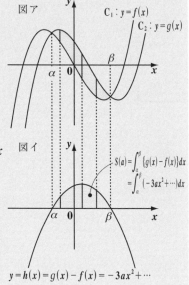

$$\therefore S(a) = \frac{|-3a|}{6}(\beta - \alpha)^3 = \frac{a}{2}\left(\frac{3a + \sqrt{D}}{6} - \frac{3a - \sqrt{D}}{6}\right)^3 = \frac{a}{2}\left(\frac{\sqrt{D}}{3}\right)^3$$

と，すぐに計算できるんだね。面白かった？

このとき，$y = f(x)$ と $y = g(x)$ とで囲まれる図形の面積 $S(a)$ は，

$$S(a) = \int_{\alpha}^{\beta} \{g(x) - f(x)\}dx = \int_{\alpha}^{\beta} \underbrace{(-3ax^2 + 3a^2x - a^3 + 3a)}_{\boxed{h(x)}}dx$$

$$= \left[-ax^3 + \frac{3}{2}a^2x^2 - (a^3 - 3a)x\right]_{\alpha}^{\beta}$$

積分計算は途中までやり，最後に面積公式による結果を書けばいい！

$$= \frac{a}{2}\left(\frac{\sqrt{3(12 - a^2)}}{3}\right)^3$$

$$= \frac{\sqrt{3}}{18}a\sqrt{(12 - a^2)^3} \quad (0 < a < 2\sqrt{3}) \text{ となる。} \quad \cdots\cdots(答)$$

(2) $0 < a < 2\sqrt{3}$ における，$S(a)$ の最大値を求める。

$$S(a) = \frac{\sqrt{3}}{18} a \sqrt{(12-a^2)^3}$$

$$= \frac{\sqrt{3}}{18} \sqrt{a^2 \underbrace{(12-a^2)^3}}$$

X とおく

> この a の関数の形を見てビビる必要はない！ a を $\sqrt{}$ 内に入れて，$12-a^2 = X$ とでもおけば $\sqrt{}$ 内が，X の 4 次関数となるので，この最大値を求めればいいんだね。

ここで，$X = 12 - a^2$ とおくと，$\underset{\boxed{a = 2\sqrt{3}}}{0} < X < \underset{\boxed{a = 0 \text{ のとき}}}{12}$ となり，

また，$a^2 = 12 - X$ より，

$$S(a) = \frac{\sqrt{3}}{18} \sqrt{X^3(12-X)}$$ となる。

> $\sqrt{}$ 内の X の関数を新たに $F(X) = -X^4 + 12X^3$ とでもおき，この $F(X)$ が最大となるとき，$S(a)$ も最大となる。

ここで，$F(X) = X^3(12-X) = -X^4 + 12X^3 \ \ (0 < X < 12)$ とおいて，

この最大値を求める。

$F(X)$ を X で微分して，

$$F'(X) = -4X^3 + 36X^2$$

$$= -4X^2(X-9)$$

> $Y = F(X)$ は，X の 4 次関数だけれど，$0 < X < 12$ の範囲で，$F'(X)$ の符号から，$Y = F(X)$ の増減を調べるだけだから，3 次関数のときと同様だよ。

$F'(X) = 0$ のとき，$X = 9$，(0)

$\therefore X = 12 - a^2 = 9$，すなわち

$a = \sqrt{3} \ (\because a > 0)$ のとき，

$F(X)$，すなわち $S(a)$ は最大になる。

$\therefore$ 最大値 $S(a) = \frac{\sqrt{3}}{18} \sqrt{F(9)}$

$$= \frac{\sqrt{3}}{18} \sqrt{9^3 \cdot 3} = \frac{\sqrt{3}}{18} \cdot 9 \cdot 3 \cdot \sqrt{3} = \frac{9}{2} \quad \cdots\cdots\cdots\cdots\cdots\text{(答)}$$

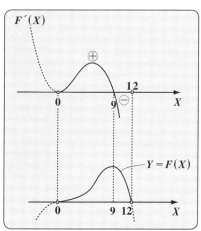

増減表 $(0 < X < 12)$

X	(0)		9		(12)
$F'(X)$	(0)	$+$	0	$-$	(0)
$F(X)$		↗	極大	↘	

演習問題 78	難易度 ★★★★	CHECK *1*	CHECK *2*	CHECK *3*

曲線 $C_1 : y = ax^2$ $(a > 0)$ と曲線 $C_2 : y = |x(x-1)|$ がある。

(1) C_1 と C_2 の共有点の x 座標をすべて求めよ。

(2) C_1 と C_2 で囲まれる部分の面積を求めよ。　　　　　　（横浜国立大）

ヒント!　この面積計算は，a の値の範囲により，3通りに場合分けして行うことになる。また，面積公式も利用可能だけど，今回は，そのまま定積分で計算した方が早いかも知れない。計算量がかなり多い問題だけど，正確に迅速に解いていってくれ。

解答&解説

(1) $\begin{cases} 曲線 C_1 : y = ax^2 \cdots\cdots\cdots\cdots① \quad (a > 0) \\ 曲線 C_2 : y = |x(x-1)| \cdots\cdots② \end{cases}$

①，②から y を消去して，

$$ax^2 = |x(x-1)|$$

この両辺を 2 乗して，

$$a^2 x^4 = x^2(x-1)^2$$

$|\mathbf{A}| = \pm\mathbf{A}$ のことなので，$|\mathbf{A}|^2 = \mathbf{A}^2$ を使って，展開する！

$$x^2\{a^2 x^2 - (x-1)^2\} = 0$$

$$x^2\{ax + (x-1)\}\{ax - (x-1)\} = 0$$

$$x^2\{(a+1)x - 1\}\{(a-1)x + 1\} = 0$$

⊕　　　**0 になる場合有り。**

以上より，①と②の共有点の x 座標は，

$\begin{cases} (\text{i}) \ a \neq 1 \ のとき, \ x = 0, \ \dfrac{1}{1+a}, \ \dfrac{1}{1-a} \\ (\text{ii}) \ a = 1 \ のとき, \ x = 0, \ \dfrac{1}{2} \end{cases}$ $\cdots\cdots\cdots\cdots\cdots$（答）

ここで，$a > 0$ だから，常に $\dfrac{1}{1+a} > 0$ は言える。

でも，$\dfrac{1}{1-a}$ は，(i) $0 < a < 1$ のときは正だけど，(ii) $1 < a$ のときは負となる。

これから，(2) では，(i) $0 < a < 1$，(ii) $a = 1$，(iii) $1 < a$ の場合分けが必要になるんだね。

（右図）
$y = x(x-1)$
$y = -x(x-1)$
$y = |x(x-1)|$ のグラフ

(2) $C_1 : y = ax^2$ と $C_2 : y = |x(x-1)|$ とで囲まれる図形の面積は，次のように場合分けして求めなければならない。

(ⅰ) $0 < a < 1$ のとき   (ⅱ) $a = 1$ のとき   (ⅲ) $1 < a$ のとき，

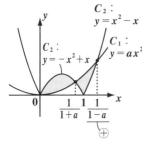 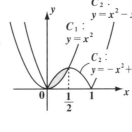 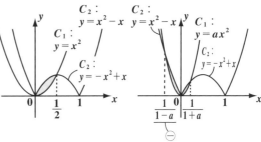

この 3 通りの場合のそれぞれについて，C_1 と C_2 で囲まれる図形の面積を S とおいて，これを求める。

(ⅰ) $0 < a < 1$ のとき，

$$S = \int_0^{\frac{1}{1+a}} (-x^2 + x - ax^2)dx + \int_{\frac{1}{1+a}}^{1} \{(ax^2 - (-x^2 + x)\}dx + \int_1^{\frac{1}{1-a}} \{ax^2 - (x^2 - x)\}dx$$

$$= \left[-\frac{1+a}{3}x^3 + \frac{1}{2}x^2 \right]_0^{\frac{1}{1+a}} + \left[\frac{1+a}{3}x^3 - \frac{1}{2}x^2 \right]_{\frac{1}{1+a}}^{1} + \left[-\frac{1-a}{3}x^3 + \frac{1}{2}x^2 \right]_1^{\frac{1}{1-a}}$$

$$= -\frac{1}{3(1+a)^2} + \frac{1}{2(1+a)^2} + \frac{1+a}{3} - \frac{1}{2} - \frac{1}{3(1+a)^2} + \frac{1}{2(1+a)^2}$$

$$- \frac{1}{3(1-a)^2} + \frac{1}{2(1-a)^2} + \frac{1-a}{3} - \frac{1}{2}$$

$$= \frac{1}{3(1+a)^2} + \frac{1}{6(1-a)^2} - \frac{1}{3}$$

(ii) $a=1$ のとき，

$$S = \int_0^{\frac{1}{2}} (-x^2 + x - x^2)\,dx = \left[-\frac{2}{3}x^3 + \frac{1}{2}x^2 \right]_0^{\frac{1}{2}} = \frac{1}{24}$$

(iii) $1 < a$ のとき，

$$S = \int_{\frac{1}{1-a}}^{0} (x^2 - x - ax^2)\,dx + \int_0^{\frac{1}{1+a}} (-x^2 + x - ax^2)\,dx$$

$$= \left[\frac{1-a}{3}x^3 - \frac{1}{2}x^2 \right]_{\frac{1}{1-a}}^{0} + \left[-\frac{1+a}{3}x^3 + \frac{1}{2}x^2 \right]_0^{\frac{1}{1+a}}$$

$$= -\frac{1}{3(1-a)^2} + \frac{1}{2(1-a)^2} - \frac{1}{3(1+a)^2} + \frac{1}{2(1+a)^2}$$

$$= \frac{1}{6(1+a)^2} + \frac{1}{6(1-a)^2}$$

以上（ i ）（ ii ）（ iii ）より，C_1 と C_2 で囲まれる図形の面積 S は，

$$S = \begin{cases} \dfrac{1}{3(1+a)^2} + \dfrac{1}{6(1-a)^2} - \dfrac{1}{3} & (0 < a < 1 \text{ のとき}) \\[3mm] \dfrac{1}{24} & (a=1 \text{ のとき}) \\[3mm] \dfrac{1}{6(1+a)^2} + \dfrac{1}{6(1-a)^2} & (1 < a \text{ のとき}) \end{cases}$$

·················（答）

　どうだった？　このような問題は，時間を意識して，くり返し解いてみるといい。本物の計算力が身に付くはずだ。

テーマ

13
微分法の応用

テーマ

14
積分法の応用

テーマ

15
面積計算の応用

線分の通過領域の面積計算

曲線 $y = x^2$ 上の点 (a, a^2) での接線を l とする。l 上の点で x 座標が $a-1$ と $a+1$ のものをそれぞれ P および Q とする。a が $-1 \leqq a \leqq 1$ の範囲を動くとき線分 PQ の動く範囲の面積を求めよ。　　　（東北大）

ヒント！ a を $-1 \leqq a \leqq 1$ の範囲で変化させたときの線分 PQ $(a-1 \leqq x \leqq a+1)$ の通過領域を求める前に、まず直線 PQ の通過領域を求めてくれ。次に、2 点 P, Q が同一の放物線 $y = x^2 - 1$ 上にあることがわかるから、先に求めた領域のうち、この曲線の上側の範囲のものが線分 PQ の通過領域になるんだよ。

解答 & 解説

$y = f(x) = x^2$ とおく。$f'(x) = 2x$

よって、曲線 $y = f(x)$ 上の点 $(a, f(a))$ における接線 l の方程式は、

$y = 2a(x-a) + a^2$ ← 接線の公式：$y = f'(a)(x-a) + f(a)$ を使った！

$\therefore l : y = 2ax - a^2$

l 上の点で、x 座標が $a-1$，$a+1$ のものを P，Q とおくと、

線分 PQ の方程式は次式となる。

$y = g(x) = 2ax - a^2$　$(a-1 \leqq x \leqq a+1)$

ここで、a が $-1 \leqq a \leqq 1$ の範囲を変化するときの線分 PQ の通過領域を求める前に、x の定義域を $a-1 \leqq x \leqq a+1$ に限定せずに、まず、

直線 PQ：$y = g(x) = 2ax - a^2$ ……① の通過領域を求めることにする。

　このためには、①を a の 2 次方程式と考えて、a が $-1 \leqq a \leqq 1$ の範囲に少なくとも 1 つの実数解をもつようにすればよい。

これは、いつものパターンだね。

①を a の2次方程式とみて，

$$a^2 - \boxed{2x} \cdot a + \boxed{y} = 0 \quad \cdots\cdots②$$

定数扱い　これを分解して，

$$\begin{cases} z = h(a) = a^2 - 2xa + y \\ z = 0 \quad [a\,軸] \end{cases} \quad とおく。$$

②が $-1 \leqq a \leqq 1$ の範囲に実数解をもつための条件は，

（Ⅰ）$\underwavy{h(-1)} \times \underwavy{h(1)} \leqq 0$

$(1 + 2x + y)(1 - 2x + y) \leqq 0$

$(y + 2x + 1)(y - 2x + 1) \leqq 0$

境界 : $\begin{cases} y = -2x - 1 \\ y = 2x - 1 \end{cases}$

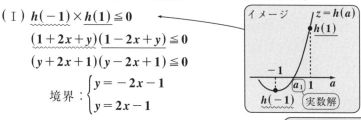

（Ⅱ）（ⅰ）判別式 $\dfrac{D}{4} = \boxed{(-x)^2 - 1 \cdot y \geqq 0}$

$$\therefore \ y \leqq x^2$$

（ⅱ）軸 $a = x$

$$\therefore \ -1 \leqq x \leqq 1$$

（ⅲ）$h(-1) = \boxed{y + 2x + 1 \geqq 0} \qquad \therefore \ y \geqq -2x - 1$

（ⅳ）$h(1) \ \ = \boxed{y - 2x + 1 \geqq 0} \qquad \therefore \ y \geqq 2x - 1$

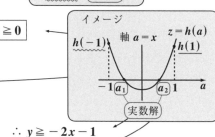

以上（Ⅰ）（Ⅱ）より，a が $-1 \leqq a \leqq 1$ で変化したときの直線 $\mathbf{PQ}$ の通過領域を図1に網目部で示す。(境界線はすべて含む)

図1 直線 $\mathbf{PQ}$ の通過領域

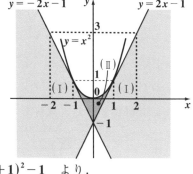

次に線分 $\mathbf{PQ}$ の通過領域を求める。

$$g(a - 1) = 2a(a - 1) - a^2$$
$$= a^2 - 2a = (a - 1)^2 - 1$$
$$g(a + 1) = 2a(a + 1) - a^2 = a^2 + 2a = (a + 1)^2 - 1 \quad より，$$

点 $\mathbf{P}$ $(\underset{x}{\boxed{a - 1}},\ (\underset{x}{\boxed{a - 1}})^2 - 1)$，点 $\mathbf{Q}$ $(\underset{x}{\boxed{a + 1}},\ (\underset{x}{\boxed{a + 1}})^2 - 1)$

よって，2点 $\mathbf{P}$，$\mathbf{Q}$ は同一の放物線 $y = x^2 - 1$ 上にあることがわかる。

よって，図1の網目部の領域のうち，$y \geqq x^2 - 1$ の部分のものが，線分 PQ の通過領域になる。これを図2に網目部で示す。(境界は含む)

以上より，線分 PQ の通過領域の面積 S は，この領域が y 軸に関して対称であることも考慮に入れて，

図2 線分 PQ の通過領域

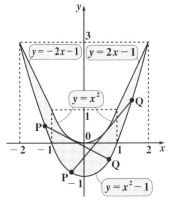

$y = -2x-1$　$y = 2x-1$
$y = x^2$
$y = x^2 - 1$

線分 PQ の例として2本入れておいたので，状況がつかめるだろう？

$$S = 2 \times \left[\int_0^1 \{x^2 - (x^2 - 1)\}dx + \int_1^2 \{2x - 1 - (x^2 - 1)\}dx \right]$$

$$\left[2 \times \left\{ \qquad + \qquad \right\} \right]$$

$$= 2\left\{ \int_0^1 1\,dx + \int_1^2 (-x^2 + 2x)\,dx \right\}$$

$$= 2\left\{ \Big[x\Big]_0^1 + \Big[-\frac{1}{3}x^3 + x^2\Big]_1^2 \right\}$$

$$= 2\left\{ 1 - \frac{8}{3} + 4 - \left(-\frac{1}{3} + 1\right) \right\} = \frac{10}{3} \quad \cdots\cdots(答)$$

Baba のレクチャー

この図形を右のように3つのパーツに分けると，それぞれに面積公式が使えて，全体の面積 S は，

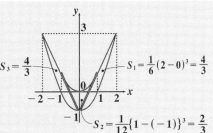

$S_3 = \dfrac{4}{3}$　　$S_1 = \dfrac{1}{6}(2-0)^3 = \dfrac{4}{3}$

$S_2 = \dfrac{1}{12}\{1 - (-1)\}^3 = \dfrac{2}{3}$

$$S = 2 \times S_1 + S_2$$

$$= 2 \times \frac{4}{3} + \frac{2}{3} = \frac{10}{3} \text{ となって，解答と同じ結果が出てくるんだね。}$$

解説がスバラシク親切な
難関大文系・理系数学I·A, II·B

マセマ

著　者　馬場 敬之
発行者　馬場 敬之
発行所　マセマ出版社
〒 332-0023 埼玉県川口市飯塚 3-7-21-502
TEL 048-253-1734　FAX 048-253-1729
Email：info@mathema.jp
https://www.mathema.jp

編　集　清代 芳生
校閲・校正　高杉 豊　秋野 麻里子
制作協力　久池井 茂　久池井 努　印藤 治　滝本 隆
野村 烈　真下 久志　石神 和幸　小野 裕汰
松本康平　間宮 栄二　町田 朱美
カバー作品　馬場 冬之
ロゴデザイン　馬場 利貞
印刷所　中央精版印刷株式会社

ISBN978-4-86615-168-7　C7041